U0142262

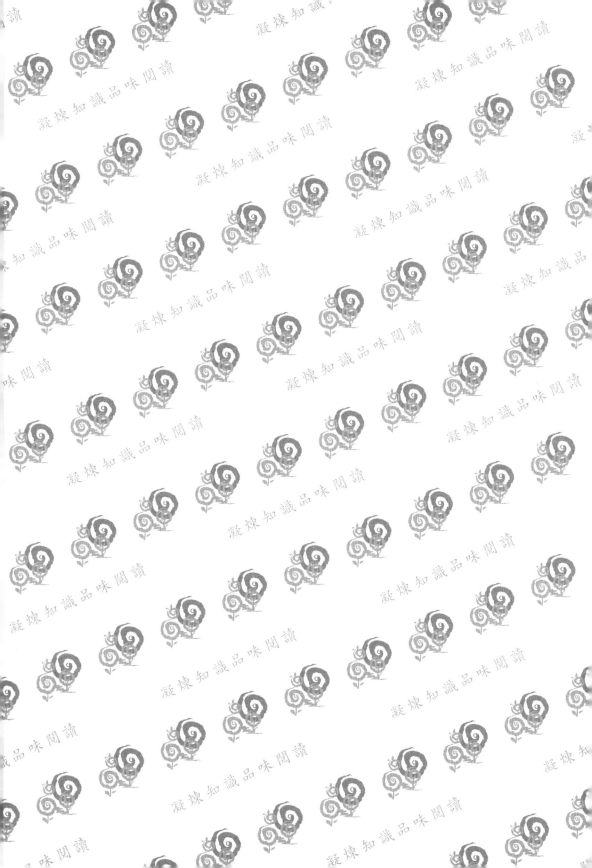

坡地植生工程

Vegetation Engineering of Slopeland

林信輝—著

序

　　植生工程之目的係藉人為導入植生覆蓋於裸露坡面，以減低降雨或風蝕所造成之表土沖蝕作用，並藉植物根系之錨碇與土壤補強之效益，期達到坡面穩定及植生規劃設計與預期效果。裸露坡面為達成快速植生覆蓋，在不同地理區位及施工環境條件下，必須考量基地立地條件及周邊植物因子，視現場狀況進行坡面處理、排水工程、坡腳基礎工程與坡面安定工程等植生基礎工之設置，導入適生植物，以達快速坡面穩定及最終形成極相森林化之植物群落。

　　本書彙集筆者40年來從事水土保持植物、植生工程與坡地保育研究之成果，以及曾編寫相關植生手冊、植生規範等之實務經驗所得，就大面積開發地區或自然災害造成裸露地區之植生對策為探討之對象，編著而成。本書與本人前著作《特殊地植生工程》可算是植生工程之上冊與下冊，可相互引用參考，亦可單獨使用。其中《坡地植生工程》為針對一般植生規劃原理與各工法之應用說明，可供水土保持植生、綠地植栽規劃之參考，較屬大學相關科系用書。而《特殊地植生工程》為針對不同地區環境特性植生工程實務規劃參考書籍，可供水土保持、土木工程等相關技師實務規劃之參考，較屬研究所用書。

　　坡地植生工程之規劃設計除一般植生規劃考量要項外，坡地裸露地規模、土砂災害等、集水區區域環境之特性以及基地地形、地質、地表沖蝕現象等，可能影響坡面安定及後續植物生長之立地條件等均需列入考量。本書全文依總論、植物材料之特性與應用、植物之環境保育功能、水土保持應用植物解說、坡地植生工程計畫基本考量與資材應用、植生前期作業（基礎工）之規劃設計、植生導入作業（播種與栽植工）之規劃設計原則、植生工法各單元設計圖說、植生調查與植生成果分析、植生檢驗與維護管理等章節闡述之。然而，實際植生工程之設計細節仍須就個案基地之環境特性探討。謹此為序。

國立中興大學水土保持學系

林信輝

2016年8月

目　　錄

序

chapter 1

1.1　前言

　　臺灣位處熱帶、亞熱帶地區之交界，由於陡峻高山阻截來自海洋之季風，造成了豐沛的雨水，複雜之地形、氣候、土壤及地質等特性，孕育出具寒、溫、熱帶特徵之森林，植物種類繁多，因植生覆蓋良好，森林景觀優美，故有「美麗寶島」之譽。然而，臺灣自然條件仍有甚多限制植物生長之因素，如降雨量不均勻、豪雨及颱風之危害、部分地區地質結構不佳，具易沖蝕、崩塌及地滑等特性。人口壓力加大以及林業景氣式微，山坡地多元化利用已成為山坡地應用之主要方式。山區道路開闢、坡地社區的開發、礦產的開發及森林砍伐等，造成大面積景觀破壞及水土資源的流失；而部分高山地區果樹和蔬菜的開墾與栽植，使原本被覆良好的森林地區，短時間變為完全裸露的地面，加上農藥、殺蟲劑及有機肥等污染，造成水庫水質惡化，對水資源利用及居民健康影響甚大。

　　近年來，環境保育逐漸為國人所重視，加強山坡地保育工作亦成為因應時代進步之趨勢；但颱風、地震等造成土石流及山崩之天然災害事件仍頻傳，其坡地水土保持及河溪整治工作需配合大面積裸露地植被復育，才能達到資源重建及環境永續利用之效果。有關整治規劃與工程設計可依當地之地質特性、氣候條件、沖蝕情形及應用植物生理與生態學等原理，採用工程、植生方法或兩者相互配合，因地制宜。至於大面積滑崩、特殊地質或嚴重沖蝕之地區，則需要專案研究處理及配合大型工程構造物，以達先期穩定效果。

1.2　山坡地之定義與範圍

　　根據「山坡地保育利用條例」第三條所稱山坡地，係指國有林事

業區、試驗用林地及保安林地以外，經中央或直轄市主管機關參照自
然形勢、行政區域或保育、利用之需要，就合於下列情形之一者劃定
範圍，報請行政院核定公告之公、私有土地：

　　1.標高在一百公尺以上者。

　　2.標高未滿一百公尺，平均坡度在百分之五以上者。

　　若依據「水土保持法」第三條對於山坡地的定義，則包含了國有
林試驗區、試驗用林地及保安林地。另第六條規定：山坡地應按土地
自然形勢、地質條件、植生狀況、生態及資源保育、可利用限度及其
他有關因素，依照區域計畫法或都市計畫法有關規定，分別劃定各種
使用區或編定各種使用地。

1.3　植生工程之定義、內涵

一、植生之定義

　　「植生」（vegetation）又稱「植被」，係某一地區生長之所有
植物的總和，特別是指地表面所生長之蕨類、草類、灌木及喬木等
高等植物。「植生」一詞廣泛使用在不同領域，水土保持領域所謂
之「植生」，較偏重於人為導入植物或人為輔助植生演替，造成防
災、保育功能性較高之植物群落狀況。而一般森林、自然保育人員所
謂自然植物群落則常使用「植被」一詞。

二、植生工程之定義

　　「植生工程」（vegetation engineering），係研究植生施工對
象，選取適宜生長之植生材料，配合基礎與保護工程之構置及植生導
入作業，使達到植生設計目的之科學與相關之技術。在涵義上，本書
所謂植生工程類似日本之綠化工或綠化工技術，目前臺灣亦將植生工

程與綠化工程之內涵等同視之。植生工程包括植生前期作業（或稱植生基礎工）、植生導入作業（或稱植生工法）及植生維護與管理等項目。

三、植生工程基本設計類型

植生工程之規劃設計，需依其施工對象立地特性，選取適宜的植生材料，配合基礎與保護工程的設置後，進行植生導入作業，使達到預期的植生綠化覆蓋效果。其基本設計類型，可概分為下列五種：

(一)水土保持型

為水土資源保育、減低沖蝕、防止災害等的目的，如與水土保持工程配合則成效更佳，使用植物為適應立地特性的固土護坡植物。在人為開發、植被破壞地區或自然災害裸露地區的快速植生覆蓋方法。

(二)綠地造園型

配合人工構造物，進行植生導入作業，使用植物較少限制，原則上以鄉土植物及景觀植物為主，以創造優良生活環境。

(三)自然保育型

適用於一般原始森林或國家公園，使用植物以原生植物為原則，藉以恢復既有的植生狀態，或使其自然植生演替而達到極相群落。

(四)配合造林型

主要為林業經營管理，藉經濟林樹種之栽植及人工撫育，在短期內達到人工林群落。常使用實生苗木，綠化確實而價廉。

(五)景觀生態型

考量生態環境及景觀結構特性，應用於農村、鄉村或都市發展地區，除達植生綠化之功能外，亦兼具自然美觀、休閒遊樂之成效。

上述屬一般設計類型原則上的分類，因植生設計目的及區域特性的不同，有分屬配合造林型或綠地造園型者，或有在同一地區兩者同時使用者。如以海岸植生的規劃設計而言，複層造林、海岸造林或堤前堤後樹林帶，其規劃設計類型較屬於自然保育與水土保持目的；而堤防植生或海岸綠地造園地區，其規劃設計類型則介於水土保持與綠地造園型之間。由於海岸的環境條件惡劣，純以景觀手法或造園手法的植生工程設計，通常效果較為不佳，需考慮與自然調和的植生設計，導入能適應周邊環境及具環境保育能力的植生群落，營造兼具環境保護及景觀功能的多元化棲地環境。

表1-1 植生工程基本類型的比較

	水土保持型	綠地造園型	自然保育型	配合造林型	景觀生態型
植物材料	覆蓋草類 先驅植物 速生樹種 綠肥植物	造園植物 景觀植物 綠美化植物	原生植物 潛在植被 （本地種苗） 棲地復育植物	造林樹種 經濟林樹種 生態綠化植物	景觀植物 生態綠化植物 棲地保育植物
適用地點	緩衝綠帶 土砂災害地 宜保育地 人為開發地區	公園 庭園造景 都市綠地 道路綠地	自然公園 原始森林 保安林 保育地區	林班地 海岸林 經濟林 緩衝林帶	植生緩衝帶 植生廊道 園景綠地 棲地復育
栽植與管理	少量維護管理 速生植物播種 噴植或苗植	植物競爭控制 苗木栽植 成木移植 集團化栽植 限制危害生物	植物天然競爭 天然植生演替 人為輔助管理	危害植物控制 （除草除蔓） 小苗木栽植 長期撫育管理	生態綠化 （小苗密植） 栽植多樣化 群團化栽植

表1-1（續）

	水土保持型	綠地造園型	自然保育型	配合造林型	景觀生態型
目的與功效	植生覆蓋 土壤沖蝕控制 邊坡穩定 快速森林化	造景造園 環境綠美化 人工景觀美質 保健修養 大氣淨化 （都市林）	棲地保育 水土資源保育 大氣淨化 （綠資源保育） 自然美 （原始林相）	木材生產 自然人工美 （經濟林相） 森林遊憩 大氣淨化 （碳儲積）	景觀調和 生態綠美化 生態體驗 生態棲地保育

四、坡地植生工程之目的

坡地植生工程乃藉由人為導入植生覆蓋於裸露坡面，以減低降雨或風蝕所造成之表土沖蝕作用，並藉植物根系之錨碇與土壤補強之效益，期達到坡面穩定與植生規劃設計目標與預期效果。裸露坡面為達成快速植生覆蓋，須考量不同地理區位及施工環境條件，視其現場狀況進行坡面處理、排水工程、坡腳基礎工程與坡面安定工程等植生基礎工之設置，導入適生植物，以達快速坡面穩定功能，且最終形成極相森林化之植物群落。

由於坡地地形變化差異大，與平地之植生工程考量重點不同。坡地植生工程首要考量在不同坡度、土壤及地質條件下之植生基礎工，藉以穩定坡面，防止土壤沖蝕；平地植生工程考量重點在於環境改善、綠地及景觀之營造。

1.4 植生工程相關名詞釋義

1. 植生綠化（revegetation）

廣義上，以人工方法引進植物被覆裸地達到造園修景、造林或荒廢地的復舊方法，有時亦包括由自然演替之植生入侵繁殖與復育；

狹義上，依預定引進植生的地點或對象，通常冠上「環境綠化」、「都市綠化」、「沙漠綠化」及「工程周邊植生」等名詞解釋。

2.生態綠化（ecological greening）

「生態綠化」係「環境綠化」、「庭園綠化」之對應名詞。生態綠化又稱生態學的綠化，依自然生態法則所實施的植生施工作業，以人工造林及輔助植生演替之方式加速達到植物社會之最終狀態（極盛相）。植生後的植物社會能盡速融入相鄰地區天然林的生態體系，達環境復育的目的。生態綠化常應用於海岸地區、防風林營造及水陸域交界處之緩衝綠帶植生或惡地之植被建立。

3.綠化工（revegetation engineering）

屬日本之慣用名詞，包括綠地植物之再生、復原、創造、保護等相關之計畫、施工、管理等工作項目之總稱，即包括綠化基礎工、植生工與植生管理工等。其內容等同於目前臺灣習用之「植生工程」。綠化工亦可稱為綠化工程，但「綠化工程」一詞，目前在臺灣常與「綠美化工程」混淆使用，較習用於都市社區綠地之營造等。

4.水土保持植生方法（vegetative practices for soil and water conservation）

水土保持法第三條，有關「水土保持之處理與維護」之定義：係指應用工程、農藝或植生方法，以保育水土資源、維護自然生態景觀及防治沖蝕崩塌、地滑、土石流等災害之措施。而其中水土保持植生方法是以草類、林木或枯枝落葉等殘株作為材料，栽植或敷蓋於裸露地表上，以保護土壤避免受雨滴打擊或逕流沖蝕，並由此等植生材料提供有機質，以改良土壤物理性質，使土壤具有良好滲透性與涵養水源功能。

5.生態被覆工法（bioengineering）

或稱土壤生物工程方法。「Bioengineering」一詞較常見於歐洲國家之植生工程或生態保育相關文獻中，原意係指以生物學為基礎之

工程技術，將生物學及地域生態學的知識應用於結構物的設計或環境保育者。由於「Bioengineering」一詞直接中譯應為「生物工程」，此可能與生物技術或生物基因工程等領域產生混淆，因此其中譯名詞有不同之說法。如生物綠化工法、生態土木工法、綠被覆工法、綠植被工法、生物學的綠化工法、水土保持植生方法、植生工程等，均具有全部或部分相同或一致之內涵。

6. 植生覆蓋（covering by plants）

一般植生方法如採用植物活體的覆蓋方式，如地表種植草類、林木等，稱之為植生覆蓋（或簡稱覆蓋）；亦有使用植物殘體的覆蓋方式，如稻草、割刈下來的草莖及枯枝落葉等，這種覆蓋方式稱之為敷蓋。在坡地果樹園區，應用草類植物達成植生覆蓋之保育方法，其目的在於應用草類截阻雨點打擊、抑制沖蝕、增加土壤有機質含量、改良理化性質，並抑制雜草，降低管理成本，亦可緩和微氣候及地溫之變化，改善坡地環境。草種使用上，應以水土保持常用耐蔭性草類為主。一般成木果園進行全面覆蓋，須配合割草覆於樹冠下方，而幼齡果園則宜作行間帶狀覆蓋及敷蓋。

7. 造林（afforestation）

指原為其他用途的土地上植樹，即一般所謂之人造林或裸地造林。因自然或人為因素而已不具森林植被的地區重新植林，或在已衰退的林地再種上樹木。

依海拔高度與樹種選擇之不同，造林可分為「平地造林」及「山地造林」。然「山地」與「平地」是一種地形區分，並無明顯的劃分標準，不僅依海拔高度，也與坡度的緩急有密切的關係。早期臺灣地區之造林地主要為伐木跡地造林，故大多屬山地造林。而平地造林主要對象為原編為林業用途之土地及山坡地以外之農牧用地，依其土地種類及土壤特性包括：(1)缺乏灌溉系統之低生產力或旱作地；(2)沿海地區及地層下陷之低生產力農地；(3)休耕蔗田，尤以台糖所

有的土地為主；(4)工業污染土地及；(5)鐵公路兩側30～50公尺地帶之農地等。

8.植生護坡（slopeland protection by revegetation）

早期推廣農地水土保持，其植生方法以草類覆蓋為主，在農地裸露地區、階段台壁、農路邊坡等，以植草做為防止沖蝕、坡面安定之主要工法，昔稱為植草護坡或植生護坡。但目前植生施工地點已以非農作地區為主，植生工法亦須充分考量土地環境及基礎工之配合，故上述植生護坡之名稱已漸不再使用。

植生護坡主要藉植物之根系與土壤間之固結力量，進而使坡面達到防止沖蝕與坡面平衡穩定，必須藉助植生工程完工後之維護管理工作，使植物能發揮最大保護效益。故廣義上，邊坡植生工程施作地點均具有不等程度之植生護坡功能。

9.山腹工（hillside works）

係日本之慣用名詞，山腹工之內涵類似臺灣常用之崩塌裸坡地區植生工程。應用於日本國有林事業區或一般邊坡之崩塌地、荒廢地或環境劣化地區。為恢復其原來之森林狀態或維持現有森林之功能而進行的工程或相關措施，主要工作包括以基礎工程穩定坡面後，進行打椿編柵、鋪草皮、帶狀植生（草）、栽植苗木等植生綠化工作。山腹工施工地區之氣象、土壤條件較一般林班造林地惡劣，故其較強調使用階段、排水、擋土柵等坡面基礎工（生育基盤改善）後與植生工之組合應用。

10.植栽工程（planting works）

以植栽法進行植生導入作業，即利用樹木栽植、草苗栽植、草皮鋪植、扦插繁殖、育苗穴植等方式達成植生規劃設計目的之方法。植栽工程係植生工程中針對使用種子播種工法的相對用語，或謂利用苗木、成木及草本等材料之植生工程。植栽工程所使用之栽植苗木愈大，其對周邊立地環境之適應性愈低，且若坡面僅施作植栽工，則易

發生表面沖蝕，因此坡面宜混用播種工及植栽工。

11.植被恢復（vegetation restoration）

植被恢復是生態棲地復育工作之一環，常於惡劣環境條件、土地退化嚴重及較緩慢的自然演替之濱水地區進行。藉助人為力量施行植被恢復，可增加河溪濱水帶之安定性，亦可減少土壤流失，增加棲地與生物多樣性。

12.景觀工程（landscape engineering）

景觀工程係以景觀為出發點，為維護自然及人文景觀、改善城鄉風貌、塑造優質生活環境及改善現有各項公共設施，將其規劃為適合民眾觀賞遊憩，同時可融入自然生態及人類生活之工程措施。景觀工程除考量基地建造計畫與植栽物種之選擇外，亦須考量整體映像之對比與調和（形象、量體、色彩、明暗、虛實）、韻律之節奏（交替、漸變、開閉、高低）、主體與從屬（軸心主景、三七法則、對比關係）、均衡與對稱（自然呈現、不對稱呈現）、比例與尺度（構造物與植栽大小）、借景與障景（非庭園景色之利用、庭園景色之削減）等項目。

13.園景工程（gardening and landscape engineering）

在特定範圍內，利用或改造天然水、地貌，配合景觀植物栽植與建築空間之布置，從而構成一供人們適宜居住、觀賞及遊憩之環境規劃設計工程。依據使用者知覺，將環境元素、空間元素、材料元素加以運用組合，配置出一完整性景觀空間，如石、水、植栽及水泥構成水池景觀。園景工程為整體都市計畫之主要規劃項目，從基地評估、用地配置、材料選擇、整體功能性分析等，融合景觀建築美學，呈現大自然和人為的景園形象、力量和特色。

景觀工程、園景工程、園林工程、造園工程等名詞，皆可稱為landscape engineering，其並無明確之意義與範圍，因此常混合使用。但通常習慣將園景工程歸類為較小區域之公園綠地工程，而造園

工程或造景工程則較強調造景工法之運用與施作。

14.綠美化工程（greening and esthetic engineering）

綠美化工程係以人類視覺感受與身心保健為考量，通常屬小區域範圍之改善都市環境與景觀風貌、提升民眾生活、居住環境品質之植栽工程，較無整體生態系之考量。綠美化工程多數以景觀植物為植物材料，在已完成的基地土方工程或不再挖填土方之基地上栽植苗木，配置草花或為改善環境品質、視覺感受所進行之相關步道、簡易休憩措施等。

15.綠帶（greenbelt）

泛指人為開發地區與自然環境間的綠色植物生長區域。通常為人為栽培的長條地區，其對水源涵養、光合作用、調節微氣候、防風、防火、防噪音、美觀及保育等功能甚大，通常採行於工業區緩衝綠帶、都會環境保全林、沿海防風林、保安林、水庫保護帶等。

chapter *2*

植物材料之特性與應用

2.1 植物之生活型與生長型

一、高等植物之定義

有關地球上生物分類，各家說法不一。1969年Whittaker首次提出五界說，將生物界分為原核界（monera）、原生生物界（protists）、真菌界（fungi）、植物界（plantae）及動物界（animalia）等五大類，並獲得甚多學界之支持，其中植物界又可細分為葉狀植物亞界（subkingdom thallophyta）與胚胎植物亞界（subkingdom embryophyta）。

一般而言，植物係指具有由纖維素組成之細胞壁及葉綠體，可以行光合作用的自營生物。其中，高等植物是植物界較高大而形態構造和生理都較複雜的類群，是由低等植物演化而來，由植物少數水生而多數陸生，且為了適應陸地生活，除苔蘚植物外都有根、莖、葉和中柱的分化。在分類及解說上，有一些長久沿襲使用之分門名稱定義與解說，茲簡述如下：

1. **孢子植物**：藻類、苔蘚及蕨類，用孢子進行繁殖，所以稱為孢子植物。因孢子植物有別於具有各種顏色的花之種子植物，在開花、結果時之鮮豔誘人，所以又稱為隱花植物。

2. **種子植物**：松、杉、柏等裸子及被子植物，會開花結果，而且以果實內之種子繁殖，稱為種子植物。其花顯著誘人，所以又稱為顯花植物。

3. **裸子植物**：松、杉、柏、蘇鐵及銀杏等植物，其雌花沒有子房之構造，胚珠完全裸露，直接著生在大孢子葉上，經受精後形成種子，而不形成果實，這些種子裸露的種子植物稱為裸子植物。

4. **被子植物**：大部分的種子植物，其雌花具有子房之構造，胚珠包在子房內，經受精作用後形成果實及種子，這些種子被果實

包被之種子植物稱為被子植物。

5. **低等植物**：藻類、苔蘚類等植物，在形態上沒有根、莖、葉之區別，在構造上沒有組織分化，生殖器官單細胞，結合子發育時離開母體，不形成胚。所以稱為低等植物、無胚植物、原植體植物。

6. **高等植物**：高等植物之生活週期具有明顯的世代交替（有性世代和無性世代有規律的交替出現），在形態上有根、莖、葉之區別，在構造上有組織分化，生殖器官多細胞，結合子在母體發育成胚，所以又稱為有胚植物或莖葉體植物。另外，高等植物與低等植物係相對應之名詞，有時依有否維管束構造區分，高等植物即指具維管束之植物。

7. **維管（束）植物**：包括蕨類、裸子植物、被子植物等（不含苔蘚類、藻類等植物），莖幹具有維管組織構造，稱為維管植物。依《Flora of Taiwan（II）》臺灣植物資源中記載，臺灣地區之維管植物約4200種，其中近四分之一為臺灣特有種。約有4000種為臺灣原生植物，約200種為外來歸化植物。

二、植物之生活型

生活型（life form）意指植物為適應各種氣候環境條件，經長期適應具有之特殊習性，即為植物對一定生育環境適應之表現方式。植物之生活型之分類，一般多採用浪氏生活型（Raunkier's life form）類型區分（圖2-1），茲分述如下：

(一)挺空植物或地上植物（phanerophytes）

此種植物多為喬木，其芽所受之保護最少，依喬木或木本植物之高度，可分為大喬木植物（megaphanerophytes）、中喬木植物（mesophanerophytes）、小喬木植物（microphanerophytes）及灌木植物（nanophanerophytes）等四種類型。

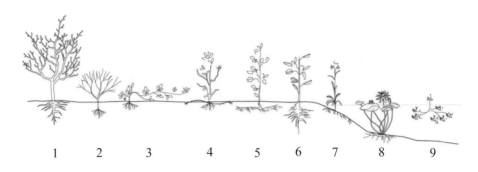

圖2-1　浪氏生活型之圖示

註：1為地上挺空植物；2～3為地表植物；4為半地中植物；5～9為地中植物。

(二)地表植物（chamaephytes）

生存芽位於離地面甚近之枝上（通常不超過25公分），可受冬雪或植物遺體枝葉層之保護，如一般小灌木植物，其植物體及花軸均為背地性，花只出現於適宜季節，即生長季。

(三)半地中植物（hemicryptophytes）

生存芽恰位於土表，可受冬雪、落葉層及土壤之保護，二年生及多年生之草本大多屬此型。此種植物多數出現於有明顯生長季之地區，即此地區可見不良環境，如低溫或乾燥之時期，但此時期不會太長。半地中植物又可細分為如下之亞型：

1.原始半地中植物（proto-hemicryptophytes）

此種植物在發芽時，形成明顯而挺空之莖，為背地性，生存芽位於基部，花軸自莖之上部或中部抽出，最大之葉生於莖之中部，而上下方之葉逐漸縮小。

2.半放射葉半地中植物（partial rosette plants）

具有莖，但葉大多生長在基部，節亦密集於此，通常第一年發生放射狀之葉，第二年再生挺空之莖，上部開花，亦有在同一年開花

者，因葉集基部，芽所受之保護較原始半地中植物為大，故更能適應不良環境。

3.半匍匐莖半放射葉植物（half-creeping partial rosette plants）

植物發芽後，莖先作水平匍匐延伸，其向性與地心成直角，與橫走莖相似，至某一長度後，則變成背地性，由此向空中發展成直立之莖，並生出放射葉，繼而伸出細長之花軸而開花，其生存芽位於放射葉下方之莖上。

4.放射葉半地中植物（rosette plants）

此種植物最大之特徵，為不具有莖，放射葉全部根生（radical），通常第一年生放射狀葉，第二年才抽出挺空之花軸而開花，花軸上不具有葉。

(四)地中植物（cryptophytes）

生存芽完全埋入土中或浸入水中，在不良季節時，可受土壤或水之保護。其中生於水中者，稱為水中植物（hydrophytes），又分為沉水植物（submerged plants）、挺水植物（emerged plants）及浮水植物（floating plant）；生於土壤中之陸上植物，稱為土中植物（geophytes），在不良季節時，地上部分枯萎，而生存芽則位於土壤中之特別器官上。茲依其地下器官，再分為下列各亞型：

1.地下莖土中植物（rhizome geophytes）

具有水平之地下莖，雖不膨大，但帶有生存芽。地下莖之向性與地心成直角，但有時也可上下移動，以保持適當之深度，在生長季節可發生背地性之莖，並迅速開花結果，完成其生活週期。

2.塊莖土中植物（stem-tuber geophytes）

水平之地下莖膨大成塊狀，是為其貯藏組織，並帶有生存芽。

3.塊根土中植物（root-tuber geophytes）

根膨大成塊狀，並帶有生存芽，其貯藏之養分，可供發芽之用。

4.球莖地中植物（corm geophytes）

地下莖膨大成球形，帶有生存芽，並具有多數節，且由膜質鱗片予以保護。

(五)一年生種子植物（therophytes）

無生存芽，植物在極短之生長季中完成生活週期，而以種子之休眠形態渡過不良季節。

浪氏之生活型分類，除上述五大型以外，另分出肉質莖植物（succulent-stemmed plants）及著生植物（epiphytes）二類，隸屬於地上植物。

三、植物之生長型

生長型（growth form）即是植物的形狀類別，依植物特徵如高度、木本、草本、莖形、落葉或常綠等進行分類，茲說明如下：

(一)木本植物

1.木本植物之特性

木本植物（arboreus plants）亦通稱為樹木，具有高聳且生存一年以上的莖，且其形成層能年年增長以增大直徑的植物。木本植物對於物候之變化，係因植株本身一般在短期內無消長變化，故種類較不會因調查時間而有出入。故於季節性調查中，強調植物之生長、開花結果等週期之記錄。

2.木本植物依個體形態分類

(1)喬木類（trees）

具自然樹形且有明顯單一主幹部分，植株高度通常大於5公尺。依植物之生長型（growth form），又分為大喬木如樟樹、楓香、木麻黃、茄苳等；中喬木如水黃皮、水柳、九芎、穗花棋盤腳等；小喬

木如羊蹄甲、海檬果、水同木等。但在不同專業領域，對喬木生長高度之分類，則有不同定義，如表2-1所示。

(2)灌木類（shrubs）

無明顯主幹或主幹甚短，多數分枝自基部產生，植株高度通常小於5公尺。依其自然生長高度可分為小灌木為高度1公尺以下，如月橘、甜藍盤等；中灌木為高度1～2公尺，如臺灣山芙蓉、水麻等；大灌木為高度2～5公尺。但某些樹齡超過15年之高灌木，因基部分枝型態已生長成主幹，亦常被歸類為大灌木或小喬木。

表2-1　不同專業領域對喬木植株大小定義上之差異

專業領域　　　分類	景觀、建築界（人工綠地）	水土保持、土木工程界（坡地或惡地植生）	森林植被、生態保育界（自然棲地）
大喬木	18m以上	12m以上	30m以上
中喬木	9~18m	6~12m	—
小喬木	9m以下	6m以下	—

(3)藤本類（lianas）

必須攀附他物才能向上生長的植物，一般多借助於吸盤（如地錦等）、吸附根（如凌霄花等）、卷鬚（如葡萄等）、蔓狀枝條（如九重葛）及幹莖本身纏繞性而攀附他物（如紫藤）。

(4)依落葉特性分類

上述喬木、灌木若依落葉性，可區分為落葉樹或常綠樹。落葉樹（deciduous trees）：指冬天樹葉全部脫落的喬木、灌木，如落羽松、欖仁、楓樹、臺灣欒樹等。常綠樹（evergreen trees）：指終年具綠葉的喬木、灌木，如樟樹、杜英、青剛櫟、香楠、榕樹等，臺灣大部分的樹木多屬之。

3. 木本植物根系之分類與伸展範圍

(1) 樹木根系分類

根系是植物完成生長發育之重要樞紐，其形態變化由非常細之纖維組織至分枝狀鬚根及垂直主根組合。所有的植物鬚根集結在土壤表層內，其主要作用為吸收表土中之養分。主根為固定及吸收等作用，大量的主根所儲藏的食物通常關係到植物越冬，特別是地上部分死亡時。主根是多年生的構造，而纖維狀的鬚根則是會每年衰退及更新地進行週年循環。樹木根系分布之型態因植物種類及根系作用不同而異。依顏正平（1993）有關木本植物根系之分布型式，將其分為7種型態。分述如下：

A. 平行型（P-type）：臺灣二葉松、山胡椒、麻六甲合歡、臺灣紅豆、楓香、楊梅、臺灣黃杞、山黃麻、稜果榕、小葉桑、蘋婆、山芙蓉、白匏子、土密樹、香港饅頭果、小葉桃花心木等屬之。

B. 水平型（H-type）：琉球松、廣葉杉、臺灣扁柏、臺灣肖楠、刺番荔枝、樟樹、天臺烏藥、南投黃肉楠、墨點櫻桃、印度黃檀、長尾尖櫧、巒大石櫟、櫸、臺灣朴樹、構樹、雀榕、山龍眼、薯豆、千年桐、血桐、重陽木、大頭茶、厚皮香、臺灣楊桐、番石榴、欖仁樹、龍眼、紫珠葉泡花樹、黃連木、山鹽菁等屬之。

C. 平行與水平型（PH-type）：紅花八角、烏心石、香桂、日本楨楠、五掌楠、江某、蓮草、栓皮櫟、川上氏櫧、苦扁桃葉石櫟、短尾葉石櫟、銀木麻黃、榕樹、倒卵葉山龍眼、黃槿、麻瘋樹、烏桕、山紅柿、綠樟、柚木、九芎等屬之。

D. 直角型（R-type）：濕地松、柳杉、紅檜、香楠、變葉新木薑子、相思樹、山羊耳、臺灣海桐、無患子、臺灣狄氏厚殼等屬之。

E. 垂直與水平型（VH-type）：臺灣冷杉、鐵刀木、大葉合歡、水柳、臺灣赤楊、木賊葉木麻黃、木棉、山柏、野桐、木荷、瓊崖海棠、大葉桉、苦楝、大葉桃花心木、芒果、破布子等屬之。

F. 垂直型（V-type）：金合歡、銀合歡、白飯樹等屬之。

G. 團網型（M-type）：印度田菁、冇骨消、山油麻、山漆莖、蓖麻、伯拉木、夾竹桃、埔姜、苦藍盤、馬纓丹等屬之。

(2)根系伸展範圍及其所受影響

根據一般調查資料與經驗判斷，在立地條件中等之情況下，根系在土壤體中所占之體積約等同於樹冠展幅範圍之1/10，但下列限制因子會影響根域或根量之大小，其修正值（括弧內數值），略述如下：

A. 土壤有效水分含量15%之情況（×1.0）

B. 土壤之肥沃狀態之影響

　　肥沃地　　（×0.6）

　　中度地　　（×0.8）

　　貧瘠地　　（×1.0）

C. 暴露於風中程度之影響

　　在有遮護體之氣候地區　　（×1.0）

　　多風氣候區，但樹木為群團狀態下生長者　　（×1.5）

　　單一孤立在中度風之地區　　（×1.5）

　　單一孤立在風大之地區　　（×2.0）

以上之修正數值屬概算值，樹木根系實際伸展及深度範圍除與植物種類有關外，亦受群落冠層狀況、土壤種類、地下水位狀態影響。

樹木根系伸展深度之潛能，即主根或胚根可達之最大土壤深度。需水量高的樹種，其根系深度為樹冠高度的1.5倍；中度需水量之樹種約為0.75倍；低需水量樹種則約為0.5倍。但在不同之土壤種類及地下水狀態之限制因子存在時，則根系伸展潛能會受影響。當

根系生長受環境應力或坡面之壓縮應力作用，根系會變成肥厚及短小，如在上邊坡傾斜坡面上能觀察到較粗壯且具錨定作用之根系。

　　土壤種類及地下水之狀態對根系之生長發育有影響。根系在土壤排水良好比在潮濕之土壤中，有較深的根系及擴展較大的土壤體積，而在較高地下水或堅硬之土壤層之有效根系則需向橫伸展。草本植物大部分根系通常生長在30～40cm之土層中，而灌木及樹木之根系，深可達3m以下之土層，但愈下層（深層）土壤之根量比率愈少。

（二）草本植物

1. 草本植物之特性與功能

　　草本植物（herbaceous plants）係指植株之莖無木質化，而為草質莖或多肉質莖之植物。草本植物具有一些特性，以助於它在裸露地上生長，並可達到如下的保育功能：

(1)莖矮且柔嫩，生活史短，枯死後可做為土壤中的有機質。

(2)生長快速而密集，匍匐地面，可覆蓋土壤免受侵蝕。

(3)草類種類繁多，可因地制宜，選擇適合當地條件的草類種類，克服惡地形。

(4)草類的根系短，分布在土壤表層，可擔任固結土壤的角色。

(5)具自播性、易繁殖、生命力強、侵略性強，適合初期快速的荒山綠化之用。

2. 草本植物相關名詞

　　草本植物在植生保育上的利用，包括裸露地初期植生覆蓋、果園覆蓋、道路邊坡植生、景觀造園、綠地植草及一般坡面噴植用種子材料等用途。有關草本植物之名稱或相關之名詞，概述如下：

(1)草地（lawn）

　　禾本科植物或類似禾本科纖細外部形態之植物群落，自然生長或因人為經營管理後頗為整齊劃一，且緻密覆蓋地表面者。大面積公園

庭園之草地，依其利用目的可分為耐踏壓與不耐踏壓草地，需分別規劃、管制與維護管理。

(2)地被植物（ground covers, ground cover plants）

為保護土地表面或工程構造物表面之自然風化作用，或人為造景、工程應用目的之地點，密植被覆地表用的植物稱之，且不分木本植物或草本植物均可適用。由於上述之解釋涵蓋範圍太廣，因全部的植物在粗放管理下，也可自然地生長於地表面且細密覆蓋之。因此，植生工程土地被植物材料限定在修剪容易且維持低高度之植物種類，並依其利用或生長之目的做為植物材料選用之主要考慮要件。

(3)緻密草皮（turf）

均質且密生之草地，莖葉部地下匍匐莖、根群等密生而形成地毯狀，以及包括地表部分之土壤層整體稱之。如高爾夫球場之草皮或低割造成均勻之草皮。

(4)草皮草種（turf grass）

構成緻密草皮之植物種類稱之。通常以具有纖細莖葉，植株高度較低之禾本科植物為主。

(5)草皮（sod）

上述緻密草皮切割成一片片含土壤、根群及密生莖葉部分稱之。通常指以做為草皮營養繁殖或草皮鋪植之材料而言。

(6)草原（grassland）

禾本科草類植物占優勢之植物群落，且地面上草本植物占50%以上之覆蓋度者稱之。在農業應用上之草原草地依草之高度區分為長草型草原或短草型草原，或可區分為人工草地、天然草地、放牧地、採草地等。

3. 禾草植物

水土保持植物應用上常選用禾本科草類作為先期植物導入材料，因其具有易管理、易取得及易生長等特性。有關禾草之各部位形態特徵如圖2-2所示，主要部位之說明如下：

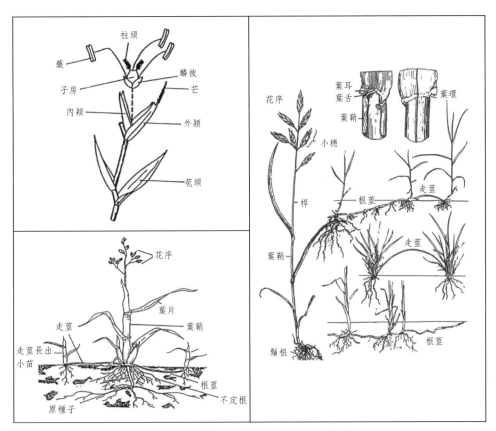

圖2-2 草類之形態（禾草）示意圖

(1)稈、地下莖及根部

　　禾本科植物的莖通常呈圓形而中空有節，僅部分禾本科植物稈之中空部分，因節內之稈壁有橫隔板存在，將稈閉塞，而為髓所填滿成為實心者，如甘蔗、玉蜀黍、高粱等。在某些禾本科植物中，稈亦有扁平者，如地毯草、兩耳草等。禾本科植物之生長通常極為迅速，每節葉鞘包圍的節間基部均具有細胞分裂能力的節間分生組織，可以持續不斷進行細胞分裂、生長。

　　禾本科植物的莖，若生長在地面上，其節間延長，每節生根蔓延者稱為匍匐莖（stolon），匍匐莖有時離地面之距離較高，其莖生

長數節後觸地再生根，又可稱為走莖（runner），如狗牙根。有些匍匐莖緊貼著地面生長，或略潛入地表下生長。其節間緊縮、略膨大成白色或褐色，稱為根莖（rhizome），有時亦稱之為匍匐莖，如百喜草、類地毯草等。稈或地下莖之每節均有芽若屬稈基部的芽，長出新枝、生根者，則稱為分蘗。

禾本科植物的根系均為鬚根（fibrous roots）；穎果萌芽時最先長出來的胚根（radicle），在早期即停止生長，而為不定根（adventitious roots）所取代。

(2)葉

禾本科植物的葉由葉鞘、葉片及葉舌所構成。葉鞘通常呈圓筒形，包圍稈節；但亦有扁平或有脊者；或膨脹而疏鬆形成浮囊狀者。在竹類及較原始之禾本科植物中，其葉鞘之頂端具關節，葉片由此掉下，稱為鞘節（sheath node）。葉鞘有較節間長者，亦有較節間短者，成為區別種類的重要特徵之一。葉片位於葉鞘上面，其形狀為線形扁平而無葉柄，即通常被稱為葉子的部分。生長在熱帶森林邊緣的種類，葉身常短而寬，呈披針形、橢圓形、卵形；生長在乾旱地或砂丘的禾本科植物則其葉片常呈針狀。

葉片與鞘相連接處之內側，具一膜質狀或纖毛狀之突起物，稱為葉舌。葉舌之質地、形狀、毛茸之有無，可作為鑑定種類之重要特徵。葉片的基部兩側有時尚有一對耳狀突起物，是為葉基之一部分。

(三)藤類植物

1.藤類植物之特性

藤本植物亦稱為蔓性植物，係指其莖的主幹不能直立，須靠其莖纏繞他物、或靠特殊器官攀附他物上升或貼覆地面而生長的植物。

2.依生長型分類

藤類植物依蔓莖之木質化程度可分為草本的草質藤類和木本的

木質藤類。藤類植物依其生長型（growth form）、莖的外部形態、構造及其生育狀態的不同，其伸長與攀援方法包括吸附生長、下垂覆蓋、鋪地覆蓋、纏繞伸長、卷鬚伸長等，茲介紹如下：（圖2-3、圖2-4）

(1)蔓狀藤類（decumbent vine）

莖為蔓狀或半蔓性狀，無特殊攀援器官者。如苦藍盤、扛香藤、白花藤、軟枝黃蟬、大頭艾納香、九重葛等。

(2)伏生藤類（prostrate vine）

莖呈匍匐狀臥生於地面者，無走莖或不每節生根的匍匐藤類。如濱刀豆、濱豇豆、蟛蜞菊、雙花蟛蜞菊等。

(3)匍匐藤類（creeping vine）

莖匍匐地面，能從每節生根或具有橫行於地面的走莖者。如蔓荊、濱水菜、濱刺麥、馬鞍藤、白花馬鞍藤、過江藤、蛇莓、蚶殼草、單花蟛蜞菊、過長沙等。

(4)纏繞藤類（twining vine）

莖本身纏繞他物生長者，其纏繞莖常左旋上升者如山林投、老荊藤、葛藤、野木瓜、牽牛花、串花藤、落葵等。常右旋者如血藤、日本山藥、葎草、忍冬等。而部分植物的纏繞莖兼有左旋與右旋者，如何首烏等。

(5)攀援藤類（climbing vine）

靠特殊器官攀附他物生長者。可區分如下：

    A.根攀：如附著根附著他物生長，如風藤、柚葉藤、長春藤等；另有卷鬚具吸盤，附著伸長似根攀者，如地錦（爬牆虎）。

    B.刺攀：以棘刺或鉤刺搭懸他物攀升，如黃藤、扛板歸及金劍草等。

    C.卷攀：以卷鬚或葉柄盤繞他物上升，如菝葜、葡萄、絲瓜、鐵線蓮等。

蔓狀藤類　　　　　　伏生藤類　　　　　　匍匐藤類

纏繞藤類-右旋（順時針方向）　　　纏繞藤類-左旋（逆時針方向）

攀援藤類—根攀　　　攀援藤類—刺攀　　　攀援藤類—卷攀

圖2-3　藤類植物生長型示意圖

3. 藤類植物之應用

(1)藤類植物之應用條件

藤類植物種類甚多，其中可供為環境綠化上用途之植物，需具備某些特殊條件，才能達到所設計之綠化目的與效果。茲說明如下：

 A.木本藤類在環境綠化上之應用價值較高，唯部分多年生草質藤類亦可擇地使用。

 B.生長快速，能早期全面覆蓋。

 C.生長強健，病蟲害少。

 D.綠化覆蓋後具美觀效果。

 E.容易維護管理。

 F.扦插或種子繁殖容易。

蔓狀藤類（軟枝黃蟬）

伏生藤類（南美蟛蜞菊）

纏繞藤類（銳葉牽牛）

攀援藤類—卷攀（菝葜）

攀援藤類—根攀（地錦）

纏繞藤類（老荊藤）

匍匐藤類（蔓荊）

纏繞藤類（山林投）

圖2-4　藤類植物之生長型及代表植物例

G. 具大面積推廣價值。

H. 在乾旱地或土壤貧瘠地區能生長良好。

(2)藤類植物之應用地點

　　早期藤類之利用主要為配合庭園美化之栽植設計，而使用於環境綠化或配合坡面植生工程之藤苗穴植、栽植槽植生等植生工法，為近年被廣泛推廣應用。除砌石牆、建築物壁面或隔音牆之綠化需使用藤類外，如礦區採掘跡綠化、行道樹地被植物、河海堤防護坡、海岸砂地或岩岸之植生等特殊地點，亦廣泛使用藤類做為植生材料。此外，以藤類做為地被植物之材料亦有漸趨增加之情形，其原因一方面係因藤類之生長、管理與維護容易；另一方面藤類植物可由點之栽植達到全面綠化之效果。

四、植物生長之測定與分析

　　瞭解植物生長是植物生理學研究目的之一，對研究作物栽培、植生綠化也是不可缺少的知識。植物許多生理過程和生長有關，但這些過程無法單獨列出解釋植物之生命現象。生長是一種不可逆的增加過程，因此生長可以說是量的變化。通常有下列幾種說法解釋生長，包括乾重的增加、原生質的加倍、細胞數的增加、體積不可逆的增加及由不規則變為規則的一種過程。

(一)植物生長之測定方法

　　植物之生長係不可逆之重量質量增加過程，於適當的間隔時間，測定植物高度、直徑等，為簡易瞭解植物體積增長的途徑。若將株高生長與經歷時間畫成圖，可得到一個斜體的S形曲線。若以每天株高生長量與生長的日數作圖，即可得到一條山峰的曲線，它有一個頂點，自此點左右對稱的向下斜伸，亦即生長速度增高至一極限後便又下降的情形。由於植物種類之不同，其測定植物生長之參數亦異。如株高能表示調查植物的地上部高度，但未考慮到莖之粗細與分

枝情形;植體體積雖然可以應用,但較不容易測定,因此實際使用很少;而重量(常指乾重)之測定雖相當麻煩,但其結果很容易被理解或加以比較。

種子發芽初期尚不能進行光合作用,一部份貯藏之養分消耗於呼吸作用而轉變為幼苗所需之能量與物質時,造成乾重減少,因此以乾重法來測定植物生長也並不完美,因為重量雖然失去,幼苗卻增大體積。此外,乾重包括植物體從土壤中所吸收的鹽類,而這些鹽類並不一定都和生長量發生直接的關係,但此類誤差通常很小。

(二)植物生長之數學分析

植物典型的生長曲線是一種斜體的S形曲線,這條曲線可細分成四個時期。植物在生長前有時會有一個調整的階段,也就是所謂的延緩期,緊接著就是進入指數生長期(exponential phase),在這個時期內,植物生長是永遠增加的,這是由於植物體內製造成的物質可以再造成更多的物質出來。

$$\frac{dw}{dt} = k_1 w \text{ 或 } \frac{1}{w} \times \frac{dw}{dt} = k_1 \tag{1}$$

式中k_1為常數,w是任何一定時間內植物的生長(如乾重),dw是在dt時間內所增加的乾重。(1)式經積分後,則如下式:

$$\ln \frac{w_2}{w_1} = k_1(t_2 - t_1) \tag{2}$$

$$\text{或 } \frac{\ln w_2 - \ln w_1}{t_2 - t_1} = k_1 \tag{3}$$

w_1是時間t_1時之乾重,而w_2則為時間t_2時之乾重,k_1則為相對生長速率(relative growth rate, RGR),它代表植物單位時間單位重量之生長量。因此上式可變成:

$$\frac{\ln w_2 - \ln w_1}{t_2 - t_1} = RGR \tag{4}$$

指數生長期後是直線生長期（linear phase），這個時期的生長速率一定，而且此時的生長速率最大，因此這個時期我們又稱之最大生長速率期（phase of maximum growth rate）。

$$\frac{dw}{dt} = k_2 \tag{5}$$

k_2 表絕對生長速率（absolute growth rate, AGR），亦即單位時間上之生長量，因此上式可寫為：

$$\frac{dw}{dt} = k_2 = \frac{w_2 - w_1}{t_2 - t_1} = AGR \tag{6}$$

指數生長期之 $AGR = \dfrac{dw}{dt} = k_1 w = RGR \cdot w$ ，因此在指數生長期之 AGR 並不保持一定，而是隨 w 變而變，但其 RGR 則永遠保持一定；直線生長期之 AGR 則保持一定。

直線生長期後，生長漸漸的緩慢下來，生長速率減少，植物進入所謂之老化期（senescence phase）。

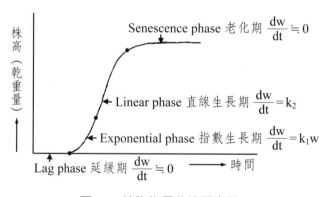

圖2-5 植物生長曲線示意圖

2.2　環境因子對植物生長之影響

　　影響植物生長之環境因子包括大氣溫濕度變化、輻射能、化學物質（如污染物、鹽分、農藥等）、土壤水分應力、風之作用等。

一、溫度與植物生長

(一)最適溫度與溫期作用

　　當其他環境因子為非限制因子時，溫度從略高於0℃之低溫增高時，植物之生長速率隨之增加，但溫度高過某一界限，則植物生長反而減少，此界限溫度稱為植物生長之最適溫度，約在20～35℃之間。植物在不同生長階段，常具有不同之最適溫度。此外，約在0℃至10℃之低溫，有促進植物某些生長作用之效果，如芽及種子休眠之打破及春化處理等，這些低溫之刺激可誘導日後之正常生理反應。

　　溫度為環境中具有週期性之因子，植物之生長速率及形態發育，均顯著受溫度之日週期之影響，溫期作用（thermoperiodism）係指晝間及夜間溫度之週期變化對植物生長之影響。大多數植物均以晝間溫度稍高於夜間溫度生長最為有利，僅少部分植物種類，其生長受溫度日變化之影響較小。

(二)耐高溫植物之適應性反應

1. 葉片增厚、蒸散率提高，可使曝露於日光下之葉溫變化不超過5℃。
2. 葉片做垂直方向生長，以其和與日光投射方向正交之葉片比較，約可降低3～5℃。
3. 葉片表面呈白色，以反射日光，降低其被吸收並轉為熱能。
4. 葉片表面覆以絨毛，對表皮及葉肉產生蔭蔽作用。

5. 樹幹被覆木質化之厚層樹皮，藉其絕緣性質保護內部之韌皮部與形成層。

6. 原生質水分含量降低，碳水化合物含量增高，亦可增進其對高溫之抵抗性。

(三)耐寒性植物之適應性反應

1. 葉片增加不飽和脂肪酸含量。
2. 葉片增加磷脂（phospholipid）之比例。
3. 葉片增加酵素蛋白質之含量。
4. 葉片增加原生質濃度。
5. 因離層產生而落葉，以休眠狀況適應寒冬。

二、光與植物生長

(一)光度與光合作用

1.光之波長與光照強度

地表承受來自日光的輻射能，其波長在290至5000 nm之間，此一波長系列稱為太陽光譜（solar spectrum）。波長在400至730 nm之間者，稱之為可見光（visible light），也是與光合作用有關的波長。日光輻射總能量中，約有一半處於這段波長之中。波長大於730 nm者，稱為紅外線，其對植物莖幹生長及種子發芽有促進之作用；波長短於400 nm者稱為紫外線，其對植物花青素（anthocyanins）之形成有促進的作用，對植物之向光反應亦有影響。

光照強度之計量以標準燭產生之光度（illumination）為基準，在距標準燭一公尺處承受之光亮稱之為1 Lux。對植物光合成作用有效之光照稱為光合成有效日照量或光合成光子流通密度（photo active radiation, PAR or photosynthetic photon flux density, PPFD），意指波長400nm至700nm間之光子密度，其單位為$\mu E/m^2/sec$或$\mu mol/$

cm^2/sec。而光輻射量的單位是$erg/cm^2/sec$、W/m^2、$cal/cm^2/sec$等。

2. 光合作用

光合作用（photosynthesis）係指綠色植物葉片吸收太陽能，固定CO_2，產生碳水化合物之過程。光合作用可分為三項反應，而分屬兩期。前二項需光，包括水之光分解作用（phytolysis of water）及光合加磷作用（photophosphorylation），合稱為光反應期（light reaction stage），其結果為植物將光能吸收後，轉換成NADPH及ATP的化學能。後一項反應不需光，稱為暗反應期（dark reaction stage），其結果為由ATP供應能量，NADPH進行還原反應，而將CO_2固定。而綠色植物CO_2固定路徑，包括C_3路徑（C_3 pathway）、C_4路徑（C_4 pathway）及景天酸代謝（Crassulaceae acid metabolism, CAM）。

(二)植物之光期作用

植物之光合作用無法長期以最高的速率進行，植物行光合作用之器官（葉片），在多數時間內所接受之太陽光照不是太強就是太弱，均無法提供最適的條件進行最大光合成速率。植物生長之最適光度係指在生長環境的各項影響因素組合狀況下，短時期內光照情形對光合作用之進行較為有利。但又對多數植物言，光照時期之長短對植物之發育與生命週期之變化更為重要，植物對光照長短之反應稱之為光期作用（photoperiodism），光期之長短對植物之開花與運動，節間之伸長等均具有甚大之影響力。有些植物對季節變化較敏感，會因為不同季節光週期（日照長短）的差別而影響正常發育及開花情形。可概分為以下四種植物類型：

1. **短日照植物**：植物之正常發育僅發生於光期短於某一特定最高量之植物，如菊花、草莓等植物屬之。

2. **長日照植物**：植物之正常發育僅發生於光期長於某一特定最低量之植物，如杜鵑、先驅草種等植物屬之。

3. **特定光期植物**：限定光期內才能正常發育生長之植物。

4. **中性日照植物**：植物的開花並不直接受光期長短之影響之植物，如向日葵、玉米等植物屬之。

(三)陽性植物與耐陰性植物

1. **陽性植物**（shade intolerant plants, heliophytes）

需要充足陽光才能茂盛生長的植物，或在強光照條件下生長發育健壯的植物。常具有初期生育快速，先發於裸地且具有能生存下來的先驅植物（pioneer）特性。如五節芒、血桐、構樹等。陽性植物要求全日照，光補償點較高，呼吸作用和蒸散作用都較強，細胞滲透壓耐高溫、耐乾旱的能力較強，例如山黃麻、構樹等，均常生長於裸露荒野向陽的坡地等。陽性植物通常有以下特徵：

(1)莖幹部分較為粗壯，節間較短，木質部分與支持部分之組織發育良好。

(2)葉片部分之細胞及氣孔較小，單位葉面積上分布之茸毛愈多。

(3)細胞壁與角皮之厚度增厚，結構較為粗糙，葉肉細胞較厚。

2. **耐蔭性植物**（shade tolerant plants, sciophytes）

自然生長之植物有其固有之最適受光量。能在較微弱光線下繼續生存下去的植物稱謂耐蔭性植物。部分植物可生長於林蔭間，利用短暫時間之林下光照吸收光能，提供CO_2固定作用所需之能源，亦可達到耐陰性之效果。小苗木的耐蔭性在植生工程相當重要，特別在與較高之外來草種混播，或與速生木本植物混植時應加以注意。

3. **備註**

(1)光補償點（light compensation point）意指當某一光照強度，恰可使某種植物所進行之光合作用和呼吸作用速率相等時，此光強度即為該植物之光補償點。通常光補償點較低

者，其植物之耐陰性高。

(2)光飽和點（light saturation point）即光照強度達到一定量後，光合產物不再增加或增加得很少，該處的光強度即為光飽和點。

三、風與植物生長

(一)海岸地區風對植物之作用

風對植物產生之作用包括乾燥作用、機械作用、鹽霧作用及風積作用等。

1.乾燥作用

風可將植物葉部表層濕潤空氣吹走，故有促進蒸散作用之效果。風亦可使植物之葉片造成彎曲，使葉片內細胞間隙發生擴張及收縮，使其中已為水氣飽和的空氣逐出，並使外界乾燥的空氣滲入。

2.機械作用

植物因強風吹襲而發生機械傷害的嚴重程度和其木質結構有關。淺根性之樹木易因風之作用而倒伏或傾斜，樹木之木質部質脆且鬆之植物，易因風力而生機械傷害，造成植物葉片破裂，枝條折斷及造成旗形樹（flag tree）、擠壓木（compression wood）生長之情形。

3.鹽霧作用

源自海中之鹽分隨風飄運至海岸地區，對低耐鹽性的植物可造成嚴重之傷害。鹽風發生後短期內若無降雨，鹽分對植物之傷害最為嚴重。鹽分滴在葉片上，氣孔馬上關閉，停止生長，且鹽分在受損枝條上，會產生壞疽現象。

4.風積作用

沿海砂丘地區，土壤保水率低，砂粒易受風之吹襲而移動，謂之風蝕作用。因風蝕作用而移動之砂粒會在風力減弱或遇到障礙物處產生堆積，稱為風積作用。土砂堆積會導致植物根域的通氣性降低，植

物莖部受砂埋之部位溫度增高，會導致植物致病害或死亡。土砂堆積過程中，可於其莖幹基部發展出不定根之植物，對風蝕及風積作用之耐度較高。

(二)防風林帶（或防風構造物）之防風效果

1.風速剖面與風速分布

在缺乏垂直溫度梯度而產生的循環渦流，風速於均勻開放的平坦地面上會隨高度呈對數增加。在裸露土壤表面風速為0時，地表之有效高度，被定義為粗糙長度或粗糙高度（z_0）。地表粗糙高度的量測可由實際零風速的地平面與氣體平均動力作用面間之高度差而得。植生覆蓋可增加粗糙長度，並使原來零風速的平面向上位移高度d，如圖2-6所示。由於空氣流動的不均勻，z_0會接近h/10，h為樹葉組成之冠層部位高度，而d通常在0.6～0.8h之間。

開放場所的風速剖面可以下面之方程式來表示：

$$u(z) = (2.3/k)u_* \log[(z - d)/z_0]，z > d + z_0$$

u：在高度z時的平均風速

k：在紊流中Von Karman常數（乾淨之流體為0.4）

u_*：剪力速度（$= \sqrt{\tau/\rho_a}$ 其中，ι為剪應力，ρ_a為空氣密度）

d：零平面之位移高度

z_0：粗糙長度

防風林的拖曳力作用如同植生柵或防風牆，可緩和空氣的流動，而防風林周圍流動的氣體可被分為數區，如圖2-7所示。

2.防風構造物高度與防風效果

防風林構造物之高度對於防風效果與範圍有一定影響程度，防風林高度愈高則其林帶後方所提供之保護距離愈大。一般而言，防風林帶後樹高5～10倍距離之區域，風速折減量約30～50%，樹高15倍之

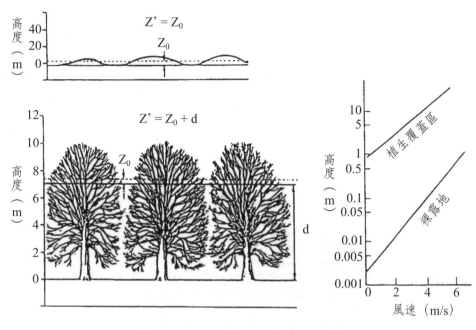

圖2-6 裸露地及植生覆蓋地風速對地面高度之關係

（資料來源：Bagnold, 1941）

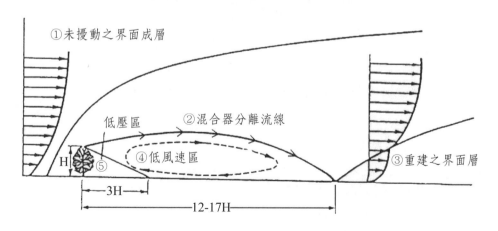

圖2-7 防風林帶周邊氣流模式

區域風速折減量約10～20％，20倍樹高後將回復既有風速（圖2-8）。臺灣海岸地區防風林之高度約為5～6公尺；而耕地防風林則以不超過10公尺為限。對於防風構造物或防風林而言，其分布密度亦為影響防風效果之重要因素，耕地防風林密度越大，則其背風狹小範圍之風速減低效果愈佳，但防風之有效距離將減小。以木麻黃防風林為例，其密度以60～80％最佳。耕地防風林帶之方向，一般是與主風向垂直進行植栽設計，因其最具防風效果。

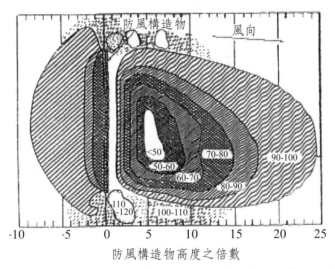

防風構造物高度之倍數

圖2-8　防風林或防風構造物高度、密度與防風效果之關係

(三)防風林植物之選擇

1. 一般防風林樹種之選擇

(1)樹幹強韌，冠幅小。

(2)樹冠密而枝葉之著生點低。

(3)深根性樹種或兼具發達之水平根系與垂直根系。

(4)抗病蟲害力及抗風性強。

(5)植株短小、圓滑或矮化。

(6)具萌芽更新或支持根，枝條具觸地生根等特性。

2. 海岸防風林之選擇

在海岸最前線生育之植物，受到強風、飛砂、鹽霧等之危害，經常處於極端不利之逆境條件下，為克服此種極為不利之環境，適生樹種之選定極為重要，特別在海岸最前線生長之植物，必須選最具抗旱、耐鹽及抗風植物。一般常見之種類包括海馬齒莧、甜根子草、馬鞍藤、蔓荊、草海桐、濱刺麥、蟛蜞菊、濱刀豆、濱豇豆及臺灣海棗等植物。而第一線防風林之建造，則以海岸最前線之可用樹種於栽植溝內採用單株混植方式，以達地表之覆蓋及提供第二道防風林之屏障，如黃槿、草海桐、林投、木麻黃等，其成長高度極限在5～6m左右；第二線防風林帶林木通常以樹高可達10m之完整林帶寬度80～160m為宜。因有第一線防風林為屏障，為了構成歧異度大之傾斜式複層防風林，在樹種選擇時，必須考慮其生長速度之相互配合，及各樹種之需光性。建造時，第一年每隔一或二栽植溝，以生長快速、耐旱、抗風力強之木麻黃配合以耐鹽、萌芽力強之檉柳，以單株混植方式，形成帶狀保護行，第二年因當地的土壤環境逐漸適合植物生長，便可混植其他植物以達到複層防風林的目標，主要適用植物包括白水木、海檬果、福木、欖仁、瓊崖海棠、黃槿、水黃皮、木麻黃、林投及大葉山欖等。

(四)坡地風倒木之屬性與判別

1. 風倒木產生原因

風倒木之產生原因包括樹木本身內在因子及外在因子。

(1)內在因子：樹木根系腐朽、樹木枝幹腐朽、樹木老齡化、樹冠受風面過大、樹木質地脆弱等。

(2)外在因子：崩塌等含根土體破壞或移動、沖蝕等造成邊緣

木、根系裸露、生長地點為受風面強、風力持續作用等。

2. 樹木受風害之類型

當樹木遭受到強風而受到災害形成倒木、傾斜木、枝折木、幹折木，風倒木倒伏的狀況會因為遭受風力的大小不同而有所改變，茲說明如下：

(1)風倒木：強風搖動樹體，造成根系被拉斷、土壤基部隆起、根系被拔起等，樹體呈現完全倒伏之現象者稱之；發生原因為土壤含水量高、淺根性根域範圍小、根系腐朽、支持根不發達。

(2)傾斜木：強風造成樹體搖晃，造成土壤基部不穩定有隆起現象，樹木有傾倒之現象，發生原因和風倒木相同但受害程度較輕；發生原因為土壤含水量高、淺根性、根域範圍小長期受風作用、水平根系較多、支持根不發達等。

(3)枝折木：強風造成樹體搖動，造成樹枝枝折現象，發生原因為樹枝條本身脆弱腐朽或較屬擴展性之枝條分布無法抵抗強風作用。

(4)幹折木：強風造成樹體搖動，造成樹幹折損現象，發生原因為樹幹本身脆弱腐朽或速生造林樹種無法抵抗強風作用。

3. 坡地風倒木之判斷

坡地風倒木發生常會數棵或一整片同時倒伏之情形，主要原因是受到風之連續作用，外側樹木或邊緣木倒伏伴隨出現之現象。出現的地點主要包括崩塌地邊緣的殘木（如圖2-9），堤防上迎風面之樹木、空曠地之行道樹、地表較厚土層之造林木土層等，因根系出露、根系淺層及受風作用力較大之地點。

崩塌地外緣風倒木(一)：天然闊葉樹種　　　　崩塌地外緣風倒木(二)：桂竹

圖2-9　崩塌地外緣之風倒木情形

五、土壤水分與植物生長

(一)土壤含水量之參數

土壤含水量之多寡，通常以單位土壤乾重內所含有之水分百分率表示。但由於土壤質地不同，其不同土壤含水量對植物水分利用與生長之影響各異。為提供土壤含水量對植物生長之效益，需有不同之土壤水分測定值輔助之，重要項目如土壤田間容水量（field capacity）、凋萎點（wilting point）、土壤有效水分（available soil water）、最大容水量（maximum water holding capacity）、水分當量（moisture equivalent）及土壤水分潛勢（soil water potential）等，茲分別說明如下：

1. **田間容水量**：指土壤經灌溉或降雨後，土壤被充分浸濕達飽和狀態，經重力排除所保有的含水量，為土壤團粒張力所吸住的水。

2. **凋萎點**：表示土壤的水分如果低於凋萎點含水量，植物的葉子就會凋萎、捲曲，光合作用停止，無法維持植物正常生長所需之含水量。一般植物能利用之水分介於凋萎點含水量與田間

含水量的土壤水分，土壤水分一直減少到植的根無法吸收水分，葉片開始枯萎的水分點稱為初期萎凋點（incipient wilting point）。水分進一步減少，到給予灌溉亦不能從枯萎復甦的水分點稱為永久萎凋點（permanent wilting point）。

3. **土壤有效水分**：土壤有效水分即田間容水量至凋萎點間之土壤水分稱之。土壤有效水分乃適合作物生長發育的土壤水分狀況，它是土壤中能被作物吸收利用的水量。

4. **最大容水量**：指土壤含水量達飽和狀態，又稱飽和含水量（saturated water content）。可作為土壤保水力的指標。

5. **水分當量**：飽和的濕土壤以相當1000倍地心引力的離心力下（每分鐘2240轉的速度轉動40分鐘或1000轉的速度轉動30分），能保持的水分含量。

6. **土壤水分潛勢**：用以表示土壤水分之能量狀態。土壤水分潛勢包括有重力潛勢（gravitational potential），與地球重力有關；滲透潛勢（osmotic potential），與可溶鹽類含量有關；基質潛勢（matrix potential），與土壤固相間之吸引力有關。

(二)最適土壤含水量與植物需水量

最適宜植物生長之土壤水分範圍，因土壤性質及植物種類而異。對大部分之植物而言，最適宜植物生長之土壤水分介於土壤最大容水量之60%至80%之間，或略少於田間容水量之土壤水分狀況。土壤水分供應植物的吸收，植物得以維持細胞膨壓，藉水分運送而吸收土壤養分，完成細胞分裂、伸展、分化及其他之代謝現象。植物每增加單位乾重所需要吸收或蒸散的水量稱為需水量。需水量因植物種類而異，一般植物之需水量為250～400（gH_2O/gdry wt.）。植物之需水量愈少，其耐旱性愈高，反之，耐旱性愈低。

(三)耐旱植物（旱生植物）與喜水植物

1. 旱生植物（xerophytes）

不需大量水分持續供應即可維持生長之植物，如一般的雜糧作物、防風定砂植物、沙漠植物等。

2. 喜水植物（phreatophytes）

又稱嗜水植物。一般陸生植物之水分供應主要在靠近地表附近土壤層中之所謂土壤含水量（soil water），亦即植物根系吸收充斥在土粒間隙之水分，以供植物生理作用需要。但有些植物根系可以伸展至地下含水飽和帶或毛管水作用之邊緣，以直接獲取充足水分供應，滿足其生理作用需求，這種需水性甚高植物即稱為嗜水植物。

一般植物大多以土壤孔隙水分為吸收對象，因此當土壤水分長期乾燥時，植物即可能呈現枯黃甚至枯死現象。此時若減少植物之蒸散作用，對水資源減少損失，應是有意義的。相對於嗜水植物，由於可以直接從地下含水層吸收水分，並以蒸散由大氣排出，因而就長期而言，對水資源保育具有負面效果。

(四)植物對湛水之適應性

1. 減少呼吸作用，避免O_2不足而產生有毒物質，如ethanol（乙醇）、acetaldehyde（乙醛）等。而有些耐湛水植物，則產生malate（蘋果酸）、glycerol（甘油）等毒害較小之物質。
2. 根莖內形成通氣組織，有助於氧氣逆向傳導如水稻。
3. 轉變根呼吸作用過程或利用光合作用所產生之O_2。
4. 具有呼吸根（如海茄苳、落羽松等）、氣生根（雀榕、白榕等）。
5. 水中葉片或根變形，以適應水中環境之生長。

(五)水生植物之種類與特性

1.水生植物之定義

水生植物（aquatic plants）是以水為生存及生長媒介之植物。狹義上是指植物的生活史必須在有水環境下完成，亦即該植物一生都必須生活在水中，且能長出適應水域生長之根系與葉片型態構造。廣義上則包括生活史上有一時期生長於水中或生長於飽和含水量之土壤上之溼生植物。這類型水生植物不見得要生長於有水環境中，但最少供其生長之土壤必須是在潮濕狀態下，或是土壤飽和含水量必須維持在水生植物可以生存的最低限度上。

2.水生植物之分類

依據植物體成熟開花時，所呈現其葉片與水面的相對位置和生活習性，可分為下列五種（如圖2-10），茲說明如下：

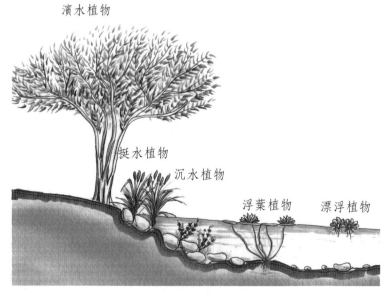

圖2-10　水生植物分類示意圖

(1)漂浮植物

漂浮植物的葉子漂浮於水面，但根系並沒有固著於泥土中，而是漂浮於水中，且根系是細長且柔弱的，或者已經完全退化，所以植物體本身會隨著水流動而四處漂移。漂浮植物喜愛生長在靜水域環境，一般而言，在流動水域中較難見到其蹤跡，且無性繁殖機制非常旺盛，可迅速地將整個水面鋪滿。

漂浮植物之特性可細分如下：

A. 植物體具備足夠的浮力

可以完全地「浮游」在水面之上。這類植物利用在植物體表布滿了細長的毛茸，有效地利用了水的表面張力讓自己撐在水面上，例如槐葉蘋。

B. 具有發達的氣室

利用葉片、葉柄等部位發育出發達的氣室，讓植物體得以儲備大量的氣體而使自己浮在水面上，例如水鱉、布袋蓮。

C. 懸浮於水域上層的植物體

這類植物係直接「懸浮」在水域的最上層，例如紫萍。

(2)浮葉植物

指葉片自由漂浮於水面上，根系或地下莖固著在水下土壤層之水生植物。這類型植物根部所需要的氧氣經由葉片的氣孔傳遞供應，故其葉柄會隨著水的深度增加而迅速成長，以適應環境中的水位變動，例如臺灣萍蓬草。浮葉植物之葉片會因生活期而有不同的形狀變化。

A. 水下葉：生活於水下的葉片會如同沉水植物般的薄且柔軟。

B. 水面葉：伸出水面之上的葉片，其向陽的一面則會有薄薄的角質層，除可以防護葉肉組織免於日曬與風力的損害，亦可防止組織細胞內水分的快速蒸散。

(3)沉水植物

係指植物體完全或大部分沉沒於水中生長，根系固著在水下土壤層之水生植物，開花時，花沒於水中或挺出水面。植物體表面沒有或不具有發達的防止水分蒸散的構造，因此，植物體的地上枝一旦離開了水域，往往會快速失水、凋萎，甚至死亡。

沉水植物自身為了適應水面下生長，其葉表面細胞壁通常甚薄或不具角質層，葉片色淡而柔軟，內部構造也較清晰透明；二氧化碳與氧氣可以直接經由葉片細胞交換，有利於植物體的光合作用與呼吸作用進行。某些沉水植物之定著根系已退化，必須依附在其他植物之莖叢間或漂浮水面，例如金魚藻。沉水植物莖葉內輸導系統不發達，葉片大多呈線狀、片狀或條狀，以利於流水環境，不會因水流的衝擊而導致莖折斷。

這類型植物對於生活環境的容忍範圍很小，對水質變化之反應較為敏感，可當作水體水質的生物指標。

(4)挺水植物

挺水植物通常生長在水深50cm至1m左右之淺水區，其根系固著在水下之土壤層，莖葉的一部分或大部分伸出水面的植物。挺水植物的根系發育情形隨種類而不同，大多具有走莖或根莖形態，其根系所需之氧氣係外界空氣經由莖葉內的通氣組織傳遞供應。

全世界有三分之二的水生植物多屬於挺水植物，因此在外觀和生活習性上呈現多樣化面貌，部分種類偏向陸生、有些近似飄浮葉，部分挺水植物會在水面下兼具沉水葉，其形態與水面上生長的挺水葉截然不同，例如異葉石龍尾。

(5)濱水植物

濱水帶植群通常係指河岸區域一條具有生命力的綠帶，藉由不同植物組成，連接了乾燥高灘地與濕潤的水域，並且控制兩者間的水分、沉澱物與有機營養物的傳遞。發展完整的河溪或水域環境，具有茂盛且多樣化的帶狀濱水帶，隨著流域的範圍、水域水位之高

低、季節的變化以及植生演替變遷之過程，水體所影響濱水帶的範圍亦有顯著的差異。依濱水帶字面上之涵義，自然植群組成結構，受水域造成之地下水位、大氣相對溼度以及水陸域交界處生態系變化影響之範圍，均具濱水帶之特性與內涵。而生長或優勢生長於濱水帶之植物，可謂之濱水植物。

六、土壤鹽分與植物生長

(一)鹽度參數與滲透壓效應

1.鹽度（參數）之表示方法

所謂鹽度（salinity）是指土壤中或水溶液中可溶解性鹽類之含量，包括Na^+、Mg^{+2}、Ca^{+2}、Cl^-、SO_4^{-2}等。其表示法有三種：

(1)以濃度表示，如毫克當量／L、克分子量／L、‰或ppm等。

(2)以水分潛勢（water potential）表示，如MPa、bar或atm。

(3)以電導度（electric conductivity）表示，單位為μmhos/cm或 or μS/cm。

2.滲透壓效應

水溶液之滲透潛勢可由下列公式計算之。

$$-\psi_\pi = miRT$$

ψ_π：滲透潛勢（osmotic potential）

m：溶液之克分子濃度

i：解離常數

R：氣體常數

T：絕對溫度（K）

植物要在高鹽分之土壤中吸收水分，必須增加根系細胞原生質濃度與土壤水分潛勢差異，藉增加呼吸作用，促使根系鹽分之累積，才能達到吸水之效果。故植物之生長速率常因土壤鹽分增高而降低。

3.特殊離子效應

不同鹽分離子對植物之危害程度不同，如Mg、K、SO₄離子之危害大於Ca、Na、Cl離子等。故鹽生植物常藉大量吸收危害較小之離子，以減低土壤鹽分之危害。

(二)高土壤鹽分對植物之傷害

土壤中含鹽分太高，植物會有葉尖先枯然後沿葉緣擴大、有壞死之斑點產生、葉面積變小、細胞變大、細胞間隙變小、葉多汁、形成層活力減弱、導管發育不良、解醣酶含量減低、膜的透過性（permeability）增大等現象。

(三)植物對高土壤鹽分之適應性（抗拒方法）

1.鹽分排除（salt exclusion）
特殊細胞之鹽分分泌功能，如鹽腺（salt gland）、落葉、樹皮剝落。這類植物有海芙蓉、濱馬齒莧、濱水菜等。

2.鹽分忍受（salt tolerance）
植物體能大量累積鹽分以增加滲透壓。此種植物的特性有：
(1)選擇性離子吸收，增加Cl^-、Na^+之吸收量，減低SO_4^{-2}等之吸收量。
(2)鈉吸收比（sodium absorption ratio, SAR）增大。在植物體器官中，離子濃度多寡依次為：葉、細根、莖、粗根、果實種子。在含有某定量Ca溶液中，增加Na含量可使作物增加成活、生長。

$$SAR = \frac{[Na]}{[(Mg+Ca)/2]^{\frac{1}{2}}}$$

3.鹽分規避（salt avoidance）
受特殊高鹽分季節（旱季）之限制，植物的種子發芽、生長、繁

殖，僅在某一季節中進行，以減低鹽分之危害。海邊宿根性草類或沙漠中之一年生草類具有此特性。

(四)耐鹽性植物（鹽生植物）

多數植物於高鹽分環境下種子之發芽會受到抑制，種子的成活更為困難。但某些耐鹽性植物卻不然，這類植物由於生理上之適應，少量鹽分之存在對種子之發芽和種苗之生長更為有利。對大多數耐鹽性植物而言，土壤之鹽度對其生長分布仍為一重要限制因素，這類植物種子大多於雨季土壤中之鹽分經雨水稀釋後開始發芽。

耐鹽性強之植物，一般指能在土壤電導度4mmhos/cm（即4,000μS/cm）以上正常生長之植物，又稱鹽生植物（salt plants, halophytes）。鹽生植物分布在內陸乾旱地區或濱海，在形態上多乾瘦矮小、葉子退化，有的組織變紅，有的葉肉質化，併有特殊的貯水細胞，能在高鹽濃度下進行正常的同化作用，其植物體內Na^+及Cl^-含量有較多之傾向。例如海濱常見的濱芥、濱薊、海芙蓉、鹹地鼠尾粟等植物均屬之。而生長在河口等高鹽分地區之植物，則以紅樹林為其代表植物。

七、土壤化學性

(一)土壤化學性之定義

土壤化學（soil chemistry）意指當土壤顆粒之粒徑與組成的礦物種類不同，其呈現的化學性質亦有不同，研究土壤這些化學行為與過程的科學，即屬土壤化學領域。目前有關土壤化學領域，不外乎在研究土壤肥料、土壤污染、土壤礦物的化性等項目，藉以探討土壤養分之含量。

土壤內可成為植物生長所需養分的化學成分，包括含量、比例、性質等統稱為土壤的化學性。植物要維持良好的生育，需要

氮、磷、鉀等之肥料三要素及鈣、鎂等合計五要素最為重要。土壤中這些要素含量，可供給性受土壤反應、水分、各要素量之比例等綜合影響，因此判斷植物養分之豐富與否，須從土壤整體化學性組成來評估。

(二)土壤反應

土壤反應（soil reaction）意指土壤溶液中常含有H^+及OH^-離子，兩者的含量多寡因土壤種類而異，致使土壤呈酸性、中性及鹼性等性質，通常以pH值表示。pH值的大小關係到營養元素是否能被植物吸收利用，pH太高或太低皆可能導致由某種營養元素引起的毒害。例如土壤之pH值較低時，微量元素（鐵、錳、硼、鋅和銅等）的移動活性將會增大，因此植物吸收量增加，若超過植物所需，將對植物之生長產生危害；反之，若pH值太高，微量元素之活動性不足，植物之吸收量也因而不足，造成微量元素缺乏。一般植物喜生長於pH值約6.5左右之土壤環境，且土壤硬度介於10～26mm（山中式硬度計測值）之間。

(三)土壤養分不足對植物之影響

土壤養分不足會影響植物生長，其可能產生之病徵分述如下：

1.氮肥

氮為葉綠體構成之主要元素，而葉綠體又是植物行光合作用之必要構造，缺乏氮時葉片會呈不鮮明的黃色至綠色，嚴重時呈黃化作用。

2.磷肥

磷為核酸蛋白之構成元素，且其在能源轉換過程中扮演重要角色。故缺磷時細胞分裂衰退，植物發育不良，葉片成狹窄狀，老葉出現紅色。

3.鉀肥

鉀常因淋洗或沖蝕而有不足，其為約50種酵素反應之活性劑，且影響蛋白質的合成。缺乏時植株矮小，葉尖端呈褐色，嚴重時會產生壞疽。

4.鎂肥

鎂為葉綠素之主要元素，且為光合作用之活性劑。缺乏時植物體葉片除葉脈外，其他部份均出現黃化現象。

5.微量元素

微量元素在植物體中含量極微，但其量不足往往使植物迅速發生異常症狀而枯死，其在植物體內的角色包括：

(1)促進酵素之生物化學作用。

(2)氯、錳共同參與光合作用。

(3)植物體內之氧化還原作用。

(4)調節植物體之生理機能。

(5)缺乏不同元素時有不同之症狀出現。

(6)缺鐵時植物之幼葉有黃萎病，因鐵對葉綠體形成影響很大。

(7)缺鋅時幼葉生長受到抑制而出現叢生的現象。

(8)缺銅時會不易形成種子。

(四)土壤之碳氮比（C/N）

土壤有機物中碳的總含量與氮的總含量的比，稱之為碳氮比（C/N）。土壤有機物分解（無機化）程度指標可用碳氮比來表示。碳氮比大會造成有機物分解礦化困難或速度緩慢，原因是微生物自身的碳氮比大約是5：1，當微生物分解有機物時，同化（吸收利用）5份碳時約需要同化1份氮來構成它自身細胞體，而在同化1份碳時需要消耗4份有機碳來取得能量，所以微生物吸收利用1份氮時需要消耗利用20份有機碳，若碳氮比大於20時將會對植物吸收土壤養分產

生障礙。故在施用碳氮比大的有機肥（如稻草等）或用碳氮比大的材料作堆肥時，都應該補充含氮多的肥料（如尿素$(NH_2)_2CO$）以調節碳氮比。依現行有機肥堆肥之檢測標準規定，碳氮比（C/N）應在20以下。

八、土壤物理性

土壤物理性質包括土壤三相、總體密度、土壤硬度、土壤水分狀態、保水力、透水性、孔隙率及土壤分布等。土壤物理性除影響養分及水分的保持與供給之外，也影響根系的發展分布及微生物之活動。自然狀態的土壤，其物理性對植物的生育、地力維持甚為重要。另影響森林涵養水源之土壤滲透率、保水力等亦受土壤物理性所左右。以下即針對兩項較為重要的土壤物理性質項目進行說明。

(一)土壤三相

就土壤物理特性而言，土壤乃由土壤顆粒（固體）、土壤水分（液體）及氣體（空氣）等構成，分別稱之為固相、液相、氣相，三者合稱為三相。

1.土壤顆粒

土壤三相中，土壤顆粒是組成土壤的物質基礎，約占土壤總重量的85%以上。固相顆粒的排列方式、孔隙的數量和大小以及團聚體的大小和數量等稱為土壤結構。良好的土壤結構能協調土壤中水分、空氣和營養物之間的關係，改善土壤的理化性質。一般將土壤粒徑小於2mm者視為土壤物質，土壤顆粒大小是影響土壤肥力的基礎，結構不良的土壤，土體堅實、通氣透水性差，植物根系發育不良，土壤微生物和土壤動物的活動亦受到限制。

2.土壤水分

土壤水分適量增加有利於各種營養物質的溶解和移動，增加磷酸

鹽的水解和有機磷的礦化能力,並調節土壤溫度,但水分太多或太少都將對植物和土壤動物產生不利影響。土壤水分過多會使土壤中的空氣流通不暢並使營養物隨水流失,降低土壤的肥力;而土壤乾旱不僅影響植物的生長,也威脅著土壤動物的生存。例如土壤中的節肢動物一般都適應於水分充足的土壤孔隙內,金針蟲在土壤空氣濕度下降到92%時就不能存活,所以它們常常進行周期性的垂直遷移,以尋找適宜的濕度環境。

3. 土壤氣體

主要是與大氣連通之空氣為主,因此稱為土壤空氣或土壤氣體。土壤氣體的存在主要是在土粒間的孔隙處,藉著孔隙的相互連通,使空氣得以在其間流通。由於土壤層常受微生物或動物活動及植物根系生長等影響,而使土壤空氣組成的成分與大氣成分有所不同。例如土壤空氣的含氧量一般只有10~12%,比大氣的含氧量低,但土壤空氣中二氧化碳的含量卻比大氣高得多,一般含量為0.1%(1,000ppm)左右。土壤氣體之各種成分的含量不如大氣穩定,常依季節、晝夜和深度而變化。在積水和透氣不良的情況下,土壤空氣的含氧量可降低到10%以下,從而抑制植物根系的呼吸和影響植物正常的生理功能。土壤通氣不良會抑制好氣性微生物生長,減緩有機物質的分解活動,使植物可利用的營養物質減少。若土壤過分通氣又會使有機物質的分解速度加快,這樣雖能提供植物更多的養分,但卻使土壤中腐殖質的數量減少,不利於養分的長期供應。

(二)土壤硬度

土壤硬度(soil hardness)和土壤緻密度之涵義相同。測定抵抗土壤粒子連結力和摩擦力時,將測定器嵌入土壤內部某一定容積所需力量之值。植生工程規劃設計時,於裸露坡面或原土層坡面(不適用於填方坡面或含礫石層坡面)使用山中式土壤硬度計測定(8kg彈簧伸縮量值)所得之數值,稱為指標硬度或硬度指數,為單純表示

土壤硬度時採用。硬度太高之土壤，植物根系並無法深入土壤中。依日本山中式硬度計之標準，植物根系適合生長之土壤硬度介於10～26mm，而植物正常深入土壤中之界線為26mm，若超過則需改良土壤物理性質以利植物生長。但土木工程有關土層堅硬情況（有效土層厚等）時，則使用貫入計試驗之測值，做為地層硬度之指標。

2.3 種子材料之特性與應用

一、影響種子品質與活力之因素

種子材料購買時須挑選品質有保證者，一般以發芽率高、夾雜物含量少、參雜其他種子含量低為佳，亦即選擇採取地、採取年月日、發芽率、純度記錄清楚者。例如一包標示為「百喜草」的種子，其中可能摻有百慕達草的種子，而百慕達草算是雜物或稱目的以外之種子，通常種子之純潔度需在97%以上。種子在適當環境下具有發芽能力者，我們稱此種子具有生活力（viability）。相反的，在任何情況下都不能發芽者，種子視為死亡。植物經過有性生殖的作用而形成種子或果實，在植株上種子必須經過成熟才能採收，種子採收後經過後熟、休眠、儲藏、發芽處理、播種到苗木成長各個階段，均涉及相當多的專業知識與技術。而影響種子活力之因素主要包括：

1. **溫度**：一般而言，在較高溫下形成之種子，其發芽率較高。
2. **日照**：通常母株日照較長，其種子發芽率較高。
3. **母株之營養**：母株缺乏氮鉀鈣肥時，其種子發芽率較低，而磷肥（根肥）較不影響種子發芽率。
4. **母株成熟度**：母株正值成熟期，其種子發芽率較高，種子亦有後熟作用。

二、種子活力測定方法

種子活力之測定有物理滲透法及化學法、染色法、酵素測定法及TTC法。

(一)物理滲透法

種子活力低者，其細胞膜並非完整，因此種子浸在水中會滲透出可溶性之物質，此滲出物質愈多則其導電性必增加。相反的，種子活力強的則導電性低。

(二)化學法

種子滲透出來各種物質在不同溶液顯中出不同顏色，亦可測定種子之活力。例如將種子浸在不同濃度之氫氧化鉀溶液時，生活力高者溶液為無色，而低者呈黃色。

(三)染色法

利用具活力之胚與死亡之胚，經硫酸處理後呈現不同之顏色；或利用藍靛洋紅（indigo carmine）能進入死亡之組織內，但不能進入有生命之組織之原理測定。

(四)酵素法

酵素對於種子發芽佔重要地位。種子內部之酵素如過氧化酵素（peroxidase）、氧化酵素（oxidase）等即可用以測定種子活力之依據。此外也可利用甲基藍（methylene blue）將各種還原酵素還原成無色，而測定該種子是否具有活力。

(五)TTC（2,3,5-triphenyl tetrazolium chloride）法

該法實際上亦為酵素測定法之一種，為目前最常用之方法。TTC

在有脫氫酵素（dehydrogenase）存在下，可被還原成紅色的forma-zan，是一種氧化還原的指示劑。有關TTC測定之方法與標準，詳請參考國際種子檢查規則。

三、種子發芽之影響因子

　　凡蟄伏於休眠狀態之種子播種後，遇到環境適宜，立即恢復胚細胞的活動與分裂，迨幼根伸離種皮之外，幼芽伸出土面之際，此種現象稱為發芽（germination）。發芽力旺盛之種子，所需播種量可以減少，幼苗生長茁壯整齊，不但獲得植物之良好生長，又可使培育費用大為節省。

　　種子發芽係指胚根突破種皮，種子必須具有生活力，不具休眠期（dormancy），同時還必須有適當之環境條件才能發芽。水分、氧氣與適宜之溫度為種子發芽之必需條件，而某些植物種子之發芽則需要光線。

　　(一)影響種子發芽之外因

　　1.水分
　　一般植物之種子，當其吸收水分達到一定量時，即開始發芽，有時需吸收種子重量之數倍，方始發芽。水分之供給若不足，亦不適於種子之發芽，但若過多亦屬有害。水分通常由珠孔或種臍進入種子之內，亦能由種皮直接滲入。若干種子如蓖麻與香苜蓿，其水分則由臍之附生物如孔阜（strophiole）或臍阜（carumcle）進入。進入種皮之水分由胚、子葉盤及胚乳所吸收，引起種子中蛋白質與澱粉質發生膨脹。種子在發芽之際，需吸入多量水分之原因，乃因水在發芽之過程中，具有下述之四種功用：
　　(1)使種皮變軟，以利幼苗之萌發。
　　(2)使必要之氧氣易於透入。
　　(3)便於二氧化碳之排出（由呼吸作用所產生者）。

(4)促進種子內幼胚之變化，如養分之轉化，酵素之活動及消化液之分泌，以助胚之發育生長。

2. 氧氣

種子發芽需要快速之呼吸作用，而呼吸作用需要氧氣，因此氧氣為種子發芽所必需。如果氧氣缺少，呼吸速率很慢，種子即不發芽。在這種情況下種子會進行醱酵作用（fermentation），醱酵作用所產生的有毒物質不斷累積，可毒死大部分之種子。種子吸收水分後，緊接著就是快速的吸收氧氣。此快速吸收氧氣，可能與水分吸收後種子內之酵素活性增加有關。種子播種過深，通常因氧氣缺乏不能發芽。如雜草種子埋藏在土中，雖活著而不能發芽，一旦被翻帶至土壤表面接受更多之氧氣時即能迅速發芽。水稻種子在淹水之土壤表面仍能發芽，此顯示其受氧氣不足之限制不若其他作物之甚，但增加氧氣量亦可促進水稻種子之發芽。

3. 溫度

溫度與種子發芽之關係至為密切，種子發芽需要之適溫，依植物之原產地及種類而有差異。溫帶植物之種子，發芽需要之溫度，一般為10～21℃；熱帶植物之種子，為24～35℃；而暖帶或亞熱帶植物之種子，則介於上述二者之間。植物種子發芽之速度，常為溫度所左右。種子在發芽之時，宜有均勻之溫度，不宜忽高忽低。

4. 光線

一般作物種子之發芽，對光之需要不大，在光線或黑暗之中均能發芽。但多數禾草類種子，尤其是新鮮種子，必須在光線之下或露光之後，發芽始能迅速而整齊，而其中紅光為最有效之光源，此類植物種子如小糖草、狗牙草、肯塔基藍草及細麥草（slender wheat grass）等。一些溫帶木本植物，其休眠期之打破並不受光期之控制而在自然情況下，此類植物如山毛欅，在春天直到光期夠長以前，不會發芽。

(二)影響種子發芽之內因

1. 種子之成熟度

種子自然成熟後始可採收，則其發芽力甚大，苗木亦強壯，未成熟者則反之。成熟種子，其外形色澤較未熟者為濃，亦較有重量。成熟種子經乾燥後，不似未熟者之有皺摺。未熟種子由於體積較小，其所儲藏之養料亦較少，如在不適宜之環境下播種，所育成之新植物更為纖弱。

2. 種子之體積

通常體積小之種子，所生之幼苗亦小，一般大粒種子之發芽力亦較小粒者為強，對於外界環境之抵抗力亦較大。惟種子之大小與土壤肥瘠及地區之氣候有關，故應以同地質與地區內之普通情形為標準。

3. 種子之處理

若干種子於採收後若曝於烈日以行乾燥，則種子之發芽力受損，發芽不良。大部分種子若以人工高溫烘乾，則其發芽力受損甚大，尤以大粒種子為最，因強熱亦使種子內部之胚受傷之故。

4. 種子之新鮮度

新鮮種子之發芽力常較老化者為大，而且發芽齊一。發芽力常隨年齡之增加而漸減，鑑定種子新鮮度最精確的方法當推種子之發芽試驗，以直接證明其究竟能否發芽。

5. 種子之休眠及後熟

種子成熟後，微環境條件如水分、溫度、氧氣及光等因子有利時，種子可以容易發芽。但甚多種子雖給予上述條件仍處於休眠狀態不會發芽。種子遲延發芽，即因種皮無法吸水膨脹，本身之胚尚未成熟，或者種子內含有抑制發芽之化學抑制劑，或者這些因子的聯合而限制或延遲發芽。一些種皮具有質地強韌不透水之構造，無法吸水膨脹而引起休眠的種子，不論種植的時間如何均需要進行處理。這類

種子的處理方法乃將種子浸漬在溫度77～100℃的熱水中數秒至數分鐘，或者浸漬在濃硫酸中，需要時間因樹種而定。

四、種子發芽率與發芽試驗

(一)種子純度檢定

一般種子中常混有異種、野草之種子、莖葉碎屑及砂粒等夾雜物，將降低品質種子純度及售價。故種子純度之檢定，有助於適宜種子之選擇，其計算式如下：

$$種子純度（\%）= \frac{除去夾雜物後純潔種子之重量}{樣品重量} \times 100\%$$

(二)發芽率及發芽勢計算

發芽率（germination rate）係指在指定發芽條件下，正常發芽種子數目之比率。發芽勢（germinating energy）指自發芽試驗開始後某一特定期間之發芽率，一般為至發芽最高峰日（或稱發芽勢截止日期）之總發芽率，為發芽勢決定種子的最大發芽潛能，用於不同批種子品質之比較及估算田間播種之價值。發芽率與發芽勢有如下之計算方法：

1. 發芽率（%）$= \dfrac{\Sigma A}{N}$

2. 發芽勢（day^{-1}）$= \dfrac{(A_1+A_2+A_3+...+A_n)}{(A_1T_1+A_2T_2+A_3T_3+...+A_nT_n)}$

3. 發芽勢（%）$= \dfrac{至發芽最高峰日（發芽勢截止日期）之發芽總數}{供應種子總數}$

式中　A = 發芽種子數

　　　T = 發芽時間（日）

　　　n = 「試驗」後天數

　　　ΣA = 發芽種子總數

　　　N = 供試種子總數

(三)發芽試驗方法

依國際種子檢查規則（1995）書中所列，摘錄部分坡地水土保持植物種子可採行的發芽床、溫度、發芽時間和休眠種子的另行處理方法。如表2-2。

五、種子發芽促進處理

1. 供給種子發芽所需養分，如醣分及各種酵素等，以促進其胚之發育。如使用500ppm激勃酸（gibberellic acid, GA）（即500mg之GA溶於1公升水中）浸漬種子後可促進發芽率。

2. 種皮過於堅硬，以致水分無法透入，發芽因而延遲。使種皮變軟之法有層積法（stratification），將種子與濕潤之砂，層層相疊，並保持適宜之溫度，易使種皮柔軟並刺激胚之發育；另有浸水法，將種子浸於冷水或溫水中，使種皮吸水變軟，以利其發芽，浸漬之時間則需依不同種子予以調整。此外，發芽如受種子內部自有物質抑制，則試驗前可用浸水或水沖洗處理。

3. 藥劑處理：對於種皮堅硬或具有蠟質、膠質之種子，不易吸收水分，可用鹼性或酸性溶液處理，以促進其發芽。藥劑有硫酸、鹽酸、氫氧化鈉、硝酸鉀、氫氧化鉀等，其使用濃度及處理時間，視種子之種類而異。豆科植物中種皮堅硬者，使用濃硫酸浸漬10～30分鐘；種皮薄者，以用0.1%以下稀薄溶液，較長時間浸漬之。

4. 切傷種皮：凡種皮太硬，不能用上述方法使之變軟者，可將種子利用尖銳物破傷其種皮，或將種子切去一小部分，但不得切到胚部，可使水分得自由進入，發芽遂較易。

5. 打破休眠：發芽前需要休眠之種子，可用人工方式終止，使之較早活動生長。所用方法，為給予種子刺激作用，可使用低溫處理及醚類處理等方法。如於播種前，將種子置於低溫、高溫

表2-2　主要坡地水土保持植物種子之發芽試驗方法（摘錄）

學名	英文名稱	中文名稱	發芽床	溫度℃	第一次調查（天）	第二次調查（天）	另加說明（包括打破種子休眠撹藏）
Axonopus affinis	Carpet grass	類地毯草	TP	20～35	10	21	KNO_3；光線
Axonopus compressus	Tropical carpet grass	地毯草	TP	20～35	10	21	KNO_3；光線
Chloris gayana	Rhodes grass	羅滋草	TP	20～35：20～30	7	14	KNO_3；光線，預冷
Cyondon dactylon	Bermuda grass	百慕達草	TP	20～35：20～30	7	21	預冷；KNO_3光線
Desmodium intortum	Intortum clover	營多藤	TP	20～30	4	10	H_2SO_4
Eragrostis curvula	Weeping lovegrass	戀風草	TP	20～35：15～30	6	10	預冷；KNO_3
Festuca arundinacea	Tall fescue	高狐草	TP	20～30：15～25	7	14	預冷；KNO_3
Lespedeza juncea	Sericea lespedeza	鐵掃帚	BP	20～35	7	21	—
Lolium multiflorum	Italian ryegrass	多花黑麥草	TP	20～30：15～25：20	5	14	預冷；KNO_3
Lolium perenne	Perennial ryegrass	多年生黑麥草	TP	20～30：15～25：20	5	14	預冷；KNO_3
Paspalum notatum	Bahia grass	百喜草	TP	20～35：20～30	7	28	H_2SO_4再用KNO_3
Pennisetum clandestinum	Kikuyu grass	克育草	TP	20～35：20～30	7	14	預冷；KNO_3
Trifolium alexandrinum	Berseem: Egyptian clover	埃及三葉草	TP, BP	20	3	7	—
Trifolium repens	White clover	白三葉草	TP, BP	20	4	10	預冷，密封塑膠袋內
Acacia spp.	Acacia	相思樹類	TP	20～30(20)	7	21	1. 種子、殼孔或種皮切除子葉末端的種皮部分，並浸3小時 2. 濃H_2SO_4一小時後，以流動的水徹底清洗
Pinus taiwanensis	Taiwan red pine	臺灣二葉松	TP	20～30	7	21	—
Quercus spp.	Oak	櫟類	TS,(S)	20	7	28	浸種48小時並切除種子末端1/3和除去種皮
Salix spp.	Willow	柳類	TP	20～30	7	14	光線
Gaillardia pulchella	Blanket flower	天人菊	TP, BP	20～30：20	4～7	21	光線；預冷
Vinca minor	Lesser periwinkle	日日春、長春花	TP	20～35：20～30	4～7	14	

資料來源：國際種子檢查規則（1995）

備註：TP：紙上法　BP：紙間法　PP：摺紙法　TS：砂上法　S：砂內法
　　　KNO_3：以0.2%的硝酸鉀溶液代替水
　　　H_2SO_4：發芽試驗前種子浸於濃硫酸中

或高低溫交替循環之環境下，處理一段時間後即可促其後熟作用以終止其休眠，發芽率亦可大增；草類、蔬菜種子放置於濕潤之發芽皿內濕藏、層積處理，以低溫5℃～10℃放置7天；林木種子則以3℃～5℃放置7天～12個月；而熱帶地區種子，如相思樹、百喜草等，在高溫下15～30分，可增加其發芽率。

六、種子之儲藏與壽命

所謂種子之壽命（longevity of seed），為種子生活力之保存期，即自採收至失去發芽力所經過之期間。種子的壽命是遺傳的性狀，但種子採集、運送、處理與儲藏如能配合良好，可使種子獲得最佳壽命。實際使用上，種子不僅要求發芽旺盛，而且必須發芽整齊，老化之種子則失去此二特性。所以種子具有實用價值之年限，常比其本身之壽命為短。大多數植物之種子，能維持10年以上之發芽年限者甚少。

植物種子之發芽年限可分為三類：

1. 長壽種子，發芽年限4～6年或以上者。
2. 常壽種子，發芽年限2～3年者。
3. 短壽種子，1～2年後發芽極不良者。

種子壽命保存期視其種類、生理條件、環境狀況及儲藏方法之不同而產生差異。延長正儲型及中間型種子壽命之最佳方式為低溫乾燥儲藏。正儲型種子含水率約在10%以下，適應溫度約在-10～60℃之間，種子壽命將因溫度與含水率的降低而延長。中間型種子含水率在9%以上，溫度在1℃以上時，種子的儲藏壽命因溫度與含水率的降低而延長，與正儲型種子類似，但中間型種子含水率如更低而且溫度降至0℃以下時，種子壽命反而會縮短。

種子於採收處理之後，若不立即播種或銷售者，應予以適當儲藏，以延長其壽命，其方法有乾燥儲藏法、低溫乾藏法、密封儲藏法

及濕藏法，說明如下：

(一)乾燥儲藏法

適用於正儲型（乾儲型）種子，是為簡易的種子儲藏法。種子含水率經陰乾或曬乾降至10%以下，再以鋁箔袋密封，避免受到相對濕度變化的影響，不用特殊設備，放置於普通室內，並可大量儲藏。但其缺點為容易潮濕，且易受蟲鼠之害，僅適宜短期的儲存，對於稀有高價種子，宜選擇低溫乾藏的方法。

(二)低溫乾藏法

種子經陰乾或曬乾後，宜即貯存於適宜之容器內，並置於冷涼而乾燥之處。如欲長期儲藏，宜有冷室設備，以人工調節溫度，使之適合於儲藏之需要，一般以攝氏2～6℃為適用，室內濕度宜低，一般在15～45%之內。若在高濕度之環境中，雖屬低溫，霉菌仍能活動。

(三)密封儲藏法

種子在密封之容器中，氧氣含量甚少，可使呼吸作用減至最低程度，此與室內增加二氧化碳，以減少種子呼吸作用之用意相同，均可延長種子之壽命。此法最需注意種子之含水量，必須盡量減低，其最高之含水量，宜在6～10%之內。

(四)濕藏法

凡不耐乾燥之異儲型種子，必須保持高含水率狀態，適宜儲藏於濕潤之環境中，方能保持其生活力。闊葉樹種子中相當大的比例是屬於此類型的種子，但有些種子之含水量，若低於35%，即不能發芽。

濕藏所用之方法，即為層積法，與用以促進發芽者方法相似，但溫度稍異；濕藏之時溫度宜低，而於促進發芽之時，溫度宜較高。

2.4 植生木樁與活體枝條之特性與應用

一、植生木樁（萌芽樁）暨活枝條之定義與目的

植生木樁與活體枝條係指利用具萌芽力的植物枝幹（條），作為打樁編柵或插枝壓條等施工方法之材料，其大多應用於一般土壤挖填方坡面、崩積土或淺層崩塌坡面，具有改善坡度、防止沖刷並營造適宜植物生長環境之功能；若將植物木樁用於易變遷的河道或者是河流衝擊河岸的位置常會改變之處，既可以穩固河岸又具自然腐朽性，但卻不失其禦水、護岸防護之功效。

植生木樁材料之應用，首要考量其生根速度，其原因在於植生木樁地下部之根系發展健全後，才會促進地上部之枝葉發育，進而達到坡面植生復育之成效。以下即針對植生木樁生根之要件、種類、根促進處理及檢定等項目進行說明。

二、植生木樁、萌芽樁暨活枝條生根之要件

(一)影響木樁（萌芽樁）萌芽生根之環境因素

1. 氣溫：通常以20～25℃最佳。
2. 土壤水分、空氣濕度：適中，不宜太高或太低。
3. 光：插枝來源處需光量充足，光對生根有益，但光照太多增加蒸散量反而有害，一般都以遮光處理。
4. 氧氣含量：含6～7%則可正常生根，愈多愈好，但以20%內為限。
5. 土壤酸鹼度：因植物而定。

(二)植生木樁（萌芽樁）之萌芽生根內在因素

1. 需有根源體（primordia）之存在。部分植生木樁以生長素

（IAA or NAA）處理，可促進根源體產生及增高其發芽率。

2. 需有癒合組織之形成，有助於吸水及維持營養體之活力。

3. 需有木樁養分之儲藏組織。

4. 採集木樁之母樹年齡（一般而言，幼、壯年樹優於老樹）。

5. 打樁時需保護樁頭，不使打裂，裂開部分需鋸掉，以免影響其萌芽能力。

6. 以竹類作為植生木樁時，需以含有基部根器官之材料為要件，萌芽率可達50%以上，若不含根部器官則不易萌芽，僅綠竹、刺竹偶可萌芽。

(三)插穗或扦插用活體枝條萌芽生根之內在因素

1. **插穗之成熟度**：一般用幼、壯年樹之枝（冬季插）；再生力旺盛植物可用老枝，如水柳等。

2. **插穗之葉面積**：葉具生根物質，適當之含葉量是必要的，但葉量太多，蒸散量增加，易枯死。

3. **插穗之大小**：枝條以15～20cm最佳，入土太深，則下部通氣不良，生根較遲。

(四)植生木樁或插條材料生根促進處理

1. 母株環剝或鐵線緊縛處理（ringing, wiring）

使上部碳水化合物蓄積，即C/N提高，方法較簡單，但若鐵線緊縛太久，則會產生回饋作用（feedback），反而無生產力。

2. 母株黃化處理（etiolation）

較常用於落葉植物，但常綠植物如茶花亦有效。春季展新芽前，將欲為插條材料之枝條利用黑色塑膠布保持黑暗狀況，待春季展新芽時除去黑色塑膠布，並俟其綠化後，將黃化部分剪下為材料，供插條之用。若再配合生長素處理，可增加生根效果。

3.木樁材料乾燥處理

陰乾數日可防止切口腐敗及加速傷口癒合，並減少養分流失，促進分化作用。

4.木樁材料浸水處理（數小時至24小時）

使木樁材料吸水保持高量之水分，或洗去切部生根抑制物質等。

5.木樁材料生長素（auxin）處理

生長素可促進木樁材料根之誘發，但高濃度之生長素，對細胞生長具有抑制作用，會造成生長畸形、根、莖之扭曲，甚至造成植株死亡。

三、臺灣主要適用植生木樁（萌芽樁）之種類

植生木樁材料之選取，依其在不同立地環境條件下之適用性而異，須同時考慮到其環境適應性、繁殖力、成活率、供應性、生物多樣性等條件。目前臺灣使用之植生木樁，即可供現地打樁及能萌芽生長之植物種類，主要為九芎、黃槿、水柳，次要如茄苳、雀榕、稜果榕、榕樹、水黃皮（九重吹）、小葉桑、白肉榕、杜虹花、破布木等。各萌芽樁植物之適用地點、材料來源及生育特性，如表2-3。木樁應保持新鮮，打樁時須保護樁頭，不使打裂，裂開部分需鋸掉，以免影響其萌芽能力。如萌芽樁不足時，可以其他雜木樁混合使用。

臺灣山坡地為竹林盛產地，竹樁工法取材容易，用途極廣。但現今材料漸被高分子和金屬製品取代，用量逐漸縮減，致使竹林地荒蕪，並產生了竹類根系更新及老化等問題。且竹林因其根淺，在坡地上固土防塌功效低，對於竹材之使用仍須就地評估。以竹類作為植生木樁時，須以含有基部根器官之材料為要件，萌芽率可達50%以上，若不含根部則不易萌芽。另竹林於洪水期間，其叢聚特性常導致橋孔阻塞造成災情，故不建議應用於水域。

表2-3　臺灣常用植生木樁（萌芽樁）一覽表

植物名稱	適用地點	材料來源	生育特性與規格	現地照片
九芎 *Lagerstroemia* *subcostata* Koehne	1.用於一般挖土壤填方坡面、崩塌土或淺層崩塌坡面等。 2.可做為河溪濱之區之植生樹種。 3.崩塌地最主要打樁編柵植生樁材料。	1.原生植物現地採集，現地採現用，主要分布於臺灣平地至海拔1,400m，荒地、坡地均見其植物生長。 2.果期9~12月；2~8月以扦插育苗爾後種子播種育苗後栽植；11~12月採種子爾後栽植。	落葉中喬木，扦插易、耐旱瘠、耐湛水、萌芽率高，材堅緻密，具耐蔭性，可為枕木、農具及建築用，且為良好薪炭材。打樁之木樁採用直徑6~8cm為原則。	
黃槿 *Hibiscus* *tiliaceus* L.	1.主要應用於砂岸之海濱，為海岸生態造林、耕地防風之優良樹種。 2.崩塌地打樁編柵用之植生樁材料。 3.於河岸或水庫岸邊可作為過濾帶或保護帶植物。	1.產於臺灣本島及各離島。 2.春夏季以扦插育苗後繁殖或直接扦插栽植。	常綠喬木，樹高4~10m，喜生長於沿海地區的鹽地和砂地。生長率迅速，成活率高。	

表2-3 （續）

植物名稱	適用地點	材料來源	生育特性與規格	現地照片
水柳 *Salix warbrugii* O.Seem	1.應用於一般挖填方坡面、崩積土或河溝護岸、濱水帶等。 2.可做為水岸保護帶或過濾帶植物，亦可用為農塘埤邊之植栽材料。 3.生態工法中，水岸柳枝工、編柵工之主要植生木樁材料。	1.原生植物現地採集。特產臺灣平地原野及低海拔山地，最高可達海拔200m。 2.果實5~6月成熟，以種子或插條繁殖，3月適插。早春萌芽前適宜播種育苗；條萌芽前後適插6~7月以種子播種育苗後移植。	中喬木，高可達15m，徑20~40cm，生育於較濕潤地，不擇土壤，耐旱及耐浸水性均強。	
茄苳 *Bischoffia javanica* Blume	1.主要應用於河岸、開闊之向陽地或崩塌地植生。 2.道路、公園綠地與生態路綠化樹種。	1.原生植物現地採集。主要分布於臺灣海拔100~700m。 2.果實4月至翌年1月成熟，以種子繁殖。每公克有約72粒種子。6~12月採種子播種育苗後移植。	半落葉大喬木。喜強光照和溫潤土壤。耐水濕，常見於平地至山麓、山谷疏林濕地或水邊。為速生樹種。	

表2-3 （續）

植物名稱	適用地點	材料來源	生育特性與規格	現地照片
雀榕（鳥榕） *Ficus superba* Miq. var. *japonica* Miq.	1.主要應用於邊坡穩定，適合栽植於一般土壤向陽之開闊地。 2.水岸濱水帶及生態綠化樹種。	1.原生植物現地採集，主要分布於臺灣低海拔地區。 2.全年都可看到開花結果，以種子或以插條繁殖，尤易以扦插條繁殖，2～5月以扦插萌芽爾後移植。	落葉大喬木，每年落葉2～3次。喜向陽乾旱地，不擇土壤。	
稜果榕 *Ficus septica* Burm. F.	1.一般土壤方坡面、或淺層崩塌坡面。 2.河岸、海岸或生態綠化栽植樹種。	1.原生植物現地採集，普遍分布於臺灣低海拔叢林及海岸。 2.4～10月開花，1～12月皆可結果，移植容易，以扦插繁殖為主，亦可用種子繁殖。	常綠喬木，性喜較濕地，不擇土壤。木樁萌芽生根容易，但木質較脆弱，易斷，不利於直接打樁入土。	
榕樹 *Ficus microcarpa* L. F.	1.適用於一般土壤挖填方坡面、淺層崩塌坡面或海岸地區造林等。 2.常栽植於綠地庭園，為巨大園景樹，供庇蔭乘涼之用。	1.原生植物現地採集，普遍分布於臺灣中低海拔各地。 2.全年都可看到開花結果；易以插條繁殖。	常綠大喬木。常自幹、枝垂生氣根，到達地面後形成支柱根，可現採現用。性向陽地，不擇土壤，對空氣污染抗害力特強。	

表2-3 （續）

植物名稱	適用地點	材料來源	生育特性與規格	現地照片
白榕（白肉榕）*Ficus vigata* Reinw. ex Blume	1.主要應用於臺灣南部地區崩塌地或淺層崩塌坡面等。2.為良好的觀賞及綠美化植物，有固土防塌之功；可栽培供觀賞，木材則主為薪柴。	1.原生植物現地採集，產全島平野、山地和海濱，極為普通。2.全年都可看到開花結果，以種子或插條繁殖。2~6月以扦插萌芽爾後移植；9~12月採種子播種育苗後移植。	常綠中喬木，常有許多垂下大氣根而成支持幹。	
水黃皮（九重吹）*Pongamia pinnata*(L.) Pierre ex Merr.	1.適於公園、庭園、校園、較狹道路美化及海岸地帶、綠美化植物。2.沿海地區護岸植生。	1.原生植物現地採集，主要產於臺灣半島和臺灣北部海岸、臺東及離島地區。2.栽培土質不拘，以富含有機質之砂質壤土最佳。每公克約有1粒種子；春夏均可以高壓法採種子播種育苗：8~12月採種子播種育苗後移植。	落葉中喬木。喜生長於熱帶海岸林內，對空氣污染之抗害力強，抗風、耐鹽、耐乾旱、耐陰性強、可現採現用，萌芽力強，對土質之選擇不嚴。	

表2-3　（續）

植物名稱	適用地點	材料來源	生育特性與規格	現地照片
小葉桑 Morus australis Poir.	1.主要應用於一般土壤挖填方坡面、崩積土或淺層崩塌坡面等。2.特別適用於荒坡乾旱地區之植生。	1.原生植物現地採集，普遍生長於臺灣中海拔山區。2.果實6~8月成熟，以種子或扦插條繁殖。1~2月以扦插萌芽稍後移植；7~9月採種子播種育苗後移植。	落葉大灌木或小喬木，高可達8m。性喜向陽之開闊地，不擇土壤。	
破布子 Cordia dichotoma Forst. f.	1.適用於向陽崩積土或崩塌地。2.少量人為栽植，供採果。	1.原生植物現地採集，主要生長在臺灣各地低海拔的森林內。2.果期8~10月，以種子繁殖。9~12月採種子播種育苗後移植。	落葉小喬木；有極多的分枝。	
杜虹花 Callicarpa formosana Rolfe	1.崩塌地打樁編柵施工地區植生復育。2.具綠化與生態綠化功能	1.產臺灣海拔2,300 m以下山區。2.果實成熟時紫色。	常綠性灌木，植株高1.5~5公尺，小枝密被星狀毛茸。	

四、植生木樁成活之檢定

一般而言，萌芽樁建議用於水陸域交界處以提高存活率。臺灣植生木樁之最適工期，北、中、南雖稍有差異，但以3月到5月最為合適。萌芽樁萌芽時間約3～7天，約2～3個星期左右長根；但仍須經3個月左右的時間作為觀察期以確認其新芽是否繼續生長，才得以判定其是否存活。

2.5　育苗材料之特性與應用

一、育苗材料之來源

(一)有性繁殖與無性繁殖

植物的栽培方式可分為有性繁殖法與無性繁殖法兩大類。有性繁殖法為雌雄兩性之生殖細胞結合形成胚而發育成為種子，育成新個體之方法。無性繁殖法為利用植物的根、莖、葉、花梗的芽體或其部分組織、已分化或未分化的細胞等，形成新個體之培育方式。植物之培育經營，必須具備植物繁殖知識及專業技巧，藉以培育大量的新植株個體。有性繁殖法與無性繁殖法之優缺點說明，如表2-4所述。

(二)種子播種繁殖與管理

1.種子之播種與管理

播種繁殖具有繁殖材料收集簡單方便之優點，有些種類扦插難以發根，但用種子繁殖則容易生長。樹種如缺乏繁殖方面的資訊，則須要進行一系列的試驗，才能得知種子發芽所需條件，如種子的層積處理之時間與溫度，或者化學藥劑在不同濃度和時間的處理方法。種子的發芽率如果很高或前處理的方法已經知道，就可能直接播種在容器

表2-4 有性繁殖法與無性繁殖法之優缺點

繁殖方法	優點	缺點
有性繁殖 (種子繁殖)	1.播種操作容易。 2.短時間可得多數幼苗。 3.便於貯藏及遠距運輸。 4.植物可正常發育,壽命長。	1.易生變異,不易保持母體之固有特性。 2.到達開花結實期較遲緩。 3.凡不產種子或具有單性結實之植物種類,均無法採用。
無性繁殖 (扦插繁殖)	1.可以保持母本固有的優良品種特性。 2.到達開花結果年齡較早,縮短幼年期。 3.可以提高花果的產量及品質。 4.不能以有性繁殖法繁殖後代者可用此法。	1.操作與處理過程具技術性。 2.繁殖材料取得不易,大量繁殖較困難。 3.再生力弱者無法扦插,無親和力者不能嫁接。 4.無性繁殖之植株根系較淺,壽命短且較不耐風、不耐旱、生長勢較實生苗弱。

中進行培養,再以小苗出栽到野外。每個容器中播入數顆種子,發芽之後疏拔到只剩一株幼苗。

2.容器苗播種與管理

播種有容器苗直播與移植床播種之別。容器苗直播者適用於移植不易成活的樹種,選用適宜基質與基肥充分混合後,裝填於容器內,將種子直接播於容器內,每盆1～3粒種子。移植床播種者適用於大部分種類,即先播於苗床或容器,再行移植於容器內培養。播種後之管理依植物之種類及栽培目的而異,一般管理事項有疏苗、勤除雜草、調節土壤乾濕、防治病蟲害,均為育苗期中共同之操作。有完善之管理,幼苗方能發育良好。

以下針對容器苗直播及移植床播種之操作方式說明如下:

(1)容器苗直播:種子於容器內發芽之後,為保持土壤潤濕、防止強日照射、強風吹襲及減少灌水次數等原因,常於苗床上面架設覆蓋物,材料為塑膠遮陰網。幼苗逐漸生長,宜漸增

日光之照射，更換透光率較高之遮陰網。

(2)移植床播種：對於細粒種子之盆播苗，播種之後宜於上方加蓋玻璃片或透明之塑膠板等，以防土壤中水分之過分蒸發，影響發芽及幼苗之生長。宜用細孔噴水壺視土壤濕度澆灌，或用盤底灌水法。迨至幼苗生長後，需促進通風遮陰，注意土壤之乾濕，至相當大小時移植之，使發育得以良好。

二、育苗材料之種類

(一)依生長型態特性分類

1. 喬木

(1)喬木枝幹類型

喬木具自然樹形且有明顯單一主幹部分，植株高度4～5m以上者。依其樹冠生長形態又可概略分為開張型喬木及直立型喬木二大類（圖2-11）。

　　A.開張型喬木

　　　係指成株的樹冠多呈橢圓形、半圓形，無明顯單一生長勢強之頂芽（梢），如樟樹、榕樹、水黃皮、鳳凰木等。

　　B.直立型喬木

　　　係指成株的樹冠多呈塔形、長橢圓形，具明顯單一生長勢強之頂芽（梢），使樹形由基部至頂梢形成一明顯單一軸線形主幹，如小葉欖仁、欖仁、木棉、黑板樹、桉樹、南洋杉等。

(2)優良苗木之構成要件

　　優良喬木苗木之構成要件，如下說明：

　　A.全株不可有嚴重受損之傷口痕跡。

　　B.全株樹皮或枝葉無寄生蟲體、蟲孔、病徵或病斑。

　　C.樹冠下方具明顯單一主幹，且主幹先端無膨大現象，且直

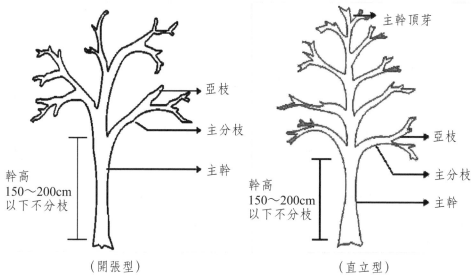

主幹頂芽

亞枝

主分枝

主幹

幹高
150～200cm
以下不分枝

（開張型）

（直立型）

圖2-11 苗木枝幹類型架構示意圖

立、不可有彎曲。

D. 具可建構完整樹冠之分枝架構，主分枝數至少3枝以上，以主幹為中心，均勻分散伸展於360°空間，除特有之自然特徵外，各分枝應適當交錯著生於主幹上，而非多數集生於同一支點上。

E. 保持樹種固有之樹型。直立型喬木之頂芽需保留，應避免於搬運過程中折損。

F. 樹苗種植前修剪，至多僅能剪除第三或第二分枝（亞枝），須保留構成樹冠之雛形。

G. 根系擴張及細根發育良好，無腐根、受傷、二段根、偏側根，且根際和土壤充分密接者。

由主幹的形態及分枝形式，可以推測樹苗成長過程的維護狀況或受損傷情形。例如樹種屬喬木，卻於樹冠下無單一明顯主幹（非屬特殊栽培者），而形成二枝以上的粗大分枝，即表示樹苗在幼苗期中，曾受自然災害、蟲害或人為破壞，而使樹苗的自然特徵遭破

壞，而無法養成單一主幹。又如主幹明顯彎曲，則可能於養成期間受風害或其他因素而倒伏後，未獲得生產者妥善管理，盡速將倒伏的樹苗扶正，而導致主幹呈不正當彎曲狀態。

舉凡非特殊栽培目的的樹苗，卻呈現非自然形態的樹形，多數是因曾受傷害或缺乏妥善維護所造成。另外，現今苗木產業中亦有畸形樹苗充斥於苗木市場，就是原為已形成主幹遭到生產者切除，而形成很大的切口，在其切口處或下方萌發大量細枝，形成火炬狀樹冠，稱為「截頭苗」。這種苗木形成原因，主要為生產者在苗木養成期間採放任、且密植栽培，未能及早養成樹苗分枝架構形成樹冠，而在苗木買賣前逕將已生長過高的主幹隨意裁剪，符合高度之要求，且可降低運輸成本。但這種樹苗不再具有樹種自然優美的形態，且苗木經重度修剪之損傷太大，將影響樹苗往後的生長勢，抗病性亦較差，過密的分枝叢易成為害蟲藏匿處，蟲害易蔓延，而不易防治。

2.灌木

灌木係指枝幹成熟後會呈木質纖維化（木材），自然樹形不易有明顯單一主幹，多數分枝自基部產生，植株高度4～5m以下者。依其自然生長高度可分為小灌木、中灌木及大灌木。優良灌木之構成要件如下說明：

(1)全株不可有嚴重受損之傷口痕跡。

(2)全株樹皮或枝葉無寄生蟲體、蟲孔、病徵或病斑。

(3)分枝點低，裸露基幹不宜過高。

(4)分枝茂密，使樹冠形成緊密圓形或橢圓形。

(5)節間長度適當，無細弱徒長情形。

(6)盆栽苗木之根群已長至盆緣或排水孔處，根尖呈健康透明狀白色。

3.地被植物

地被植物係指植株高度在20～25cm以下，易產生多數分蘗（基部不定芽）；地上莖柔軟，常呈匍匐生長。優良地被植物之構成要件

如下說明：

(1)多汁的枝葉飽滿、挺立，無軟弱下垂現象。

(2)植株無蟲體、蟲孔、病斑或葉片枯黃現象。

(3)枝葉茂密，枝冠叢緊密，無稀疏，開張現象。

(4)節間長度適當，無細弱徒長現象。

(5)盆栽苗之根群已長至盆緣或排水孔處，根尖呈健康透明狀白色。

4.草花

草花係指一、二年生栽培的季節性草本花卉，其生長勢於當季花期過後，常漸呈衰弱，須定期換植新苗，以維持觀賞價值。優良草花植物之選擇條件如下：

(1)多汁的枝葉飽滿、挺立，無軟弱下垂現象。

(2)植株無蟲體、蟲孔、病斑或葉片枯黃現象。

(3)節間長度適當，無細弱徒長現象。

(4)盆栽苗之根群已長至盆緣或排水孔處，根尖呈健康透明狀白色。

(5)苗株高度在15～20cm以下。

(6)植株可見多數已成形花苞，並且部分花苞已著色。

(二)依苗圃培育苗木方法分類

苗圃是培育各種植生工程用苗的基地，苗木生產主要在苗圃地直接落地栽植。其培育苗木方法分苗床培育及容器培育兩種。苗床培育依挖掘方式可分為裸根苗及土球苗兩種。苗圃生產苗木最大的特點是株行距固定，且生長期間苗木難以移動。通常苗圃業者為能節省土地，苗木之間的距離都縮短，容易導致過擠或通風不良，從而使植株纖細，底部無葉，造成徒長的現象。另外為移植方便，通常把地上部分側枝從主幹上砍掉，再加上移植時根部易受傷而不得不重新修剪，造成植株劣化，大大降低了觀賞價值。

以下針對利用苗床培育之裸根苗、土球苗及容器培育之容器苗特性說明如下：

1.裸根苗

用於苗木移植數量最大，適用的樹種較多，對常綠樹小苗及大部分落葉樹種之育苗初期均可採用此法。其工序包括掘苗、分級、剪根、修枝、過數、運輸、假植與栽苗等。從掘苗到栽植，務必使根部保持濕潤，防止失水乾燥，可用濕土掩埋、運苗箱中、用帆布覆蓋等方式。

2.土球苗

對以露根方式難存活之樹種，可行帶土球移植，如月橘、玉蘭、竹類等。一般移植直徑在30cm以下的小土球苗時，可採用塑料布臨時包裝，運抵栽苗區後撤除即可。如為較大土球苗木，需使用麻布草繩包紮，以避免土球的散裂，如圖2-12。

3.容器苗

利用各種容器裝入培養基質培育苗木，稱為容器栽培或容器育苗。依據不同容器類型亦可分為塑膠袋育苗、塑膠軟盆育苗、塑膠硬盆育苗及不織布袋苗等，不同容器苗培育情形，如圖2-13、圖2-14所示。

三、容器苗之類型、規格及特性

凡利用各種容器裝入培養基質培育苗木，稱為容器栽培或容器育苗。在林業及園藝發達國家使用容器栽培已經有超過40年歷史，現今已成為成熟的生產模式，集約化程度高，技術性高，投資較大，效益較好，是完全不同於傳統的苗圃栽培模式的新生產模式。

栽培植物容器依材料性質可分為素燒盆、陶瓷盆、塑膠軟盆、不織布袋及木箱等，常用苗木培育容器包括幾種不同的類型，例如材質、容積與構造之差別。材質方面可分為軟質與硬質材料；軟質有PVC或PE穴植管或軟盆、塑膠袋、不織布袋、帆布袋等；硬質有聚乙烯盆、陶磁盆、混泥土盆、木製容器等。容積方面沒有一定的標準分類方式，可以粗略分為大型（＞1L）、中型（0.5～1L）與小型（＜0.5L）。形狀方面一般分為四方形、圓桶形、楔形等。構造方面

土球苗挖掘　　　　　　　　　　　　　土球保護

圖12-12　土球苗挖掘與移苗作業

播種於苗床之幼苗

（每年10～11月採種，翌年3月播種）

移植於容苗器之初期生長

（翌年5～6月分床或移植至容器苗）

移植於容苗器後約一年後可出栽

圖2-13　木賊葉木麻黃容器育苗過程

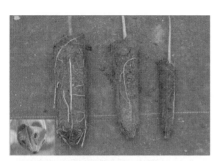

穴植管根系生長狀況

容器苗（塑膠軟盆育苗）

容器苗（塑膠硬盆育苗）

容器苗（不織布袋苗）

容器苗（不織布袋苗）

白千層袋苗（種子繁殖）

茄苳袋苗（扦插繁殖）

大型木織布袋苗（假植）

圖2-14　不同類型容器苗培育方式

可依容器內壁附加導根線之有無而區分。對於這些類別之選擇，應以苗木培育之高度與根系維持的完整性作為考慮，亦即苗木不纏根且不竄根，並容易脫盆。

容器栽培苗木的根全部在容器內，移植時不會受傷，移植後對植物的樹型和生長幾乎沒有影響；容器栽培苗木能結合苗木生長所有的需求，選用合適的介質，並有效控制植物生長所需的光線、水分、肥料，所以一般容器苗木比落地栽培苗木早期生長速度快，植株壯而大，形態優美，根系發達。

優良容器苗必備之條件，除容器材料必須考慮成本及使用目的外，應有之條件如下：

1. 地上部枝葉及頂芽完整，植株健壯，無新修剪之傷口，也無病蟲害發生。

2. 根系完整地分布於容器內，無枯死之根系，也無扭曲根、纏繞根、盤根及二層根等畸形根系的發生。

3. 新生根系至少佔一定比例以上，且移去容器後提握植株幹莖時，原土球不會鬆脫碎裂情形。

4. 容器苗之根團尺寸與植株高度應有適當之比例，如苗高30cm以上，容器口徑應為3吋以上。苗高60cm以上，容器口徑應有6吋以上。依小苗使用小容器，大苗使用大容器原則，苗木品質才能符合健康強壯的要求。

5. 對於具有導根線、氣洞及促進空氣斷根的容器，可誘導發達纖細支根，俟根系完整，移植後可誘引根系往地表深處生長，減少根障發生而提高苗木之存活率。

6. 若採用植生袋育苗，則底部四周縫合要密實，不可有破洞竄根之現象。

臺灣目前常使用於造林苗木培育的容器種類可以分為：穴植管、軟盆、樹缽等三大類型，如表2-5所示。其中軟盆容器為礦區最常使用之容器苗材料。

表2-5　培育造林苗木之各類型容器之規格及特性

容器類型	穴植管			軟盆		樹缽
規格 （口徑高度）	A 0826*	B 0623	C 0421	D 1218	E 0815	F 1036
型態	改良式 大型	改良式 中型	傳統式 小型	平底設計 中型	平底設計 小型	長型樹缽
容積（ml）	1000	500	170	1650	500	3000
裝土重量（kg）	1.00	0.5	0.15	1.5	0.40	3
使用率	新增	新增	普遍使用	苗圃常用	苗圃常用	較少使用
支架	需要	需要	需要	不需要	不需要	需要
特色	植穴加大加長以增加容積，可培育苗期較長之苗木	介質用量少，苗木搬運方便	適合培育中大型苗，但介質用量較多	適合培育中小型苗，但介質用量較少	適合根系較長之苗木	

備註：*表育苗容器編號共4碼，前2碼為容器口徑（cm），後2碼為容器高度（cm）

四、育苗與苗木培育管理

(一)幼苗移植與容器培養

　　種子播種苗與扦插繁殖苗發根之後，在苗床生長到一定的大小或發生擁擠之前，應該移植到容器中繼續培育。擁擠會產生纖細的幼苗，當幼苗生長在發芽盤時，如果延遲移植，根系可能受到嚴重損傷。幼苗移植於容器時，植穴應該挖到足夠根系垂直種植的深度，拉直夾緊根系，防止根系發生扭曲、纏繞等情形。根系不良者可能降低田間栽植的成活率與生長。如果需要再次移植，在根球旁邊或底部的任何纏繞的盤根應予切除。

(二)苗木生產時程之安排

　　對大多數樹種而言，從培育計畫開始，包括種子的收集到苗木生產至交貨的時間，一般小型容器苗約需12～24個月，大型苗木則至

少需經過二個生長季節之培育時間。不同苗木材料之生產時程可從文獻得到相關資料，以確定苗木材料從培育到交貨的時間。

從一樹種苗木出栽造林之日往前推算，可以估計容器苗完成交貨出栽所需時間，此期間包括從生長季節末期到出栽時間，苗木健化時間，培育時期，種子層積與發芽或插枝生根的時間，還有種子收集與播種的時間。從交易商獲得種子來源，或在冬季利用附加光源的培育，可減少培育所需時間。

(三)苗木健化（hardening）

溫室或網室培育植物相當柔軟或多汁，因培養環境具有相當高的濕度、營養成分與均勻的溫度，應實施健化使增強耐受能力以備出栽種植。苗木健化程序應根據生產時間與苗木出栽時間，培育地區與出栽地區氣候的差異而異，當培育和種植地區有相似的氣候，且苗木可在次年春天完成種植時，在晚夏期間將植物推出溫室外實施健化即已足夠。短日照與夜間低溫可自然地健化植物，準備春天出栽。戶外培育的裸根苗木通常在晚秋或早冬掘取，或用土壤包住根系假植或冷藏安置直到出栽。

某些樹種可在秋季或冬天採集種子或插條進行培育，而在4月或5月的出栽期間獲得適當大小的苗木。策略的運用對苗木的健化十分有效，此即在溫室中減少苗木所需水分與養分，移動苗木到戶外暴露於夜晚低溫1～3週，或當出栽前1～3週搬移苗木到栽植場所。

chapter *3*

植物之環境保育功能

3.1 植生之環境改善功能

一、調節微氣候

(一)遮蔭作用

植生群落會影響地面受熱之區位，夏季林木蒸散之水分可增高相對濕度，在闊葉樹林約增加2～3%，針葉樹林則增加約5～10%。尤以黃昏溫度明顯下降時，相對濕度增加最多。

(二)氣溫調節

林木樹冠層可阻截（interception）、反射（reflection）、吸收（absorb）及傳導（transmiting）太陽輻射。一般而言，白天森林內溫度較森林外低3～5℃，但在夜晚（特別是冬天之夜晚）則林內溫度反而稍高於林外。森林內外的溫度變化，可促進空氣流動，故臨近森林地區經常涼風清拂，讓人感到舒適。在夏季林木透過蒸散作用及吸收太陽輻射可消耗熱能，降低氣溫；冬季林木可阻截強風所帶來的冷卻效應。因此，都市地區之綠帶或林帶可稱為「天然的冷（暖）氣機」。

(三)防風作用或風速之調節

樹幹、樹枝和樹葉都能阻擋氣流前進，所以氣流通過森林後速度會減慢，特別是茂密的森林，其防風作用更明顯。其減弱的程度與樹木的高矮、數量與樹木的品種以及森林的寬度有關。

二、淨化空氣

空氣污染嚴重將影響人類的健康，而植生有淨化空氣的功能。由車輛、工廠、廚房等所排放之有害氣體若濃度過高，則植物本身的生

長及生存亦受危害，但對於低濃度而長期存在的有害氣體，則植物在行呼吸作用之時，能由葉部氣孔吸收這些污染氣體如碳氫化合物、硫化物、氟化物及氮化物等，聚積葉內，然後經由落葉回歸於土地。

樹木的葉面常帶有濕氣，可黏著截留揚塵及吸附一些固體微粒，如細砂、鹽粒及煙灰等，樹木冠層並能減緩風速，防止已沉積之污染物被風吹揚，而達到淨化空氣之目的。

有關植物存在對空氣淨化或對空氣品質改善之功能，其作用歸納如下：

(一)補氧作用或稱釋氧作用（oxygenation）

植物葉片光合作用之過程，會吸收二氧化碳，放出氧氣，其作用之大小受葉面積指數（leaf area index）及葉片光合成率之影響。每個人每天吸收O_2之量約等於$30m^2$植物綠地內一天所產出O_2之量。

(二)過濾作用

由於植物綠帶之存在，可使其冠層周邊濕度增加，而葉片本身及其表皮毛狀物等，亦可達到減低風速之功能，因而可阻截空氣中砂粒、煙塵、花粉、孢子等通過植生綠帶，達到間接吸附及淨化空氣之效果。

(三)吸收作用與吸附作用

植物氣孔之開啟可吸收氣態之污染物，如CO_2、CS、CN、HF、Cl_2等。而固態之污染物，如石棉、氯化物、微量金屬等可被植物吸附於葉片表面或枝幹表面。空氣中的各種污染物，可以對植物造成傷害，但植物也能吸收這些污染物，把它們代謝成較無害的物質。以植物綠化環境，為可以改善空氣污染的有效良方之一。一般植物於白天進行光合作用時，其氣孔必須打開以吸收二氧化碳，在氣孔張開時，內外的氣體分子因濃度梯度而擴散，因此外界的污染性氣體可流

入葉組織內。由於保衛細胞的調控,氣孔能調整其張開程度,防止污染物進入葉肉組織內而造成傷害,亦即氣孔對污染物的吸收是有選擇性的。據相關試驗研究資料獲知,常見之具淨化空氣功能植物包括榕樹、黃金榕、樟樹、夾竹桃、木麻黃、相思樹、月橘、爬牆虎、白千層、羊蹄甲等。

(四)除臭作用

空氣污濁、臭氣沖天,也是一種空氣污染。如在垃圾場、養豬場等周邊,有計劃地種植芳香樹林帶,如桂花、玉蘭花、含笑花、茉莉花、梔子花等具有芳香氣味的樹種,則可減輕難聞之氣味,消除惡臭並淨化空氣。

三、交通導引

應用植生工程或栽植樹木的方式,可以遮擋或柔化太陽直射光及反射光,並減小風速,達到調節微氣候及維護行程安全之效果。此外,道路中之綠帶,亦可提高空氣中的相對濕度,提供駕駛人及行人一個舒適的交通環境。

四、噪音控制

噪音不僅影響聽力,也會影響心臟血管的健康、睡眠的品質、甚至胎兒的發育。一般人可聽到之噪音頻度為20～20000cps（cycles per second, cps）,而在生活環境中可能遭遇的噪音範圍介於0～120dB（decibels, dB）之間。最佳情況下,人類能聽到的最小聲音為0dB,而能忍受之最大音量為120dB。噪音距離增加一倍（或減少一半）約產生±6dB之差異。美國國家環境職業研究所規定,一般聽力保護標準為在90分貝環境下暴露不可持續超過8小時,95分貝則不可超過4小時,105分貝則不超過1小時,否則就會有聽力損傷的危險。

　　植物經阻截、反射及吸收環境噪音，約可降低其音量之1/4。當噪音頻度為1000cps時（無風情況），30m寬林帶約可減低7dB之音量，40m寬林帶則可減低約10～15dB之音量。

五、綠美化用途

　　在都市化地區或道路兩旁的樓房，因人工水泥構造物，可能造成景象單調，感受不到生命的活力與歡樂氣氛，而有良好之植栽規劃綠帶配置，除可綠化、美化環境，軟化水泥建物的生硬感覺外，更能為都市增添美麗之風緻，具有修身保健之功能。

3.2　植生對水文循環之影響

　　植物能作為保護土壤之覆蓋物或做為大氣與土壤之緩衝界面，其原因在於植物對水文循環及對地面之物理作用上的影響。植物對水文循環之影響，包括水自大氣經降雨落至地表，部分雨水經植物截留及蒸發散後回歸至大氣，其餘雨水以地表逕流及入滲後以地下水之型式傳輸，其傳輸過程受到植物影響將改變其流量與速度，並影響土壤水分容量及水分移動速度。植物對水文循環之影響如圖3-1所示。

一、植生覆蓋與逕流

　　臺灣平均年雨量約2,474mm（1981～2010統計資料），當雨水降到森林地區後，部分雨水經植物樹冠截留、蒸發與蒸散、地面枯枝落葉層之吸收、地面蓄積及滲透至土壤中，如再有剩餘之水則在地表面上流動，是謂逕流（runoff）。地表逕流愈大，土壤沖蝕愈大，災害即可能產生。

　　地表逕流量對降雨量的比率，稱為逕流率。在同一地區若自然條件相同，逕流大小主要受植生覆蓋狀況影響。植生覆蓋度（或鬱閉

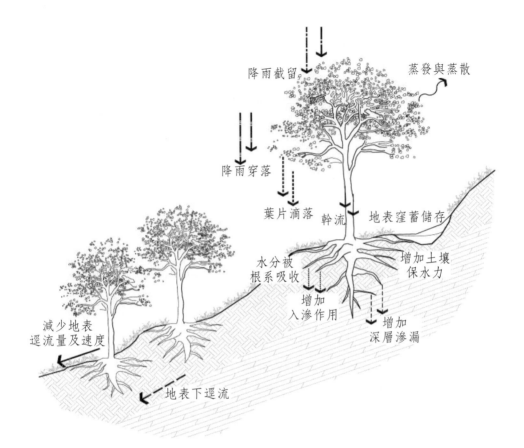

降雨截留

蒸發與蒸散

降雨穿落

葉片滴落　幹流　地表窪蓄儲存

水分被
根系吸收

增加土壤
保水力

減少地表
逕流量及速度

增加
入滲作用

增加
深層滲漏

地表下逕流

圖3-1　植物對水文循環之影響示意圖

度）愈高，則逕流率愈低，其原因為：

1. 植物樹冠截留雨水，使實際下降至林內的雨量較林外少，而部分雨水自葉片滴落，延遲降雨下落於地面之時間。
2. 枯枝落葉層、腐殖質及其他植物等具吸收大量水分的功能。
3. 植物枯枝落葉層下之土壤，因團粒結構及腐爛根群遺留孔隙的作用，有利於水分滲入土中。
4. 植物根系深入裂隙後，可以增加土壤層的深度，增加土壤保水能力。

5. 植被良好地區，逕流受植物阻礙，流速減低，增加入滲土壤水量，逕流量因而減少。

植生覆蓋對逕流的影響，除覆蓋率因素外，植被種類亦有差異。一般而言，針葉樹林因總單位表面積較大，故能截留的降雨量較闊葉樹林多，闊葉樹林則較草原為多。同為闊葉樹種，其樹冠與枝幹之形態差異亦影響截留量，通常枝幹水平伸展的樹種截留量最大，銳角或下垂枝幹的截留量次之。而相同樹種，壯齡林所截留的降水量較幼齡林為多。此外，植生覆蓋如屬針闊葉樹混交林地區，最上層有常綠針葉樹，中層有闊葉樹，下層有蕨類、草類及地被植物等，具多層林冠，對尖峰逕流量之減低效果，大於一般純林的植被地區。

早期梨山超限利用，果樹的砍伐與否曾有爭議，部分果農認為果樹係森林植物之一種，其水土保持效益應與森林相似。但事實上，果樹栽植區的冠層為單一林冠，且其冬季落葉及下層裸露，其水源涵養能力與森林地區相去甚遠，而其水土保持效益亦無法相提並論。

植生覆蓋除可減低暴雨期逕流量，防止因逕流太大而造成災害外，對於枯水期河川流量亦具效應。因為植生覆蓋地區，尤其指森林地區，土壤通常化育良好，孔隙發達，表層滲透率較高，可將降雨後的水分保留土壤中，而於枯水期慢慢的流入河川，即所謂的水資源涵養效益，或稱蓄水功能。

另就一般森林地與裸露地的蓄水功能比較。概略言之，一般森林雨量之1/4為樹冠截留量，1/4為地表逕流，1/4入滲後留於土中，1/4入滲後成為地下水。而裸露地則是1/2為地表逕流，4/10由地面蒸發，1/10為地下水。兩者相較下森林與裸露地涵養水源之效益相差五倍之多。

二、地表水運動機制及其限制因素

地表水泛指河流、湖泊及沼澤等暴露於大氣的水之總稱。地表水由自然降水累積而成，且自然地流到海洋或者經由蒸發散回歸至大氣

層，並以入滲方式流至地表下形成地下水。地表水運動機制茲以降雨後雨水經樹冠層落下到地表形成逕流，或再經由入滲形成地下水之過程，說明如下：

(一)樹冠截留（canopy interception）

降雨通過森林植被到達地面前，會在接觸林木樹冠層時，部分降雨被截留或附著於樹冠層者稱為樹冠截留。植物樹冠截留部份降雨，儲存於植物的葉片與枝幹之中並且以蒸散或蒸發方式回歸到大氣中，因此樹冠截留減少了降雨到達地表面的量體與比率。在降雨初期或降雨強度微小時，降雨量被樹冠截留比率（或稱樹冠截留率）可達100%；在降雨強度較大時，其截留率可能僅存25%或小於25%。臺灣植被覆蓋良好之地區，一年的降雨之平均截留率可產生30%的截留效果，而未被截留之雨水，則以三種形式到達地面：

1. **直接穿落**（through fall, T_h）：雨水直接穿過樹冠枝葉間隙及植株間之空隙。

2. **樹幹流**（stem flow, S_f）：雨水沿著植物莖或樹幹流下之情形。

3. **葉片滴下（或稱林內滴落）**（drips, D_r）：樹葉滴落下的雨滴，包括雨滴打擊植物葉片時分解而成之小雨滴（雨滴直徑<1mm）及雨滴被樹葉、樹幹表面暫時儲存並結合為一之雨滴，以大顆粒（雨滴直徑>5mm）滴落到地面。

在複層森林植被地區因多層樹冠作用，將使其截留量增加，林內雨量減少，樹冠截留率增加。而在草地表面的降雨則較具一致性，樹冠截留率亦較低。如以一次幂降雨量計算，則森林內之雨量，樹冠截留量、樹冠截留率之相關計算式如下：

$$P_g = I + T_h + D_r + S_f$$ P_g：全降水量（precipitation）或稱林外雨量

$$P_g = I + P_n$$ I：樹冠截留量（canopy interception）

T_h：直接穿落量（through fall）

S_f：樹幹流量（stem flow）

D_r：葉片滴下量（drips）

P_n：（林內雨量）

$$I = S + KET$$

I：樹冠截留率（%）

$$I(\%) = \frac{I}{P_g} = \frac{S+KET}{P_g}$$

S：冠層葉片平均最大附著水量

（$1000g/m^2$，mm）

$$= \frac{P_g - P_n}{P_g}(\times 100\%)$$

K：葉面積指數（m^2/m^2）

E：降雨時蒸發強度（mm/hr）

T：降雨延時（hr）

影響樹冠截留量之因子，可分為外在因子及內在因子。外在因子為降雨量、降雨類型、降雨強度、降雨持續時間、風速、風向、蒸發作用等；內在因子則為樹種、樹齡、鬱閉度、樹皮粗糙度、枝幹形態等。樹冠截留量直接測定不易，通常以間接方法推求，即利用林外降雨量減去樹幹流量、直接穿落量與葉片滴下量之和，以求得樹冠截留量。

(二)地表儲存與逕流

降雨量、地表粗糙度、地表窪蓄儲存、枯枝落葉吸收、入滲與截留等作用會綜合影響逕流量。國外相關文獻資料提及，在樹林與草地所覆蓋的小集水區典型的年逕流量為年降雨量的10～20%，但在耕作地區逕流量增加為降雨量30～40%，而都市區則為60～70%。土地由森林或緻密的草地開發為覆蓋較少之社區或農地時，會發生較大的逕流量和較快的逕流反應，即較短的洪峰時間和較高的洪峰流量。

在水力學的名詞上，粗糙度是一個特徵化參數，如曼寧公式（渠道流的平均流速$V = (R^{2/3} \times S^{1/2})/n$，其中R為水力半徑，S為渠道

或地面坡度）之n值。地面或地被植物的粗糙度，具減少逕流流速的
能力。n值和逕流的流速視植物的形態和生長密度，以及植物的高度
與水流相關性而定。以圖3-2之草溝為例，水流在草生地流路上，當
水流深度增加，草莖開始擺動，擾亂水流，使n值上升到大約0.4，直
至水深開始淹沒草莖，曼寧公式之n值即快速下降。這是由於草類開
始受水流影響而倒下，因此減低草溝底部阻力及減低對水流之阻礙影
響。

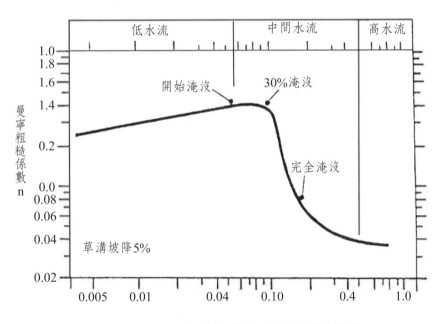

圖3-2　草地之曼寧粗糙係數與逕流水深間之關係
（資料來源：Coppin and Richards,1990; after Ree, 1949）

　　理論上，流速之降低可包含土壤表面與植被覆蓋效應。但實際
上，n值在裸露地與低莖草地植被是相似的，大約0.02至0.03。不
同草莖地高度之逕流減速效應不同，在葉片較長的草地，逕流減速效力
較高，如圖3-3。圖中曲線中顯示曼寧公式中的n值與水流強度參數（單

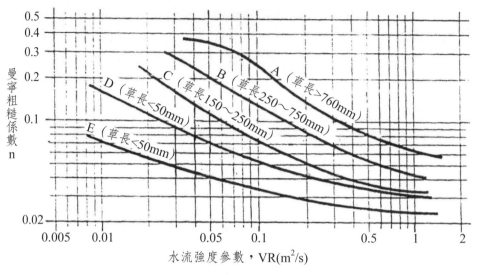

圖3-3　不同草地型態之草溝粗糙係數（n值）

（資料來源：USSCS, 1954）

位寬度流量，或流速與水力半徑之乘積）之相關性。當水流強度相當
低的時候，上述草溝渠道內之n值不一定能被運用在坡地漫地流中，
因坡地之淺漫地流之n值可能比在草溝上之n值為高。

(三)入滲

植生增加土壤表層滲透性與入滲的因素，包括根系與地上部之
存在，增加地表粗糙度。而根系腐朽所形成之管狀孔隙或孔洞表土形
成較低的密度和較好的團粒結構這些效果可以增加入滲率，使降雨和
地面漫流增加進入土壤中之量。因此，植生地區比無植生區之土壤含
水量較高。然而，這些效應一般都受截留量、蒸散量和坡度增加所抵
銷，入滲率與地表覆蓋、降雨強度和坡度的關係，如圖3-4。在特殊
立地條件下，覆蓋地區植生根域的滲透性必須試驗證實並予量化，特
別是在降雨強度大及表面蒸發作用大之情況下，可能由於土體滑落或
分離而使入滲增加或因表面結硬殼而使入滲減少。

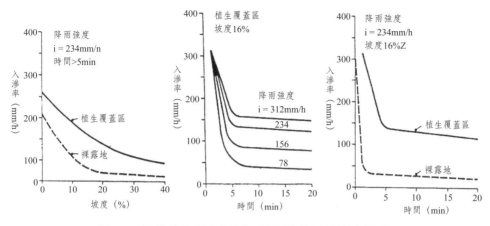

圖3-4　入滲率和植生覆蓋、降雨強度及坡度之關係

（資料來源：Nassif and Wilson, 1975）

(四)地表下淺層排水

　　地表下淺層排水發生在含有緻密根系的土層內、無根域之土層或坡面上端枯枝落葉層中，其流動與地表平行，在具有厚有機質土層的樹林內，地表下淺層水流可能達總坡面排水之80%，上層為良好植被的土壤通常水平滲透性大於垂直滲透性，雖然在植被區土壤入滲量比無植被區大，但入滲的深度可能相當淺薄。

3.3　植生之地面保護功能

一、雨滴的衝擊

　　植生可以有效的阻止雨滴衝擊地面而產生的土壤團粒破裂和分離，地面表層藉由植生的保護，防止表面硬化，增加土壤入滲率。其保護的程度，視植物冠層高度、覆蓋率及植生冠層特性而定。

植物冠層高度會影響降雨經截留後雨滴由林冠葉片滴落的高度、滴落之速度及使土壤團粒破裂的能量。地表上的植物或樹冠高度較低的植物，通常能減低雨滴衝擊的速度與能量。而較高的樹冠高度，使雨滴到地面之速度與能量較大。一般而言，植物覆蓋比率抵抗降雨衝擊的程度，在地表的植生覆蓋達70%或以上時，能產生最大的保護。

雨滴從樹葉落至地表前，大而寬的樹葉所截留的雨滴會互相合併而形成較大之水滴。若雨滴從小於高度0.5m的樹林冠層落下時，對土壤的打擊性作用力甚微，因為雨滴在落下地表之前還沒有獲得足夠的速度；但雨滴從較高的樹冠落下時，則其分散土壤的能力，比降雨落在沒有植生的裸露地時更大，如臺灣早期南部之造林樹種——柚木。葉片落下的水滴若直徑5～6mm，從1m的高度落下時，比2～3mm的水滴在自然狀況下達到終端速度之滴落，其分散能力要更大。另外，植被底下的枯枝落葉，也能保護土壤免受雨滴的衝擊，土壤流失比率會隨著枯枝落葉的增加而呈指數函數遞減。

二、植生覆蓋與土壤沖蝕

土壤沖蝕係指土粒受外力作用而造成位置移動之現象，外力以水為最重要。天然植生覆蓋地區，地面上的植物可限制雨滴沖蝕力，減少土壤沖蝕量，而多年生植生覆蓋亦能發展出抗蝕性的土壤團粒構造，因此土壤地力能長期維持。但人為開發或破壞的裸露地區，土壤沖蝕量會大量增加。在不同土地利用方式下，產生的土壤沖蝕量有很大的差別。根據Knott（1973）之報告，土壤的沖蝕量，在綠地為382噸／平方哩／年，農耕地25,400噸／平方哩／年，裸露土地32,750噸／平方哩／年。

另Kirby和Morgan在1980年曾研究全面覆蓋地區，如林地或良好之牧場，其逕流量與沖蝕量均甚小，分別為裸露地的1%及5%左右。又謂植生覆蓋率少於70%的地區，逕流率及沖蝕量因植生覆蓋減少而

快速增加。在半乾旱地區，植生覆蓋率常在20～30%左右。其逕流與沖蝕量與裸露面積之比率相關。而耕作土地上，當作物密生時，沖蝕量減少，其減少量在作物覆蓋大於30%以上時最為明顯。

事實上，坡面上土壤流失量的多寡受到氣候、土壤、植物及地勢等因子共同影響。唯植物因素變化快速，且受人為影響與人類活動息息相關。植生覆蓋狀況與土壤沖蝕之關係，可用目前美國保育界廣泛使用的土壤流失量估計公式，即通用土壤流失公式（universal soil loss equation）說明之，其公式為：$A_m = R_m \times K_m \times L \times S \times C \times P$

A_m：土壤流失量（公噸／公頃／年）

R_m：降雨沖蝕指數（百萬焦耳・公釐／公頃・小時・年）

K_m：土壤沖蝕指數（公噸・公頃・小時／公頃・百萬焦耳・公釐）

L：坡長指數

S：坡度指數

C：作物管理及植生覆蓋因子

P：水土保持處理因子

其中作物管理及植生覆蓋因子，受到作物種類、數量、型態及季節性的差異左右。如羅斯（Roose, 1977）發展出南非地區植生覆蓋與栽培技術，對年平均C值的影響，如表3-1所示。

由表3-1可知，在裸露地時C值為1，疏林或良好覆蓋之草原0.01，森林或密緻的灌叢0.001，過度放牧之草原0.1，一般作物栽培區則為0.1～0.8之間，但全面殘株覆蓋或稻草覆蓋，其C值可降至0.01左右，此數值說明植生覆蓋與沖蝕相關性頗大。其值由1至0.001，即其沖蝕量相差約1000倍。植生覆蓋對土壤沖蝕之效應，由此表可見一般。

表3-1　植生覆蓋對土壤沖蝕的效應

作物經理或植生覆蓋情形	年平均C值
裸露地土壤	1
森林或緻密灌叢、高度覆蓋作物	0.001
疏林或良好覆蓋之草原	0.01
過度放牧之疏林或草原	0.1
緩生的作物覆蓋或晚栽（第一年）	0.3～0.8
速生的作物覆蓋或早栽（第一年）	0.01～0.1
緩生的作物覆蓋或晚栽（第二年）	0.01～0.1
玉米、帚蜀黍、玉蜀黍	0.4～0.9
稻米（強施肥）	0.1～0.2
棉花、菸草（第二次循環）	0.5～0.7
花生	0.4～0.8
第一年的樹薯和馬鈴薯	0.2～0.8
棕櫚樹、咖啡、可可田區內栽植覆口蓋作物	0.1～0.3
鳳梨等高栽植　殘株燃燒	0.2～0.5
殘株翻入土中	0.1～0.3
地表殘株敷蓋	0.01

資料來源：Roose, 1977；水土保持手冊，2004。

　　然而，依水土保持手冊（坡地保育篇）土壤流失量之估算，適用於臺灣的C值對照表如下表3-2所示：

表3-2　土壤流失量C值對照表

地表及植被狀況	C值	地表及植被狀況	C值
百喜草	0.01	裸露地	1.00
水稻	0.10	水泥地	0.00
雜作	0.25	瀝青地	0.00
果樹	0.20	雜石地	0.01
香蕉	0.14	水體	0.00
鳳梨	0.20	建屋用地	0.01
林地（針葉、闊葉、竹類）	0.01	牧草地	0.15
蔬菜類	0.90	高爾夫球場植草地	0.01

表3-2　（續）

地表及植被狀況	C值	地表及植被狀況	C值
茶	0.15	雜草地	0.05
特用作物	0.20	墓地	0.01
檳榔	0.10		

資料來源：水土保持手冊，2004。

　　如現地之地表或植被狀況不在表3-2中時，則應依現地植物冠層遮蔽百分比、植株平均落高，由圖3-5或表3-3求出CC值（冠層遮蔽次因子）。再依現地地表殘株敷蓋百分比，由表3-4求出CS值（殘株敷蓋次因子）。將CC值與CS值相乘，即為現地之C值。

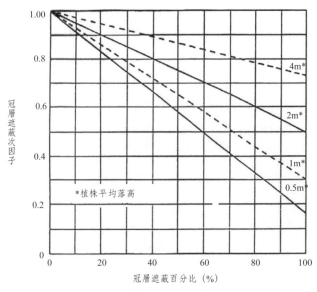

圖3-5　植物冠層對土壤沖蝕之效應

表3-3　冠層遮蔽百分比與冠層遮蔽次因子（CC值）之關係

冠層遮蔽百分比（%）	植株平均落高（m）							
	0.5	1.0	1.5	2.0	2.5	3.0	3.5	4.0
				→				
0	1.000	1.000	1.000	1.000	1.000	1.000	1.000	1.000
5	0.958	0.965	0.971	0.975	0.979	0.982	0.984	0.986
10	0.917	0.930	0.941	0.950	0.957	0.963	0.969	0.973
15	0.875	0.895	0.912	0.925	0.936	0.945	0.953	0.959
20	0.833	0.860	0.882	0.900	0.915	0.927	0.937	0.946
25	0.792	0.825	0.853	0.875	0.894	0.909	0.921	0.932
30	0.750	0.790	0.823	0.850	0.872	0.890	0.906	0.919
35	0.708	0.755	0.794	0.825	0.851	0.872	0.890	0.905
40	0.667	0.720	0.764	0.800	0.830	0.854	0.874	0.892
45	0.625	0.685	0.735	0.775	0.808	0.835	0.858	0.878
50	0.584	0.650	0.705	0.750	0.787	0.817	0.843	0.865
55	0.542	0.615	0.676	0.725	0.766	0.799	0.827	0.851
60	0.500	0.580	0.646	0.700	0.744	0.780	0.811	0.837
65	0.459	0.545	0.617	0.675	0.723	0.762	0.795	0.824
70	0.417	0.510	0.587	0.650	0.702	0.744	0.780	0.810
75	0.375	0.475	0.558	0.625	0.681	0.726	0.764	0.797
80	0.334	0.440	0.528	0.600	0.659	0.707	0.748	0.783
85	0.292	0.405	0.499	0.575	0.638	0.689	0.732	0.770
90	0.250	0.370	0.469	0.550	0.617	0.671	0.717	0.756
95	0.209	0.335	0.440	0.525	0.595	0.652	0.701	0.743
100	0.167	0.300	0.410	0.500	0.574	0.634	0.685	0.729

表3-4 地表殘株敷蓋百分比與殘株敷蓋次因子（CS值）之關係

敷蓋百分比（%）	+0	+1*	+2	+3	+4	+5	+6	+7	+8	+9
					→					
0	1.000	1.000	0.998	0.959	0.925	0.896	0.869	0.844	0.821	0.799
10	0.778	0.759	0.740	0.722	0.704	0.687	0.671	0.655	0.640	0.625
20	0.611	0.597	0.583	0.570	0.557	0.544	0.532	0.519	0.507	0.496
30	0.484	0.473	0.462	0.451	0.441	0.430	0.420	0.410	0.400	0.391
40	0.381	0.372	0.363	0.354	0.345	0.336	0.327	0.319	0.311	0.303
50	0.295	0.287	0.279	0.271	0.264	0.256	0.24	0.242	0.235	0.228
60	0.221	0.215	0.208	0.202	0.195	0.189	0.183	0.177	0.171	0.165
70	0.159	0.154	0.148	0.143	0.137	0.132	0.127	0.122	0.117	0.112
80	0.107	0.102	0.098	0.093	0.089	0.084	0.080	0.076	0.072	0.068
90	0.064	0.060	0.056	0.053	0.049	0.045	0.042	0.039	0.035	0.032
100	0.029									

備註：*代表敷蓋百分比的個位數。因此，敷蓋百分比11%的CS值即為0.759。

3.4 植生與邊坡穩定

一、植生對邊坡穩定之影響效應

植生除具有對水文循環之影響及坡面保護功能外，亦會對邊坡穩定性產生效應。植生對邊坡穩定性的影響效應，包括水文機制與力學機制兩部分，如圖3-6、表3-5之說明。

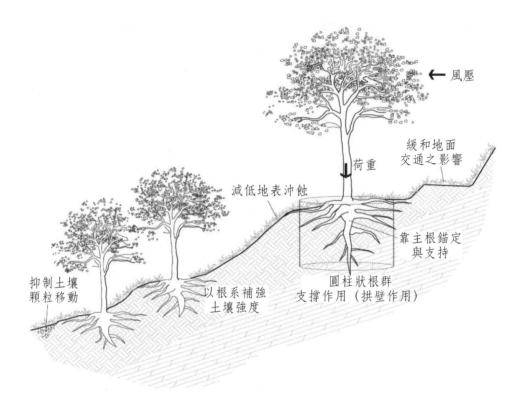

圖3-6 植物對坡面保護之功能示意圖

表3-5 植生對邊坡的影響效應

水文機制		效應	力學機制		效應
冠層或葉片截留作用	1.林內雨量減少，土壤入滲量減少。	+	土根系統網結作用	1.限制土粒移動，減少沖蝕。	+
	2.減少雨滴動量，降低沖蝕量。	+		2.根系增加剪力強度。	+
	3.雨滴由葉片再滴下，局部強度變大。	-		3.根系形成網狀，網結下方土層。	+

表3-5 （**續**）

	水文機制	效應		力學機制	效應
根基與枯枝葉作用	1.地表儲蓄水增加，更多入滲。	-/+	根系穿透土層作用	1.錨定入深層，形成保護層。	+
	2.地面糙度增加，降低水流。	+		2.支撐上邊坡形成拱狀（拱壁作用）。	+
	3.不均勻的植生可能造成集中水流速度增加。	-			
含根土層作用	1.縫隙增加入滲。	-	樹木荷重作用	1.增加邊坡載重，垂直重及滑下的力皆增加。	-/+
				2.承受風的作用。	-
	2.吸水產生蒸散，降低孔隙水壓力，增加張力進而增加土壤強度。	+	地表植生覆蓋作用	1.車輛等外力干擾作用之緩衝，保護地表。	+
	3.促進乾濕裂隙的生成，造成較多入滲。	-		2.保護地表避免受水流沖蝕。	+

備註：1.資料來源：修改自Coppin and Richards（1990）。
　　　2."-"為有害的效應；"+"為有益的效應。

二、植物根系之功能差異

1.植物根系在坡面上之伸長

在坡面上，草本植物與木本植物根系形態有顯著之不同。草本植物根系因不具木質化及穿透土層能力，根系以重力方向或在地表面鬆軟土層上生長為主，而向山谷側生長之量較少，故在坡度愈陡之坡面，草本植物土根系統愈易從立體的結構變成平面的結構。

一般而言，坡面愈陡則木本植物之根系愈往山側伸長。其根系之先端若有風化土層，根系即伸入其中盤結風化土層，因此其土壤補強功能較高。如圖3-7所示，坡面坡度（β）愈陡，θ_1變小，θ_2則角度不

變，又B方向的根系減少，C方向的根系增加。部分學者實際觀察崩塌地坡面木本植物之根系分布情形，指出在坡度小於25度內，隨坡度（β）之增大，其上坡面之根系少，而下坡面多；在坡度25度與40度之間，隨坡度（β）之增大，使得上坡面根系量較多，而下坡之根量較少（竹下敬司，1989；張與林，1995；吳與陳，1989）。

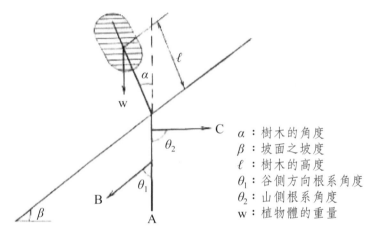

α：樹木的角度
β：坡面之坡度
ℓ：樹木的高度
$θ_1$：谷側方向根系角度
$θ_2$：山側根系角度
w：植物體的重量

圖3-7　坡地木本植物根系伸長示意圖

2.木本植物與草本植物之差異

　　草本植物根系之抗拔強度較木本植物弱。純草生植物群落，因屬鬚根系、根系深度甚淺，根系極少伸入岩盤與風化土層之盤結力量太差，土壤含水量過高時引起淺層崩塌。土壤中含水分過多時，因草本植物根系欠缺剛性，土壤粒子與草本根系間之摩擦力顯著減少，故極速的降低草本植物之抗拔強度，而木本植物之根系，在土中水分呈飽和狀態下仍有相當高的抗拔力，此與根系之剛性、粗大、長及其入侵性強有關。坡面植生從防災、景觀、環境的保育面之效果加以檢討，木本群落顯然優於草本群落（表3-6）。

表3-6　木本植物與草本植物之比較

項目 ＼ 植物	木本植物	草本植物
坡度與根之伸長	山側方向或坡面上方生長（側根之伸長角度會因坡度變化而改變）	大部分朝垂直方向及谷側方向生長
風化土層的固定	根系入侵岩盤多；錨定力強	根系入侵岩盤少；錨定困難
表層土的握裹力	小（如無林下植被）	大
防止表面沖蝕力	低（如無林下植被）	較高
永續性	大（長）	小（短）
環境保育	大	極小
景觀調和	容易	不易，或僅限於局部造景功用
崩塌等防災功能	高	低

3.植栽木與播種木機能之差異

植栽木與播種木（實生木），其所形成的群落機能有別，坡地要導入植物時，何者較適用，茲以其根系形態之特徵差異敘述如下：

(1)播種木根系較植栽木發達

播種木之根系數雖少，但長而粗，較地上部旺盛，主根發達且能伸長。植栽木之根系數多但細短，地下部與地上部重量之比值（R/T ratio）較小，且缺少主根（支柱根）。這些差異在生育基盤硬，立地條件差的地方更顯著。

(2)播種木根系之抗拔強度較植栽木大

播種木因稼接木間根系之錯綜絞結成網狀，抑制崩塌效果大。又根系伸入裂隙，提高對崩塌的抑制力（土壤保育力、土壤盤結力）。植栽木因與鄰接木之絞結少，風化土層之剪力發生較弱的部分。同時，大多數成為單純林之集合體，不易成為有機結構的群落。

(3)播種木抗天然災害力強

播種木進行自然淘汰，會自然地行密度管理，群落整體的防災力強。而植栽的樹木係單純構造的樹木集合體，很難形成樹木互相有機結合的群落。

三、根系對土壤之補強效益

植生根系對土壤之效益研究首先由Holch（1931）提出，而森林對崩塌地影響的研究於1960年代開始有學者相繼發表。其研究方式為就一場豪雨調查有發生的崩塌個數及面積的統計方法，探討發生之原因及其相關之關係；或考慮崩塌發生時樹木根系的物理作用，以材料力學及土壤力學為基礎發展根系之根力模式（Wu, 1976），了解崩塌與森林的關係；亦有以根系之補強作用（引拔抗力）及根系拉張力等，來探討其與坡面穩定之相關性。一般對森林抑制崩塌之評價方法多為統計分析評價法、根系補強作用機制評價法、土壤剪力強度增量評價法、根系拉力強度評價法與坡面安定分析評價法等（吳正雄，1990），來探討其與地面穩定之相關性。

1. 根張力強度

根系對土壤坡面所增加的土壤剪力強度，包括根株本身的機制補強力（根段張力）以及根與土壤緊縛之摩擦力，總稱為根系補強（root reinforcement），又簡稱為根力（root strength）。其因次為$ML^{-1}T^{-2}$，而根段強力強度為M。

2. 植物根系與土壤凝聚力

植物根部之存在，會導致土壤團塊強度之增加。此增加是來自根系之聚集及土壤水分因蒸發散之消耗對土壤之補強結果。

由修正之莫耳-庫倫方程式，$S' = (C' + C_R') + (\sigma - u + e)\tan\varphi'$可知，當土壤水分消耗導致孔隙水壓（u）降低及土壤張力增強時，

表3-7 臺灣木本植物根段張力強度推估方程式

供試植物	推估方程式	根徑範圍 (mm)	備註 (推估者)
刺竹	$Y=2.7741X^{1.515}$	0.3～3.1	（林與高，1999）
檳榔（8年生）	$Y=EXP(1.55324+0.226707X)$	2.03～12.87	（張，1993）
檳榔（12年生）	$Y=EXP(1.20+0.27X)$	2.03～12.87	（張，1993）
山水柳（採掘殘壁）	$Y=2.497×EXP(0.493X)$	0.2～6.2	（林，1995）
山水柳（棄石平臺）	$Y=2.497×EXP(0.493X)$	0.2～6.5	（林，1995）
山鹽菁（棄石平臺）	$Y=2.277×EXP(0.419X)$	0.5～7.8	（林，1995）
山鹽菁	$Y=0.911×EXP(0.526X)$	0.5～10.5	（張與林，1995）
山鹽菁（採掘殘壁）	$Y=0.967×EXP(0.584X)$	0.5～7.8	（張與林，1995）
臺灣赤楊	$Y=1.615×EXP(0.517X)$	0.8～8.7	（張與林，1995）
臺灣杉	$Y=3.352X^{1.3868}$	0.2～14.1	（吳，1993）
臺灣赤楊	$Y=1.6112X^{1.4068}$	0.2～14.9	（吳，1993）
山黃麻	$Y=3.406X^{1.2828}$	0.2～14.7	（吳，1993）
木麻黃	$Y=12.555X^{0.831}$	0.1～6.5	（陳與謝，1993）
黃槿	$Y=5.206X^{0.515}$	0.09～2.35	（陳與謝，1993）
草海桐	$Y=1.985X^{1.068}$	0.1～2.64	（陳與謝，1993）
銀合歡	$Y=2.510X^{0.819}$	0.1～1.8	（陳與謝，1993）
林投	$Y=0.217X^{2.29}$	2.0～10.1	（陳與謝，1993）
海埔姜	$Y=5.349X^{1.73}$	0.5～2.1	（陳與謝，1993）
馬纓丹	$Y=5.064X^{0.849}$	0.1～0.88	（陳與謝，1993）

註：X為根段直徑（mm） Y為根段拉力強度（kg）

根部補強作用將提升土壤凝聚力達C_R'值，如圖3-8。在低孔隙水壓時，土壤粒子與土壤粒子間之接觸程度增加，使得土壤於受力情況下對變形有更大的抵抗力，透過殘餘毛細水具較高吸力之影響，將增強土壤粒子間之吸力。儘管此種吸力之結果也可看成是孔隙水壓降低之影響，但只適用於飽和土壤。在部分飽和土壤中，土壤強度因土壤張力之持續發展結果，更可以表現因土壤張力貢獻之凝聚力（C_S）量增加而凝聚力增加之情形。

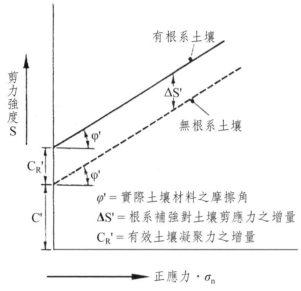

圖3-8　根系補強作用對土壤剪應力之影響

　　當φ'值在有根土壤與無根土壤中相等時，則$C_R' \equiv \Delta S'$。

　　另一考量根力對土壤補強的方法乃藉由半連續性根系的交互作用，將過多的應力經由荷重轉移至低應力的地區，植生對土壤補強效益之大小，受密度、張力強度、張力係數、根長度直徑比、表面粗糙率、根之排列性及根受力後之形變方向所影響。

　　根系密度、根之張力強度及剪力強度對土壤補強效應之測定，已有多位學者進行研究。其根系對土壤凝聚力之增量C_R'，列於下表3-8，各量化數僅代表其測值的可能範圍區間，尚不適用於力學應用與設計之參據，綜合歸納為以下幾點：

(1)對單一之根段而言，喬木與灌木均有很高之根力強度。

(2)若以單一樹種而論，其強度之大小變化甚大；如赤楊屬植物因大小、樹齡、根之情況以及季節不同，其測值常介於2.0～12.0 kN/m²，但最高可達74 kN/m²。

(3)喬木樹根系厚度及強度對不均勻荷重的反應，就如其在坡面

上之情形一樣，甚為不規則。

(4)草本植物通常有較大之剪力強度與張力變化範圍，尤其是四季皆可生長之植物根系。

土壤凝聚力之增量C_R'，隨土壤中根系密度大小而變化，其大小通常以單位土壤體積之根量表示，如圖3-9所示。通常計算所使用之根直徑範圍以小於17mm為主，而田間試驗之結果顯示，超過此範圍區間之根徑對土壤剪力強度之增量，應無明顯的貢獻。對於粗大之主根而言，應視其為單一之錨樁較佳，而另一個常用來測定根密度之方法為根面積比 （root area ratio, RAR）。

表3-8　一般典型植群根系之土壤凝聚力增加值（C_R'）

研究者	土壤／植生狀態	$C_R'(kN/m^2)$ $(tonf/m^2)$
Swanston, 1970	山區硬質土壤之針葉樹林，美國阿拉斯加州	3.4～4.4 (0.35～0.45)
O'Loughlin, 1974	山區硬質土壤之針葉樹林，加拿大B.C.省	1.0～3.0 (0.10～0.31)
Endo and Tsuruta, 1969	栽培區壤土之赤楊屬植物	2.0～12.0 (0.20～1.22)
Wu *et. al.*, 1979	山區硬質土壤之針葉樹林，美國阿拉斯加州	5.9 (0.60)
Waldron and Dakessian, 1981	小容器內以黏質壤土栽植之松樹苗木	5.0 (0.51)
O'Loughlin and Ziemer, 1982	淺層石質壤土之常綠混交林，紐西蘭	3.3 (0.34)
Gray and Megahan, 1981	砂質壤土針葉樹林，美國愛達荷州	10.3 (1.05)
Riestenberg and Sovonic-Dunford, 1983	卵圓石，扮黏性之崩積土／糖楓植被優勢之森林	5.7 (0.58)
Burroughs and Thomas, 1977	山區硬質土壤針葉樹林，美國奧勒岡與愛達荷州西部	3.0～17.5 (0.31～1.79)
Barker in Hewiett *et. al.*, 1986	充填卵圓石、黏土上有混凝土塊之土堤草生地	3.0～5.0 (0.31～0.51)

資料來源：O'Linglin and Ziemer, 1982

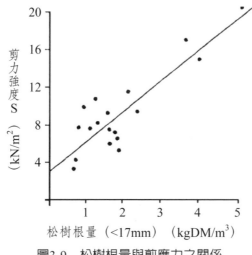

圖3-9　松樹根量與剪應力之關係

（資料來源：Ziemer, 1981）

3. 不同植物根系補強效益說明

樹木根系之深淺層分布情況，亦可分為深根與淺根型樹種，根系的深淺以及型態關乎邊坡的補強效應。一般而言；淺根系的植物對於表土固結的功用比較大，而隨著根系的深度對土壤的影響深度範圍也隨之增加，深根性的土壤對土壤的穩固效果最佳，相關之說明，如表3-9。一般而言；草類或散生型竹類之根系較淺，而木本植物之根系型態中，R-type、V-type及VH-type屬於深根型根系。就力學特性而言；尤其在邊坡穩定方面，其錨碇穩定力自然優於其他根系；而PH-type及M-type之根系多密佈於表土層，其網結作用可使表層土固結強化，但下方沖蝕或根系露出的情況下，易因風之作用而倒伏或滑落。有關不同植物根系對土壤補強作用（土壤抗剪強度）之示意圖與崩塌情形，如圖3-10、圖3-11及圖3-12。

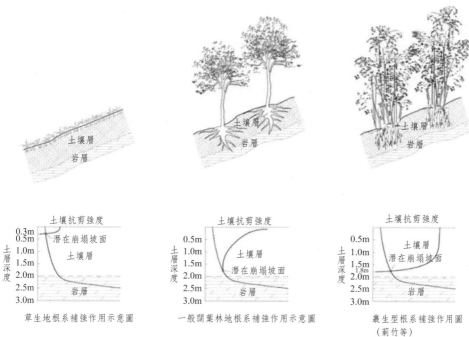

圖3-10　不同植物根系對土壤補強作用（土壤抗剪強度）示意圖

圖3-11　草生地淺層崩塌情形

圖3-12　造林樹種（淺根性）之崩塌情形

表3-9　樹木根系類型與說明

區分方式	植物根系類型	定義	代表樹種例
根系深淺	深根性植物	具明顯主根生長型態，主根呈現直徑遞減，即主根向下生長呈等比率直徑減小情形，深度可達2.5~3 m；水平根之伸展範圍略大於樹冠範圍。	無患子、相思樹、欅、朴樹、苦楝、木麻黃、樟樹、大葉桃花心木
	中根性植物	主根生長略大於側根或水平根，但有時不甚顯著，主根深度可大於2 m；水平根系伸展範圍約可達樹冠範圍之1.5倍。相鄰根系粗細度相似，常呈直角狀分岔。	茄苳、欖仁、白雞油、桃、梅、烏心石
	淺根性植物	不具主根生長優勢，根系深度常小於2 m；水平根系伸展範圍約可達樹冠範圍之2倍（水柳等濱水植物有時可達樹冠之5倍範圍）。	竹類、黃槿、臺灣二葉松、黑板樹、黃槐、菩提樹、山黃麻
水土保持特定用途	固土防塌型	根系深度較深且根系密度較高，可固結土壤與錨定作用。	相思樹、九芎、臺灣赤楊、野桐
	防風抗風型	多為中根性，或兼具水平根與垂直根系，根系密布較高，可穩定生長。	木麻黃類、朴樹、無葉檉柳、瓊崖海棠、大葉山欖
	濱水護岸型	多為水平根系發達，根系密度高，抗地表沖蝕作用強。	稜果榕、土沉香、茄苳

四、錨定與拱壁作用

　　樹種之主根穿透進入土壤深層產生錨定作用以避免下坡面之運移，而主根之此種機制亦如打樁的功效，可抑制下坡面土層之崩壞。

　　Gray（1978）對於淺層花崗石下之松樹之拱壁作用指出，樹與樹之間距若太大，未受錨定支撐作用之土體部分會崩壞。樹木之根樁錨錠作用可支持其坡面上的土層，通常在樹木間距較小時，其上方土

層會產生拱壁作用，而不至滑落，如圖3-13所示。拱壁作用大小受下列三點所影響：

1. 樹木之直徑、間隔距離以及根系向下伸展情形。

2. 坡面破碎層傾角與土層深度。

3. 土壤之剪力強度。

　　一般模式理論應用在推估作用於單列或多列的土柱椿之側向應力時，常將拱壁作用忽略遺漏，此觀點已由多位學者證實Gray（1978）採用Wang and Yen（1974）的理論將土壤拱壁作用理論化，其理論基礎為一個半無限邊坡模式與具有硬質-塑性-固形之土壤，利用此模式推求樹木垂直根（圓根柱）所造成之拱壁作用對砂質邊坡之穩定效益。

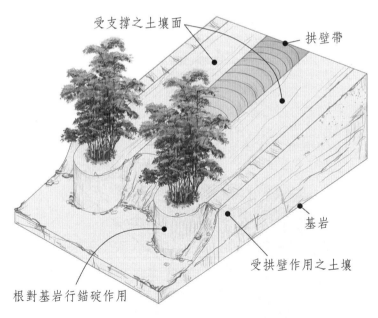

受支撐之土壤面

拱壁帶

基岩

受拱壁作用之土壤

根對基岩行錨碇作用

圖3-13　樹木對坡面錨碇、支撐及拱壁作用之示意圖

五、超載荷重

　　超載荷重乃由坡面之植生所造成，通常此效應僅視為由樹木所促成，因為草類之重量與樹木之重量相較甚小，因此忽略不予考慮。一般通常將超載荷重視為負面效應，但其亦可能對坡面是有助益的，端視坡面的地質條件、植生的分布狀況以及土壤本身的性質而定。上坡面之超載荷重會減少土體的穩定性，而下坡面之超載荷重則有助於土體之安定性。

　　考量臨界破壞面時，圖3-14所示，樹木的重力中心對坡面會產生一個恢復力矩，當絕大多數之樹木生長於下坡面時，此現象最為顯著。超載荷重之分量會增加摩擦阻抗，有助於抑制滑動面的破壞。Gray與Megahan（1981）指出，對一有限坡面而言，當土壤凝聚力小、地下水位高、內摩擦角大及坡度小時，其超載荷重對邊坡的穩定性是有助益的。

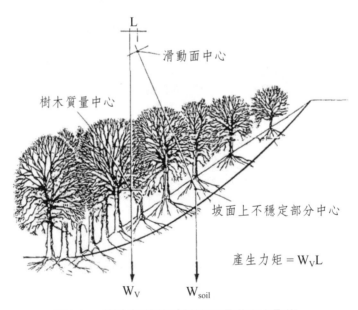

圖3-14　樹木超載荷重對坡面滑動面之影響

3.5　植生與生態保育

　　植物係地球上生物界最基本生產者，綠色植物利用太陽光能，吸收水分及二氧化碳，製造葡萄糖等有機物並釋放氧氣。動物（包括人類）吃食植物體或動物體，並吸收空氣中的氧氣，呼出二氧化碳。動物排泄物及動、植物屍體經由細菌分解後，均成為植物的養分，這其間有物質的循環，亦有能量的遞移，而形成一生態系。生態系內生物間及生物與環境間關係錯綜複雜，形成一密不可分的體系。

　　臺灣目前共設置九個國家公園（墾丁、玉山、陽明山、太魯閣、雪霸、金門、東沙環礁、台江、澎湖南方四島）及淡水河紅樹林自然保留區、關渡自然保留區、北投石自然保留區、坪林臺灣油杉自然保留區、哈盆自然保留區、鴛鴦湖自然保留區、苗栗三義火炎山自然保留區、臺東紅葉村臺東蘇鐵自然保留區、大武山自然保留區、大武事業區臺灣穗花杉自然保留區、旭海觀音鼻自然保留區、插天山自然保留區、南澳闊葉樹林自然保留區、澎湖玄武岩自然保留區、澎湖南海玄武岩自然保留區、阿里山臺灣一葉蘭自然保留區、出雲山自然保留區、烏山頂泥火山自然保留區、挖子尾自然保留區、烏石鼻海岸自然保留區、墾丁高位珊瑚礁自然保留區和九九峰自然保留區等22處。其劃定保留區之年代、保育管理機關、範圍、標的物種與管理方法等雖略有不同，但其目的大底在於：

1. 適當的保護生物的環境，保育生態系中的各種動、植物，做為土地及資源利用與經營的基準。
2. 提供長程性生態演替、生物和地理現象研究的機會。
3. 提供基準值，做為檢定因人類活動所引起自然作用與生態系改變的依據。
4. 提供作為生態研究、環境保育和訓練的場所。
5. 長期保存複雜的基因庫，有助於保留區內基礎科學的研究。

6. 做為稀有及瀕臨絕種的生物種類及獨特地質地形景觀的保留區。

保育區維持原來自然植被狀況至為重要，因為愈接近自然的環境，愈為野生物理想的生活環境，這是生物長期對環境調適後的結果。在植生覆蓋良好的森林地區，不僅地上部枝葉分層，地下更有根系、藻菌、動物等分層分化，促使土壤產生多孔隙而善於儲存水分等物質，造成一個發育成熟的植物社會，使所有可利用的空間，填充了最合宜的生物體。此種天然植被，在臺灣的生態環境中，尤其是陸生生態系內，扮演著最基本及重要的角色。

由上可知，一地區植被之完整程度，左右了該地的水土保持能力，破壞植被程度愈嚴重，則水災、旱災、土壤流失、山崩等災害直接受天氣影響的趨勢愈明顯。因為植生覆蓋不僅可阻攔雨水，且可增進土壤滲透作用、增加土壤儲水能力、降低洪峰流量、減少地表逕流、涵養並調節水文、鞏固土砂、改良水質、調節微氣候、淨化空氣、保持地力、提供人類健康環境、確保野生動物及人類生存空間。因此設法保留目前僅有的少量未受破壞之天然植被地區，更要進一步的將已受破壞的森林地區恢復原來面貌，使臺灣的綠資源再現並永存，這也是我們目前應努力的方向。

chapter 4

坡地水土保持應用植物解説

本章內容主要介紹水土保持工程常用之植物種類，包含木本植物、草本植物及藤類植物等三大類型。針對其科名、學名、英名、生長海拔、性狀、習性、繁殖方法及主要用途等項目說明如下：

表4-1　坡地水土保持常用木本植物一覽表

編號	科別	中名	編號	科別	中名
1	松科	臺灣二葉松	2	松科	臺灣五葉松
3	杉科	落羽松	4	柏科	臺灣肖楠
5	木蘭科	臺灣烏心石	6	安息香科	烏皮九芎
7	樟科	樟樹	8	樟科	山胡椒
9	樟科	土肉桂	10	樟科	豬腳楠
11	樟科	香楠	12	薔薇科	山櫻花
13	薔薇科	厚葉石斑木	14	五加科	鵝掌柴
15	金縷梅科	楓香	16	楊柳科	水柳
17	楊梅科	楊梅	18	樺木科	臺灣赤楊
19	榆科	山黃麻	20	榆科	朴樹
21	榆科	櫸	22	桑科	構樹
23	桑科	榕樹	24	桑科	稜果榕
25	桑科	雀榕	26	蕁麻科	水麻
27	杜英科	杜英	28	錦葵科	黃槿
29	錦葵科	朱槿	30	大戟科	茄苳
31	大戟科	細葉饅頭果	32	大戟科	血桐
33	大戟科	野桐	34	大戟科	白匏子
35	大戟科	白桕	36	大戟科	烏桕
37	茶科	大頭茶	38	茶科	木荷
39	金絲桃科	瓊崖海棠	40	桃金孃科	臺灣赤楠
41	桃金孃科	番石榴	42	千屈菜科	九芎
43	使君子科	欖仁樹	44	漆樹科	黃連木
45	漆樹科	羅氏鹽膚木	46	楓樹科	青楓
47	冬青科	鐵冬青	48	紫草科	破布木

表4-1 （續）

編號	科別	中名	編號	科別	中名
49	殼斗科	青剛櫟	50	馬錢科	揚波
51	楝科	大葉桃花心木	52	楝科	苦楝
53	芸香科	賊仔樹	54	芸香科	月橘
55	無患子科	車桑子	56	無患子科	臺灣欒樹
57	無患子科	無患子	58	木犀科	光蠟樹
59	省沽油科	山香圓	60	紫金牛科	春不老
61	海桐科	臺灣海桐	62	豆科	相思樹
63	豆科	水黃皮	64	禾本科	桂竹

表4-2 坡地水土保持常用灌木植物一覽表

編號	科別	中名	編號	科別	中名
1	薔薇科	臺灣火刺木	2	桑科	小葉桑
3	蕁麻科	密花苧麻	4	錦葵科	山芙蓉
5	桃金孃科	野牡丹	6	桃金孃科	桃金孃
7	木犀科	日本女貞	8	茜草科	山黃梔
9	海桐科	海桐	10	馬鞭草科	杜虹花
11	馬鞭草科	馬纓丹	12	馬鞭草科	苦林盤
13	虎耳草科	華八仙	14	豆科	黃野百合
15	豆科	胡枝子	16	豆科	田菁

表4-3 坡地水土保持常用草本植物（含綠肥植物）一覽表

編號	科別	中名	編號	科別	中名
1	豆科	蔓花生	2	豆科	鐵掃帚
3	豆科	太陽麻	4	豆科	鵲豆
5	豆科	綠肥大豆臺南7號	6	豆科	青皮豆
7	豆科	虎爪豆	8	豆科	羽扇豆
9	豆科	埃及三葉草	10	豆科	苕子
11	禾本科	臺灣蘆竹	12	禾本科	類地毯草

表4-3 （續）

編號	科別	中名	編號	科別	中名
13	禾本科	地毯草	14	禾本科	百慕達草（普通種）
15	禾本科	百慕達草（改良品系）	16	禾本科	假儉草
17	禾本科	高狐草（葦狀羊茅）	18	禾本科	黑麥草
19	禾本科	五節芒	20	禾本科	百喜草（大葉品系）
21	禾本科	百喜草（小葉品系）	22	禾本科	克育草
23	禾本科	羅滋草（蓋氏虎尾草）	24	禾本科	甜根子草
25	禾本科	奧古斯丁草	26	禾本科	培地茅
27	禾本科	斗六草（馬尼拉芝品系）	28	禾本科	臺北草（細葉芝品系）
29	禾本科	竹節草	30	禾本科	果園草
31	禾本科	大理草	32	禾本科	海雀稗
33	禾本科	狼尾草			

表4-4 坡地水土保持常用藤類植物一覽表

編號	科別	中名	編號	科別	中名
1	桑科	越橘葉蔓榕	2	夾竹桃科	絡石
3	豆科	營多藤（西班牙三葉草）	4	葡萄科	地錦
5	桑科	薜荔	6	木犀科	雲南黃馨

4.1　木本植物應用解說

一、喬本植物

植物名稱	照片
1.臺灣二葉松 　科名：松科Pinaceae 　學名：*Pinus taiwanensis* Hayata 　英名：Taiwan red pine 　生長海拔：中、高海拔 　　　　　（700~3,000m） 　性狀、習性：常綠喬木 　繁殖方法：播種 　種子粒數／公克：80。 　　　　　（35,000~40,000／公升） 　主要用途：先驅樹種、荒山復舊 　建議植栽株數：2,000株／公頃	
2.臺灣五葉松 　科名：松科Pinaceae 　學名：*Pinus morrisonicola* Hayata 　英名：Taiwan Short-leaf Pine 　生長海拔：中北部山區 　　　　　（300~2,300 m） 　性狀、習性：常綠大喬木 　繁殖方法：播種 　種子粒數／公克：10。 　　　　　（5,194粒／公升） 　主要用途：邊坡穩定、固土植生 　建議植栽株數：2,000株／公頃	
3.落羽松 　科名：杉科Taxodiaceae 　學名：*Taxodium distichum* (L.) Rich. 　英名：Bald cypress	

植物名稱	照片
生長海拔：中、低海拔 　　　　（500~2,000m） 性狀、習性：落葉大喬木 繁殖方法：播種 種子粒數／公克：─ 主要用途：園景樹種 建議植栽株數：1,500株／公頃	
4.臺灣肖楠 　科名：柏科Cupressaceae 　學名：*Calocedrus macrolepis* Kurz 　　　　var. *formosana* (Florin) W. C. 　　　　Cheng & L. K. Fu 　英名：Taiwan incense-cedar 　生長海拔：中北部山區 　　　　　（300~1,900 m） 　性狀、習性：常綠大喬木 　繁殖方法：播種 　種子粒數／公克：200。 　　　　　　（29,764粒／公升） 　主要用途：邊坡穩定、造林樹種、 　　　　　　庭園樹種 　建議植栽株數：2,000株／公頃	
5.臺灣烏心石 　科名：木蘭科Magnoliaceae 　學名：*Michelia compressa* (Maxim.) 　　　　Sargent var. *formosana* Kaneh. 　英名：Formosan michelia	

植物名稱	照片
生長海拔：200～2,200m 性狀、習性：常綠喬木 繁殖方法：播種 種子粒數／公克：13。 　　　　　　　（7,860粒／公升） 主要用途：景觀植栽、造林樹種 建議植栽株數：1,500株／公頃	 
6.烏皮九芎 　科名：安息香科Styracaceae 　學名：*Styrax formosana* Matsum. 　英名：Formosan snow-bell 　生長海拔：0～1,000m 　性狀、習性：小喬木 　繁殖方法：播種、扦插 　種子粒數／公克：－ 　主要用途：固土護岸、園景植栽 　建議植栽株數：1,500株／公頃	  
7.樟樹 　科名：樟科Lauraceae 　學名：*Cinnamomum camphora* (L.) J. 　　　　Presl 　英名：Camphor tree 　生長海拔：中、低海拔 　性狀、習性：常綠喬木 　繁殖方法：播種 　種子粒數／公克：10～15。 　　　　　　　（5,500～10,000粒／公升） 　主要用途：邊坡植生、荒山復舊 　建議植栽株數：1,500株／公頃	 

植物名稱	照片
8.山胡椒 　科名：樟科Lauraceae 　學名：*Litsea cubeba* (Lour.) Pers. 　英名：Mountain spicy tree 　生長海拔：低至高海拔 　　　　　　（0~2,500 m） 　性狀、習性：落葉小喬木 　繁殖方法：播種 　種子粒數／公克：一 　主要用途：邊坡植生、固土植生 　建議播種量：一	 
9.土肉桂 　科名：樟科Lauraceae 　學名：*Cinnamomum osmophloeum* 　　　　 kaneh. 　英名：Odourbark cinnamomum 　生長海拔：中海拔 　性狀、習性：常綠中喬木 　繁殖方法：播種、扦插 　種子粒數／公克：5,480粒／公升 　主要用途：園景樹種、造林樹種 　建議植栽株數：1,500株／公頃	   
10.豬腳楠 　科名：樟科Lauraceae 　學名：*Machilus thunbergii* Siebold 　　　　 & Zucc. 　英名：Red nanmu 　生長海拔：濱海平地至2,000 m山 　　　　　　地 　性狀、習性：常綠中喬木	 

植物名稱	照片
繁殖方法：播種、扦插 種子粒數／公克：15 主要用途：園景樹種、邊坡植生 建議植栽株數：1,500株／公頃	
11.香楠 　科名：樟科Lauraceae 　學名：*Machilus zuihoensis* Hayata 　英名：Incense machilus 　*生長海拔：中、低海拔* 　*性狀、習性：落葉大喬木* 　繁殖方法：播種 　種子粒數／公克：720 　主要用途：邊坡植生、荒地復舊 　建議植栽株數：1,500株／公頃	
12.山櫻花 　科名：薔薇科Rosaceae 　學名：*Prunus campanulata* Maxim. 　英名：Taiwan cherry 　生長海拔：300～2,000m 　性狀、習性：中、小喬木 　繁殖方法：播種、扦插 　種子粒數／公克：(4,285粒／公升) 　主要用途：園景樹種、生態綠化 　　　　　　樹種 　建議植栽株數：2,000株／公頃	
13.厚葉石斑木 　科名：薔薇科Rosaceae 　學名：*Rhaphiolepis indica* (L.) 　　　　Lindl ex Ker var. *umbellata* 　　　　(Thumb.) H. Ohashi 　英名：Whole-leaf Hawthorn 　生長海拔：低海拔	

植物名稱	照片
性狀、習性：灌木、小喬木 繁殖方法：播種、扦插 種子粒數／公克：— 主要用途：綠籬樹種 建議植栽株數：2,500株／公頃	
14.鵝掌柴（鴨腳木） 　　科名：五加科Araliaceae 　　學名：*Schefflera octophylla* (Lour.) 　　　　　Harms 　　英名：Common schefflera 　　生長海拔：0~1,500m 　　性狀、習性：大喬木 　　繁殖方法：播種 　　種子粒數／公克：— 　　主要用途：邊坡植生、濱水帶植 　　　　　　　生 　　建議植栽株數：2,000株／公頃	
15.楓香 　　科名：金縷梅科Hamamelidaceae 　　學名：*Liquidambar formosana* Hance 　　英名：Formosan sweet gum 　　生長海拔：中、低海拔 　　性狀、習性：落葉大喬木 　　繁殖方法：播種 　　種子粒數／公克：191。 　　　　　　　　（118,680粒／公升） 　　主要用途：邊坡植生、復舊造林 　　建議植栽株數：1,500株／公頃	
16.水柳 　　科名：楊柳科Salicaceae 　　學名：*Salix warburgii* Seemen 　　英名：Water willow 　　生長海拔：低海拔（0~200m）	

植物名稱	照片
性狀、習性：落葉中喬木 繁殖方法：播種、插條 種子粒數／公克：一 主要用途：打樁編柵、濱水帶植 生 建議植栽株數：1,500株／公頃	
17.楊梅 科名：楊梅科Myricaceae 學名：*Myrica rubra* (Lour.) Siebold & Zucc. 英名：Chinese babyberry 生長海拔：中、低海拔 （100~ 1,500m） 性狀、習性：常綠喬木 繁殖方法：播種、插條 種子粒數／公克：(3,040粒／公升) 主要用途：生態綠化、園景樹 種、肥料木 建議植栽株數：1,800株／公頃	
18.臺灣赤楊 科名：樺木科 Betulaceae 學名：*Alnus formosana* (Burkill ex Forbes & Hemsl.) Makino 英名：Fornmosan alder 生長海拔：中、低海拔 （3000m以下） 性狀、習性：10 m常綠喬木 繁殖方法：播種 種子粒數／公克：1250。 （70,150粒／公升） 主要用途：邊坡植生、崩塌地植生 （先驅樹種） 建議植栽株數：1,800株／公頃	

植物名稱	照片
19.山黃麻 　　科名：榆科Ulmaceae 　　學名：*Trema orientalis*(L.) Blume 　　英名：India-charcoal trema 　　生長海拔：低海拔 　　性狀、習性：常綠喬木、崩塌地先 　　　　　　　　驅樹種 　　繁殖方法：播種 　　種子粒數／公克：95。 　　　　　　　　（227,680粒／公升） 　　主要用途：先驅樹種、荒山復舊 　　建議播種量：—	
20.朴樹 　　科名：榆科 Ulmaceae 　　學名：*Celtis sinensis* Pers. 　　英名：Chinese hackberry 　　生長海拔：低海拔 　　性狀、習性：落葉喬木 　　繁殖方法：播種 　　種子粒數／公克：（20,660粒／公升） 　　主要用途：緩衝帶植生、邊坡植生 　　建議植栽株數：1,500株／公頃	
21.櫸 　　科名：榆科Ulmaceae 　　學名：*Zelkova serrata* (Thunb.) Makino 　　英名：Taiwan zelkova 　　生長海拔：中、低海拔 　　　　　　　　（300~1,400 m） 　　性狀、習性：落葉喬木 　　繁殖方法：播種、扦插 　　種子粒數／公克：45~50。 　　　　　　　　（43,900粒／公升） 　　主要用途：崩塌地植生、造林樹種 　　建議植栽株數：1,500株／公頃	

植物名稱	照片
22.構樹 　　科名：桑科 Moraceae 　　學名：*Broussonetia papyrifera* (L.) 　　　　　L' Hér. ex Vent. 　　英名：Paper mulberry 　　生長海拔：低海拔 　　性狀、習性：落葉或半落葉中喬 　　　　　　　木 　　繁殖方法：播種 　　種子粒數／公克：420 　　主要用途：先驅樹種、荒山復舊 　　建議播種量：—	
23.榕樹 　　科名：桑科Moraceae 　　學名：*Ficus microcarpa* L. f. 　　英名：Indian laurel fig 　　生長海拔：低海拔 　　性狀、習性：常綠大喬木 　　繁殖方法：扦插、插條 　　種子粒數／公克：— 　　主要用途：打樁編柵、園景樹種 　　建議植栽株數：—	
24.稜果榕 　　科名：桑科Moraceae 　　學名：*Ficus septica* Burm. f. 　　英名：Angular-fruit fig 　　生長海拔：低海拔（0~1,000m） 　　性狀、習性：常綠大喬木 　　繁殖方法：扦插、插條 　　種子粒數／公克：— 　　主要用途：濱水帶植生、邊坡植 　　　　　　　生 　　建議植栽株數：—	

植物名稱	照片
25.雀榕（鳥榕） 　科名：桑科Moraceae 　學名：*Ficus superba* (Miq.) Miq. 　　　var. *japonica* Miq. 　英名：Red fruit fig-tree 　生長海拔：低海拔 　性狀、習性：落葉大喬木 　繁殖方法：扦插、插條 　種子粒數／公克：— 　主要用途：生態綠化、植生木樁 　建議植栽株數：1,500株／公頃	
26.水麻 　科名：蕁麻科 Urticaceae 　學名：*Debregeasia orientalis* C. J. 　　　Chen 　英名：Edible debregeasia 　生長海拔：中低海拔（0~2,500 m） 　性狀、習性：常綠灌木或小喬木 　繁殖方法：播種 　種子粒數／公克：— 　主要用途：固土護岸、先驅植物 　建議播種量：—	
27.杜英 　科名：杜英科 Elaeocarpaceae 　學名：*Elaeocarpus sylvestris* 　　　(Lour.) Poir. 　英名：Common elaeocarpus 　生長海拔：中、低海拔山區 　性狀、習性：常綠喬木 　繁殖方法：播種 　種子粒數／公克：（1,250～2,000 　　　　　　　　粒／公升）	

植物名稱	照片
主要用途：園景樹種、行道樹樹種 建議植栽株數：1,500株／公頃	
28.黃槿 　科名：錦葵科 Malvaceae 　學名：*Hibiscus tiliaceus* L. 　英名：Linden hibiscus 　生長海拔：沿海至低海拔（600 m 以下） 　性狀、習性：5m常綠喬木 　繁殖方法：扦插 　種子粒數／公克：73 　主要用途：植生木樁、防風林樹種 　建議植栽株數：1,500株／公頃 　　　　　現地條狀扦插株距50cm	

植物名稱	照片
29.朱槿 　　科名：錦葵科Malvaceae 　　學名：*Hibiscus rosa-sinensis* L. 　　英名：Hibiscus 　　生長海拔：低海拔、濱海地區 　　性狀、習性：常綠灌木、小喬木 　　繁殖方法：扦插 　　種子粒數／公克：－ 　　主要用途：綠籬樹種、耕地防風 　　建議植栽株數：50～100株／100m^2	
30.茄苳 　　科名：大戟科Euphorbiaceae 　　學名：*Bischofia javanica* Blume 　　英名：Autumn maple tree 　　生長海拔：低海拔 　　性狀、習性：常綠半落葉大喬木 　　繁殖方法：播種 　　種子粒數／公克：650 　　主要用途：邊坡植生、生態綠化 　　　　　　　美化 　　建議植栽株數：1,500株／公頃	
31.細葉饅頭果 　　科名：大戟科Euphorbiaceae 　　學名：*Glochidion rubrum* Blume 　　英名：Common glochidion 　　生長海拔：中、低海拔 　　性狀、習性：灌木與小喬木 　　繁殖方法：播種 　　種子粒數／公克：（35,400～40,500 　　　　　　　　　　粒／公升） 　　主要用途：邊坡植生、荒山復舊 　　建議植栽株數：1,800株／公頃	

植物名稱	照片
32.血桐 　科名：大戟科Euphorbiaceae 　學名：*Macaranga tanarius* (L.) 　　　　Müll. Arg. 　英名：Macaranga 　生長海拔：低海拔（0~1,000m） 　性狀、習性：常綠喬木 　繁殖方法：播種 　種子粒數／公克：— 　主要用途：先驅樹種、荒山復舊 　建議植栽株數：30～40株／100m^2	
33.野桐 　科名：大戟科Euphorbiaceae 　學名：*Mallotus japonicus* (Thunb.) 　　　　Müll. Arg. 　英名：Japanese mallotus 　生長海拔：中、低海拔 　性狀、習性：半落葉性小喬木 　繁殖方法：播種 　種子粒數／公克：80 　主要用途：先驅樹種、荒地植生 　建議植栽株數：30～40株／100m^2	
34.白匏子 　科名：大戟科Euphorbiaceae 　學名：*Mallotus paniculatus* (Lam.) 　　　　Müll. Arg. 　英名：Turn-in-the-wind 　生長海拔：低海拔 　性狀、習性：半落葉性中喬木 　繁殖方法：播種 　種子粒數／公克：60~70 　主要用途：先驅樹種、荒地植生 　建議植栽株數：1,500株／公頃	

植物名稱	照片
35.白桕 　科名：大戟科Euphorbiaceae 　學名：*Sapium discolor* Müll. Arg. 　英名：Taiwan sapium 　生長海拔：低海拔 　性狀、習性：半落葉性中喬木 　繁殖方法：播種 　種子粒數／公克：10 　主要用途：荒地先驅植物、生態 　　　　　　綠化 　建議植栽株數：1,500株／公頃	
36.烏桕 　科名：大戟科Euphorbiaceae 　學名：*Sapium sebiferum* (L.) Roxb. 　英名：Chinese tallow tree 　生長海拔：低海拔 　性狀、習性：落葉喬木 　繁殖方法：播種 　種子粒數／公克：13。 　　　　　　（8,700粒／公升） 　主要用途：邊坡植生、園景樹 　　　　　　種、造林樹種 　建議植栽株數：1,500株／公頃	

植物名稱	照片
37.大頭茶 　科名：茶科Theaceae 　學名：*Gordonia axillaris* (Roxb.) 　　　Dietr. 　英名：Taiwan gordonia 　生長海拔：中、低海拔 　性狀、習性：常綠中喬木 　繁殖方法：播種 　種子粒數／公克： 　　　　　（31,100粒／公升） 　主要用途：邊坡植生、生態綠化 　建議植栽株數：2,000株／公頃	
38.木荷 　科名：茶科Theaceae 　學名：*Schima superba* Gard. & 　　　Champ. 　英名：Chinese guger-tree 　生長海拔：中、低海拔 　　　　　（300～2,000m） 　性狀、習性：常綠喬木 　繁殖方法：播種 　種子粒數／公克：（19,500粒／公升） 　主要用途：邊坡植生、防火造林 　　　　　樹種 　建議植栽株數：1,800株／公頃	
39.瓊崖海棠 　科名：金絲桃科Guttiferae 　學名：*Calophyllum inophyllum* L. 　英名：Indiapoon beautyleaf 　生長海拔：沿海地區至低海拔 　　　　　（500m） 　性狀、習性：大喬木	

植物名稱	照片
繁殖方法：播種 種子粒數／公克：(81粒／公升) 主要用途：防風樹種、景觀樹種 建議植栽株數：1,800株／公頃	 
40.臺灣赤楠 　　科名：桃金孃科Myrtaceae 　　學名：*Syzygium formosanum* 　　　　　(Hayata) Mori 　　英名：Taiwan eugenia 　　生長海拔：中、低海拔 　　　　　　（2,000m以下） 　　性狀、習性：常綠喬木 　　繁殖方法：播種、扦插 　　種子粒數／公克：1200 　　主要用途：園景樹種、邊坡植生 　　建議植栽株數：30～50株／100m²	
41.番石榴 　　科名：桃金孃科Myrtaceae 　　學名：*Psidium guajava* L. 　　英名：Guave tree 　　生長海拔：中、低海拔 　　性狀、習性：常綠小喬木或大灌木 　　繁殖方法：播種 　　種子粒數／公克：380 　　主要用途：邊坡植生、鹽地植 　　　　　　生、生態綠化 　　建議植栽株數：30～50株／100m²	  

植物名稱	照片
42.九芎 　科名：千屈菜科 Lythraceae 　學名：*Lagerstroemia subcostata* 　　　Koehne 　英名：Subcostate crape myrtle 　生長海拔：中、低海拔 　　　　　（1,400m以下） 　性狀、習性：10 m半落葉喬木 　繁殖方法：扦插 　種子粒數／公克：550~700 　主要用途：邊坡植生、植生木樁 　建議植栽株數：1,800株／公頃	
43.欖仁 　科名：使君子科 Combretaceae 　學名：*Terminalia catappa* L. 　英名：Indian almond 　生長海拔：低海拔（0~ 500m） 　性狀、習性：喬木 　繁殖方法：播種 　種子粒數／公克：一 　主要用途：綠化樹種、防風樹種 　建議植栽株數：1,500株／公頃	
44.黃連木 　科名：漆樹科Anacardiaceae 　學名：*Pistacia chinensis* Bunge 　英名：Chinese pistachios 　生長海拔：中、低海拔 　　　　　（0~1,500 m） 　性狀、習性：落葉喬木 　繁殖方法：播種、扦插 　種子粒數／公克：40。 　　　　　　（17,350粒／公升） 　主要用途：園景樹種、造林樹種 　建議植栽株數：1,500株／公頃	

植物名稱	照片
45.羅氏鹽膚木（山鹽青） 　　科名：漆樹科Anacardiaceae 　　學名：*Rhus javanica* L. var. *roxburghiana* (DC.) Rehder & E. H. Wils. 　　英名：Roxbrugh sumac 　　生長海拔：中、低海拔（1,900 m 以下） 　　性狀、習性：4 m半落葉喬木 　　繁殖方法：播種 　　種子粒數／公克：100~150 　　主要用途：邊坡植生、荒地植生、先驅樹種 　　建議播種量：—	
46.青楓 　　科名：槭樹科Aceraceae 　　學名：*Acer serrulatum Hayata* 　　英名：Green maple 　　生長海拔：0~2,500 m 　　性狀、習性：半落葉性大喬木 　　繁殖方法：播種、插條 　　種子粒數／公克：15 　　主要用途：景觀樹種、造林樹種 　　建議植栽株數：1,500株／公頃	
47.鐵冬青 　　科名：冬青科 Aquifoliaceae 　　學名：*Ilex rotunda* Thunb. 　　英名：Chinese holly 　　生長海拔：低海拔 　　性狀、習性：常綠喬木	

植物名稱	照片
繁殖方法：播種、扦插 種子粒數／公克：275。 （105,850粒／公升） 主要用途：園景樹種、行道樹樹種 建議植栽株數：1,800株／公頃	
48.破布木 　科名：紫草科Boraginaceae 　學名：*Cordia dichotoma* G. Forst. 　英名：Sebestan plum cordia 　生長海拔：低海拔 　性狀、習性：落葉小喬木 　繁殖方法：扦插 　種子粒數／公克：5 　主要用途：打樁編柵、生態綠化 　建議植栽株數：1,500株／公頃	
49.青剛櫟 　科名：殼斗科 Fagaceae 　學名：*Cyclobalanopsis glauca* 　　　(Thunb.) Oerst. 　英名：Glaucous oak 　生長海拔：中、低海拔 　性狀、習性：常綠喬木 　繁殖方法：播種、扦插 　種子粒數／公克：（640粒／公升） 　主要用途：邊坡植生、荒山復舊 　建議植栽株數：1,500株／公頃	

植物名稱	照片
50.揚波（駁骨丹） 　科名：馬錢科Loganiaceae 　學名：*Buddleja asiatica* Lour. 　英名：Asiatic butterfly bush 　生長海拔：低海拔 　　　　　（300~1,400 m） 　性狀、習性：常綠灌木或小喬木 　繁殖方法：播種 　種子粒數／公克：— 　主要用途：荒山復舊、先驅植物 　建議播種量：—	
51.大葉桃花心木 　科名：楝科 Meliaceae 　學名：*Swietenia macrophylla* King 　英名：Big-leaf mahogany 　生長海拔：中、低海拔（1,900 m 　　　　　　以下） 　性狀、習性：常綠喬木 　繁殖方法：播種 　種子粒數／公克：2 　主要用途：園藝樹種、造林樹種 　建議植栽株數：1,500株／公頃	
52.楝（苦楝） 　科名：楝科 Meliaceae 　學名：*Melia azedarach* L. 　英名：China berry, Bead tree, 　　　　　Persian lilac 　生長海拔：0~1,000m 　性狀、習性：大喬木 　繁殖方法：播種 　種子粒數／公克：2。 　　　　　（250～290粒／公升） 　主要用途：生態綠化、造林樹種 　建議植栽株數：1,500株／公頃	

植物名稱	照片
53.賊仔樹（臭辣樹） 　　科名：芸香科Rutaceae 　　學名：Tetradium glabrifolium T. Hartley 　　英名：Japanese evodia 　　生長海拔：中、低海拔（0~1,200 m） 　　性狀、習性：落葉性喬木 　　繁殖方法：播種 　　種子粒數／公克：25 　　主要用途：荒山復舊、生態綠化 　　建議植栽株數：1,500株／公頃	
54.月橘 　　科名：芸香科Rutaceae 　　學名：*Murraya paniculata* (L.) Jack. 　　英名：Common jasmine orange 　　生長海拔：低海拔（0~1,000m） 　　性狀、習性：常綠灌木或小喬木 　　繁殖方法：播種、扦插 　　種子粒數／公克：8 　　主要用途：園景樹種、綠籬樹種 　　建議植栽株數：2,000株／公頃	
55.車桑子 　　科名：無患子科Sapindaceae 　　學名：*Dodonaea viscosa* (L.) Jacq. 　　英名：Switch sorrel 　　生長海拔：低海拔（0~1,000 m） 　　性狀、習性：灌木或小喬木 　　繁殖方法：播種 　　種子粒數／公克：18 　　主要用途：先驅樹種、荒山復舊 　　建議播種量：—	

植物名稱	照片
56.臺灣欒樹 　　科名：無患子科Sapindaceae 　　學名：*Koelreuteria henryi* Dummer 　　英名：Flamegold 　　生長海拔：低海拔 　　性狀、習性：落葉喬木 　　繁殖方法：播種 　　種子粒數／公克：25 　　主要用途：邊坡植生、景觀樹種 　　建議植栽株數：1,500株／公頃	   
57.無患子 　　科名：無患子科Sapindaceae 　　學名：*Sapindus mukorossii* Gaertn. 　　英名：Chinese soap berry 　　生長海拔：中、低海拔 　　性狀、習性：落葉喬木 　　繁殖方法：播種 　　種子粒數／公克：73。 　　　　　　　　（681粒／公升） 　　主要用途：邊坡植生、荒山復舊 　　建議植栽株數：1,500株／公頃	  
58.白雞油（光蠟樹） 　　科名：木犀科Oleaceae 　　學名：*Fraxinus griffithii* C. B. 　　　　　Clarke 　　英名：Formosan ash 　　生長海拔：低海拔 　　性狀、習性：半落葉性喬木 　　繁殖方法：播種	 

植物名稱	照片
種子粒數／公克：110。 （13,300粒／公升） 主要用途：邊坡植生、造林樹種 建議植栽株數：1,500株／公頃	
59.山香圓 　科名：省沽油科Staphyleaceae 　學名：*Turpinia formosana* Nakai 　英名：Formosan turpinia 　生長海拔：中、低海拔 　　　　　（0～1,500m） 　性狀、習性：中喬木 　繁殖方法：播種 　種子粒數／公克：一 　主要用途：園景樹種、荒地植生 　建議植栽株數：一	
60.春不老 　科名：紫金牛科Myrsinaceae 　學名：*Ardisia squamulosa* Presl 　英名：Ceylon ardisia 　生長海拔：低海拔 　性狀、習性：常綠小喬木 　繁殖方法：播種、插條 　種子粒數／公克：25 　主要用途：園景樹種、綠籬樹種 　建議植栽株數：3,500株／公頃	

植物名稱	照片
61.臺灣海桐（七里香） 　　科名：海桐科 Pittosporaceae 　　學名：*Pittosporum pentandrum* 　　　　　(Blanco) Merr. 　　英名：Five stamens pittosporm 　　生長海拔：低海拔（0~800m） 　　性狀、習性：灌木、小喬木 　　繁殖方法：播種 　　種子粒數／公克：10 　　主要用途：防風樹種、綠籬樹種 　　建議植栽株數：30~40株／100m^2	
62.相思樹 　　科名：豆科 Leguminosae 　　學名：*Acacia confusa* Merr. 　　英名：Taiwan acacia 　　生長海拔：中、低海拔 　　　　　　　（1,600 m以下） 　　性狀、習性：5 m常綠喬木 　　繁殖方法：播種 　　種子粒數／公克：42。 　　　　　　　（24,680粒／公升） 　　主要用途：邊坡植生、荒地植 　　　　　　　生、先驅樹種 　　建議植栽株數：1,500株／公頃	
63.水黃皮 　　科名：豆科Leguminosae 　　學名：*Pongamia pinnata* (L.) 　　　　　Pierre 　　英名：Poonage-oil tree 　　生長海拔：低海拔 　　性狀、習性：半落葉性喬木 　　繁殖方法：播種、扦插 　　種子粒數／公克：（576粒／公升）	

植物名稱	照片
主要用途：邊坡植生、海岸植生 建議植栽株數：1,500株／公頃	
64.桂竹 　科名：禾本科竹簇 Poaceae 　學名：*Phyllostachys makinoi* 　　　　Hayata 　英名：Makino bamboo 　生長海拔：中、低海拔（1,900 m 　　　　以下） 　性狀、習性：木質莖禾本科、高 　　　　5~10 m 　繁殖方法：扦插、分蘗 　種子粒數／公克：一 　主要用途：荒地植生、打樁編柵 　建議植栽株數：2,500株／公頃	

二、灌木植物

植物名稱	照片
1.臺東火刺木 　科名：薔薇科Rosaceae 　學名：*Pyracantha koidzumii* 　　　　(Hayata) Rehder 　英名：Taitung firethorn 　生長海拔：低海拔（0~300m） 　性狀、習性：常綠灌木 　繁殖方法：播種、扦插 　種子粒數／公克：80 　主要用途：園景樹種、固土植生 　建議植栽株數：30～40株／100m^2	
2.小葉桑 　科名：桑科 Moraceae 　學名：*Morus australis* Poir. 　英名：Small-leaved mulberry 　生長海拔：中、低海拔 　性狀、習性：落葉灌木 　繁殖方法：播種、扦插 　種子粒數／公克：400 　主要用途：荒地植生、植生木樁 　建議植栽株數：50～100株／100m^2	
3.密花苧麻 　科名：蕁麻科 Urticaceae 　學名：*Boehmeria densiflora* Hook. 　　　　& Arn. 　英名：Dense-flowered false-nettle 　生長海拔：中、低海拔（1,300 m 　　　　以下） 　性狀、習性：2 m常綠灌木 　繁殖方法：播種 　種子粒數／公克：720	

植物名稱	照片
主要用途：先驅植物、噴植種子 建議植栽株數：—	
4.山芙蓉 　科名：錦葵科Malvaceae 　學名：*Hibiscus taiwanensis* S. Y. Hu 　英名：Taiwan cotton-rose 　生長海拔：低海拔（0~1,000m） 　性狀、習性：落葉灌木 　繁殖方法：播種、扦插 　種子粒數／公克：500 　主要用途：邊坡植生、植生木樁、荒地植生 　建議植栽株數：2,000株／公頃	
5.野牡丹 　科名：桃金孃科 Myrtaceae 　學名：*Melastoma candidum* D. Don 　英名：Common melastoma 　生長海拔：低海拔（0~1,000m） 　性狀、習性：常綠灌木 　繁殖方法：播種 　種子粒數／公克：— 　主要用途：生態綠化、園景植物 　建議植栽株數：—	
6.桃金孃 　科名：桃金孃科 Myrtaceae 　學名：*Rhodomyrtus tomentosa* (Aiton) Hassk. 　英名：Hill gossberry	

植物名稱	照片
生長海拔：低海拔（100~1,500 m） 性狀、習性：常綠灌木 繁殖方法：播種 種子粒數／公克：一 主要用途：園景樹種 建議植栽株數：2,500株／公頃	
7.日本女貞 　科名：木犀科 Oleaceae 　學名：*Ligustrum japonicum* Thunb. 　英名：Japanese privet 　生長海拔：低海拔（200~2,000 m） 　性狀、習性：灌木 　繁殖方法：播種 　種子粒數／公克：一 　主要用途：綠籬樹種 　建議植栽株數：50～100株／100m^2	
8.山黃梔 　科名：茜草科 Rubiaceae 　學名：*Gardenia jasminoides* Ellis 　英名：Cape jasmine 　生長海拔：低海拔（200~1,800 m） 　性狀、習性：常綠灌木 　繁殖方法：播種、扦插 　種子粒數／公克：一 　主要用途：園景樹種 　建議植栽株數：25～30株／100m^2	

植物名稱	照片
9.海桐 　科名：海桐科 Pittosporaceae 　學名：*Pittosporum tobira* W. T. Aiton 　英名：Tobira pittosporum, Japanese pittosporum 　生長海拔：低海拔（0~200m） 　性狀、習性：灌木 　繁殖方法：播種 　種子粒數／公克：— 　主要用途：防風樹種、綠籬樹種 　建議植栽株數：30～50株／100m^2	
10.杜虹花 　科名：馬鞭草科 Verbenaceae 　學名：*Callicarpa formosana* Rolfe 　英名：Formosan Beautyberry 　生長海拔：低海拔（1，800m以下） 　性狀、習性：常綠灌木 　繁殖方法：播種 　種子粒數／公克：— 　主要用途：荒山復舊、園景樹種 　建議植栽株數：1,500株／公頃	
11.馬櫻丹 　科名：馬鞭草科 Verbenaceae 　學名：*Lantana camara* L. 　英名：Common Lantana 　生長海拔：低海拔 　性狀、習性：常綠半蔓性灌木 　繁殖方法：播種、扦插 　種子粒數／公克：—	

植物名稱	照片
主要用途：園景樹種 建議植栽株數：行株距30~50 cm	
12.苦林盤（白花苦藍盤） 　科名：馬鞭草科 Verbenaceae 　學名：*Clerodendrum inerme* (L.) Gaertn. 　英名：Seaside clerodendron Un-armed glorybower 　生長海拔：低海拔（0~500m） 　性狀、習性：攀緣灌木 　繁殖方法：播種、扦插 　種子粒數／公克：— 　主要用途：綠美化植栽、海岸植生 　建議植栽株數：100株／100m^2	
13.華八仙 　科名：虎耳草科 Saxifragaceae 　學名：*Hydrangea chinensis* Maxim. 　英名：Chinese hydrangea 　生長海拔：中、低海拔（0~2,500 m） 　性狀、習性：常綠蔓性灌木 　繁殖方法：播種、扦插 　種子粒數／公克：— 　主要用途：園景植栽 　建議植栽株數：50~100株/100m^2	

植物名稱	照片
14.黃野百合 　科名：豆科 Leguminosae 　學名：*Crotalaria pallida* Aiton 　英名：Common crotalaria 　生長海拔：低海拔 　性狀、習性：灌木 　繁殖方法：播種、噴植 　種子粒數／公克：191 　主要用途：美化綠化、荒地植生 　建議播種量：—	
15.胡枝子 　科名：豆科 Leguminosae 　學名：*Lespedeza bicolor* Turcz. 　英名：Shrub lespedeza 　生長海拔：中、高海拔 　性狀、習性：灌木 　繁殖方法：播種、噴植 　種子粒數／公克：160 　主要用途：邊坡植生、荒山復舊 　建議播種量：—	
16.田菁 　科名：豆科 Leguminosae 　學名：*Sesbania roxburghii* Merr. 　英名：Sesbania 　生長海拔：低海拔 　性狀、習性：2～4 m直立亞灌木 　繁殖方法：播種 　種子粒數／公克：— 　主要用途：綠肥作物 　建議播種量：20～30 Kg種子／ha	

4.2 草本植物應用解說

植物名稱	照片
1.多年生花生（蔓花生） 　科名：豆科 Leguminosae 　學名：*Arachis glabrata* Benth. 　英名：Perennial peanut 　生長海拔：低海拔 　性狀、習性：多年生草本 　繁殖方法：扦插、播種 　種子粒數／公克：50～100 　主要用途：綠肥作物、園景植栽 　建議植栽株數：扦插行株距 　　　　　　15～20cm×25～30cm	  
2.鐵掃帚 　科名：豆科Leguminosae 　學名：*Lespedeza cuneata* (Dumont 　　　　d. Cours.) G. Don 　英名：Truncate-leaved lespedeza 　生長海拔：低海拔 　性狀、習性：多年、直立草本 　繁殖方法：播種 　種子粒數／公克：720 　主要用途：荒地植生、土質改良 　建議播種量：10g種子／m^2	  

植物名稱	照片
3.太陽麻 　科名：豆科 Leguminosae 　學名：*Crotalaria juncea* L. 　英名：Sun hemp 　生長海拔：低海拔 　性狀、習性：直立草本 　繁殖方法：播種 　種子粒數／公克：— 　主要用途：綠肥作物 　建議播種量：30～35公斤種子／公頃	  
4.鵲豆 　科名：豆科 Leguminosae 　學名：*Lablab purpureus (L.) Sweet* 　英名：Lablab 　生長海拔：低海拔 　性狀、習性：多年生草本 　繁殖方法：播種 　種子粒數／公克：2 　主要用途：綠肥作物 　建議播種量：20～30公斤種子／公頃	  
5.綠肥大豆臺南7號 　科名：豆科 Leguminosae 　學名：*Glycine max* (L.) Merrill 　英名：Soybean 　生長海拔：低海拔 　性狀、習性：一年生草本 　繁殖方法：播種 　種子粒數／公克：5 　主要用途：綠肥作物 　建議播種量：15公斤種子／公頃	  

植物名稱	照片
6.青皮豆 　科名：豆科 Leguminosae 　學名：*Glycine max* Merr. 　英名：Blue soybean 　生長海拔：低海拔 　性狀、習性：一年生草本 　繁殖方法：播種 　種子粒數／公克：5 　主要用途：綠肥作物 　建議播種量：30～40公斤種子／公頃	
7.虎爪豆 　科名：豆科 Leguminosae 　學名：*Mucuna pruriens* (L.) DC. 　　　var. *utilis* (Wall. ex Wight) 　　　Burck 　英名：Velvet bean 　生長海拔：低海拔 　性狀、習性：多年生草本 　繁殖方法：播種（條播） 　種子粒數／公克：— 　主要用途：綠肥作物 　建議播種量：20～30公斤種子／公頃	

植物名稱	照片
8.羽扇豆 　科名：豆科 Leguminosae 　學名：*Lupinus angustifolius* L. 　英名：Lupine 　生長海拔：中低海拔 　性狀、習性：一年生草本 　繁殖方法：播種 　種子粒數／公克：— 　主要用途：綠肥作物 　建議播種量：15～30公斤種子／公頃	
9.埃及三葉草 　科名：豆科 Leguminosae 　學名：*Trifolium alexandrinum* L. 　英名：Egyptian clover；Berseem 　　　　clover 　生長海拔：低海拔 　性狀、習性：60～80cm一年生草本 　繁殖方法：播種 　種子粒數／公克：— 　主要用途：綠肥作物、噴植草種 　建議播種量：10～20公斤種子／公頃	
10.苕子 　科名：豆科 Leguminosae 　學名：*Vicia dasycarpa* Ten. 　英名：Vetch 　生長海拔：中高海拔坡地 　性狀、習性：一年生草本 　繁殖方法：播種 　種子粒數／公克：— 　主要用途：牧草、綠肥植物 　建議播種量：30～50公斤種子／公頃	

植物名稱	照片
11.臺灣蘆竹 　　科名：禾本科 Poaceae 　　學名：*Arundo formosana* Hack. 　　英名：Formosan arundo 　　生長海拔：濱海至中海拔地區 　　性狀、習性：0.5~0.7m多年生草 　　　　　　　　本植物 　　繁殖方法：播種、分株 　　種子粒數／公克：— 　　主要用途：陡坡植生、先驅草種 　　建議載植株數：100株／100m²	
12.類地毯草 　　科名：禾本科 Poaceae 　　學名：*Axonopus affinis* Chase 　　英名：Carpet grass 　　生長海拔：低、中海拔（2,000m 　　　　　　　　以下） 　　性狀、習性：0.05~0.35m多年生 　　　　　　　　草本 　　繁殖方法：播種、扦插、草皮鋪植 　　種子粒數／公克：2,500 　　主要用途：坡面植生、草皮草 　　　　　　　　種、噴植草種 　　建議播種量：10g種子／m²	
13.地毯草（熱帶地毯草） 　　科名：禾本科 Poaceae 　　學名：*Axonopus compressus* (Sw.) 　　　　　　P. Beauv. 　　英名：Tropical Carpet grass 　　生長海拔：低海拔（200m以下） 　　性狀、習性：0.15~0.4m多年生草 　　　　　　　　本	

植物名稱	照片
繁殖方法：扦播、草皮鋪植 種子粒數／公克：— 主要用途：坡面植生、草皮草 　　　　　種、耐蔭性草種 建議栽植方法：全面草皮鋪植 扦插行株距：15～20cm×20~30 cm	
14.百慕達草（狗牙根、鐵線草） 　　科名：禾本科 Poaceae 　　學名：*Cynodon dactylon* (L.) Pers. 　　英名：Bermuda grass 　　生長海拔：低海拔（600m以下） 　　性狀、習性：0.05~0.4m多年生草本 　　繁殖方法：扦插、播種、草皮鋪 　　　　　　　植 　　種子粒數／公克：3,800 　　主要用途：噴植草種、邊坡植生 　　建議播種量：10g種子／m²	

植物名稱	照片
15.改良品系百慕達草 　　科名：禾本科 Poaceae 　　學名：*Cynodon dactylon* x *C. transvaalensis* 　　英名：Bermuda grass 　　生長海拔：低海拔（600m以下） 　　性狀、習性：0.05~0.4m多年生草本 　　繁殖方法：扦插、播種、草皮鋪植 　　種子粒數／公克：－ 　　主要用途：草皮草種、高爾夫球場草皮 　　建議植栽株數：全面莖播約30～40%覆蓋率	
16.假儉草（林口草） 　　科名：禾本科Poaceae 　　學名：*Eremochloa ophiuroides* (Munro) Hack. 　　英名：Centipede grass 　　生長海拔：中、低海拔（1,800 m以下） 　　性狀、習性：0.05~0.15m多年生草本 　　繁殖方法：播種、扦插、草皮鋪植 　　種子粒數／公克：1,600 　　主要用途：噴植草種、邊坡植生、草皮草種 　　建議播種量：10g種子／m²	
17.高狐草（葦狀羊茅） 　　科名：禾本科 Poaceae 　　學名：*Festuca arundinacea* Schreb. 　　英名：Tall fescue	

植物名稱	照片
生長海拔：中、低海拔（2,500m 以下） 性狀、習性：0.5~0.8m多年生草本 繁殖方法：播種 種子粒數／公克：400 主要用途：噴植草種、荒地植生 建議播種量：10g種子／m^2	
18.黑麥草（多年生黑麥草） 　科名：禾本科 Poaceae 　學名：*Lolium perenne* L. 　英名：Perennial ryegrass 　生長海拔：高海拔（3,000m以下） 　性狀、習性：0.2~0.4m草本 　繁殖方法：播種 　種子粒數／公克：460 　主要用途：高地植生、噴植草種 　建議播種量：10g種子／m^2 　備註：多花黑麥草（左）與多年生黑麥草（右）常生混淆，對照照片供參考比較。	
19.五節芒 　科名：禾本科 Poaceae 　學名：*Miscanthus floridulus* (Labill.) Warb. 　英名：Japanese silver-grass 　生長海拔：中、低海拔（2,500 m以下）	

植物名稱	照片
性狀、習性：2~4m多年生草本 繁殖方法：播種、分株 種子粒數／公克：1,250 主要用途：荒地植生、邊坡植生、先驅草種 建議栽植株數：—	
20.百喜草（大葉品系，A44品系） 　科名：禾本科 Poaceae 　學名：*Paspalum notatum* Flügge 　英名：Bahia grass 　生長海拔：海拔800m以下 　性狀、習性：多年生草本 　繁殖方法：扦插、分株 　種子粒數／公克：350 　主要用途：邊坡覆蓋、果園覆蓋 　建議植栽方法：扦插行株距 　　　　　　　15～20 cm×30～40cm	
21.百喜草（小葉品系，A33品系） 　科名：禾本科 Poaceae 　學名：*Paspalum notatum* Flügge 　英名：Bahia grass 　生長海拔：中、低海拔（1,500 m以下） 　性狀、習性：0.1~0.5m多年生草本 　繁殖方法：播種、扦插、草皮鋪植 　種子粒數／公克：350 　主要用途：坡面植生、噴植草種 　建議播種量：15g種子／m²	

植物名稱	照片
22.克育草（鋪地狼尾草） 　　科名：禾本科 Poaceae 　　學名：*Pennisetum cladestinum* 　　　　　Hochst. ex Chiov. 　　英名：Kikuyu grass 　　生長海拔：中海拔（500~2,000m 　　　　　　　以下） 　　性狀、習性：多年生草本 　　繁殖方法：扦插、草皮鋪植 　　種子粒數／公克：－ 　　主要用途：邊坡植生、高地草種 　　建議植栽株數：扦插行株距 　　　　　　　15～20cm×20～30cm 　　袋苗穴植：100株／100m²	
23.羅滋草（蓋氏虎尾草） 　　科名：禾本科 Poaceae 　　學名：*Rottboellia exaltrata* L. F. 　　英名：Rhodes grass 　　生長海拔：低海拔 　　性狀、習性：100~145cm草本 　　繁殖方法：播種 　　種子粒數／公克：400 　　主要用途：鹽地植生、噴植草種 　　建議播種量：10g種子／m²	
24.甜根子草 　　科名：禾本科 Poaceae 　　學名：*Saccharum spontaneum* L. 　　英名：Wild sugarcane 　　生長海拔：沿海地區 　　性狀、習性：1~3m多年生草本 　　繁殖方法：分株 　　種子粒數／公克：－ 　　主要用途：荒地植生、防風定 　　　　　　　砂、先驅草種 　　建議植栽株數：50～100株／100m²	

植物名稱	照片
25.奧古斯丁草 　科名：禾本科 Poaceae 　學名：*Stenotaphrum secundatum* (Walt.) Ktze. 　英名：Augustine grass 　生長海拔：濱海至低海拔 　性狀、習性：0.1~0.3m多年生草本 　繁殖方法：扦插、草皮鋪植 　種子粒數／公克：— 　主要用途：鹽地植生、邊坡植生 　建議植栽方法：扦插行株距 20～30cm×30～40cm	
26.培地茅 　科名：禾本科 Poaceae 　學名：*Vativeria zizanioides* (L.) Nash 　英名：Vetiver 　生長海拔：低海拔原野荒地 　性狀、習性：1~1.5m多年生大型禾草 　繁殖方法：分株、穴植 　種子粒數／公克：— 　主要用途：惡地植生、荒地植生 　建議植栽株數：100~200株／100m^2	
27.斗六草（馬尼拉芝） 　科名：禾本科 Poaceae 　學名：*Zoysia matrella* (L.) Merr. 　英名：Malina grass 　生長海拔：濱海地區及平地 　性狀、習性：0.05~0.10m多年生草本	

植物名稱	照片
繁殖方法：分株、莖插 種子粒數／公克：一 主要用途：庭園草種、濱海草種 建議植栽方法：條狀莖播或全面 　　　　　　　莖播約20～30% 　　　　　　　覆蓋率	
28.臺北草（細葉芝） 　　科名：禾本科 Poaceae 　　學名：*Zoysia tenuifolia* willa. ex 　　　　　Trin. 　　英名：Korean velvetgrass 　　生長海拔：平地 　　性狀、習性：0.03~0.08m多年生 　　　　　　　　草本 　　繁殖方法：草皮鋪置、扦插、分 　　　　　　　株 　　種子粒數／公克：一 　　主要用途：庭園草種 　　建議植栽方法：全面鋪植或間隔 　　　　　　　　　鋪植	
29.竹節草 　　科名：禾本科 Poaceae 　　學名：*Chrysopogon aciculatus* 　　　　　(Retz.) Trin. 　　英名：Love grass 　　生長海拔：海拔700m以下 　　性狀、習性：5~10cm多年生草本 　　繁殖方法：扦插、分株 　　種子粒數／公克：950 　　主要用途：草皮草種 　　建議植栽方法：扦插行株距為 　　　　　　　　15～20cm×20～30cm	

植物名稱	照片
30.果園草（鴨茅） 　　科名：禾本科 Poaceae 　　學名：*Dactylis glomerata* L. 　　英名：Orchard grass；Cocksfoot 　　生長海拔：高海拔 　　性狀、習性：50~70cm多年生草 　　　　　　　本 　　繁殖方法：播種 　　種子粒數／公克：820 　　主要用途：果園覆蓋 　　建議播種量：10g種子／m²	
31.大理草（毛花雀稗） 　　科名：禾本科 Poaceae 　　學名：*Paspalum dilatatum* Poir. 　　英名：Dallis grass；Golden crown 　　　　　grass 　　生長海拔：中海拔 　　性狀、習性：50~150cm多年生草 　　　　　　　本 　　繁殖方法：播種、分蘗繁殖 　　種子粒數／公克：460 　　主要用途：坡地植生、果園覆蓋 　　建議播種量：10g種子／m²	

植物名稱	照片
32.海雀稗 　科名：禾本科 Poaceae 　學名：*Paspalum vaginatum* Sw. 　英名：Saltwater couch 　生長海拔：海濱或砂丘 　性狀、習性：多年生草本 　繁殖方法：扦插、草皮舖置 　種子粒數／公克：一 　主要用途：海岸定砂、泥岩地區 　　　　　　植栽 　建議植栽方法：扦插行株距 　　　　　　　15～20cm×20～30cm	
33.狼尾草 　科名：禾本科 Poaceae 　學名：*Pennisetum purpureum* 　　　　Schumach. 　英名：Napiergrass；Elephantgrass 　生長海拔：平地至海拔1,500m 　性狀、習性：2~4m多年大型草本 　繁殖方法：扦插、分株、播種 　種子粒數／公克：143 　主要用途：礦區植生、農塘土堤 　　　　　　植生 　建議植栽方法：扦插行株距 　　　　　　　30～50cm	

4.3 藤類植物應用解說

植物名稱	照片
1.越橘葉蔓榕 　科名：桑科 Moraceae 　學名：*Ficus vaccinioides* Hemsl. ex 　　　King 　英名：Vaccinium fig 　生長海拔：低海拔（10~2,000m） 　性狀、習性：木質藤本 　繁殖方法：播種、扦插、穴植 　種子粒數／公克：— 　主要用途：綠化植栽、地被植物 　建議植栽株數：行株距30～50cm	
2.絡石 　科名：夾竹桃科 Apocynaceae 　學名：*Trachelospermum jasminoides* 　　　(Lindl.) Lemaire 　英名：Chinese star-jasmine 　生長海拔：低海拔（1,000m以下） 　性狀、習性：草質藤本 　繁殖方法：播種、扦插 　種子粒數／公克：— 　主要用途：園景植栽、地被植生 　建議植栽株數：行株距30～50cm	
3.營多藤（西班牙三葉草） 　科名：豆科 Leguminosae 　學名：*Desmodium intortum* (Mill.) 　　　Urb. 　英名：Spanish tickclover 　生長海拔：低海拔（1,000m以下） 　性狀、習性：0.2~0.3 m一年生草本	

植物名稱	照片
繁殖方法：播種 種子粒數／公克：700 主要用途：荒地植生、強勢植物 建議播種量：10g種子／m²	
4.地錦（爬牆虎） 　科名：葡萄科 Vitaveae 　學名：*Parthenocissus tricuspidata* 　　　　(Siebold & Zucc.) Planch. 　英名：boston lvy 　生長海拔：低海拔（0~800m） 　性狀、習性：草質藤本 　繁殖方法：播種、扦插 　種子粒數／公克：— 　主要用途：邊坡植生、綠壁植生 　建議植栽株數：行株距50~100cm	
5.薜荔（木蓮） 　科名：桑科 Moraceae 　學名：*Ficus pumila* L. 　英名：Climbiny fig 　生長海拔：低海拔（500m以下） 　性狀、習性：常綠蔓性灌木 　繁殖方法：扦插 　種子粒數／公克：— 　主要用途：園景植物、綠壁植物 　建議植栽株數：行株距50~100cm	

植物名稱	照片
6.雲南黃馨 　科名：木犀科 Oleaceae 　學名：*Jasminum mesnyi* Hance 　英名：Yellow-flowered jasmine 　生長海拔：中、低海拔 　性狀、習性：常綠半蔓性灌木 　繁殖方法：扦插 　種子粒數／公克：— 　主要用途：園景植物、工程構造物 　　　　　　綠化 　建議植栽株數：50～100株／100m²	

備註：

1.上述植物之建議栽植株數，係以小苗木或中小苗木於裸坡造林地或緩衝綠帶栽植為例。若屬中大苗木、大苗木載植，或屬景觀植栽配置設計時，其栽植間距需依其成本後之林冠幅調整之。

2.種子粒數或建議播種量以「—」標示者，係目前暫無可資參據之種子用量資料，仍需進一步收集彙整之。

3.建議播種量係以大面積裸露地直接噴植或撒播為例，僅供參考。實際規劃時，因種子大小、混播種類、施工基地條件等差異，仍需依個案探討之。

4.種子粒數之表示方式，一般水土保持植生工程或噴植植生工程應用種子材料，常以種子粒數／公克表示之。而一般造林樹種，因種子含水量可能造成差異，故均以種子粒數／公升表示之。表內（種子粒數／公升）之資料係參考自「育林實務手冊（2010）」。

chapter 5

坡地植生工程計畫基本考量與資材應用

5.1 植生工程計畫之內容與基本考量

一、植生工程計畫之內容

(一)植生工程計畫流程

植生工程規劃時，需先確立植生工程預期目標，藉以研擬植生工程計畫。研擬時應以植生前期作業（含基礎工）、植生導入作業（植生工與栽植工）、植生維護與管理等一併加以考慮。依規劃構想及現地施工的技術面，建立具體而明確的植生施工方法，如屬土砂災害地區或坡面不穩定地區，需俟防砂工程或邊坡穩定工程計畫擬定或施作後才決定植生基礎工與植生導入作業方法。各作業流程及主要工作項目如圖5-1及表5-1。

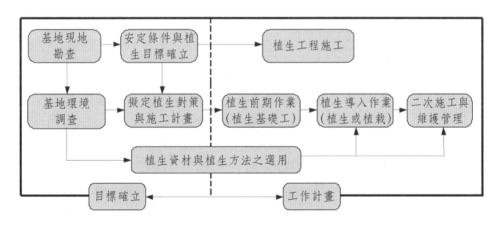

圖5-1 植生工程計畫流程圖

表5-1 植生工程之工作項目

基地環境調查	1.環境基本資料之蒐集 2.現地調查資料之分析
植生前期作業 （植生基礎工）	1.坡面改善與坡面處理 2.坡面安定工程 3.坡腳保護工程 4.排水工程
植生導入作業 （植生工法）	1.播種法：直接播種、噴植工法、植生帶、植生束鋪植、土壤袋植草等。 2.栽植法：草苗栽植、草皮鋪植、草花栽植、苗木栽植與移植等。 3.植生誘導法：先期基地整理或整治安定後，導入具潛在種子之土壤或先驅植物，以促進植生演替與植生覆蓋。
植生維護與管理	灌溉、施肥、刈草、除蔓、補植、修枝、病蟲害防治、拆除植栽輔助物等。

(二)植生工程之工作項目

1.基地環境調查

　　基地環境調查包括環境基本資料蒐集與調查資料分析。環境調查工作需透過調查範圍的確立、調查時間的設定、調查項目的取捨以及調查人力的調派來完成。進行調查時應擬具計畫書，載明調查範圍、調查項目、調查精度與調查方法，事先規劃調查需用儀器、工具、時間、人員配置、調查時段、調查樣點分布與調查記錄表格之製作等，藉以得到有效的基地環境資訊。

2.植生前期作業（植生基礎工）

　　植生前期作業是為坡面播種或栽植植物前所做之基礎或坡面安定工程及相關前置作業。其內容包括周邊生態環境評估、整地與坡面處理、排水工程、坡腳保護工程、坡面安定工程。其中排水工程、坡腳基礎工程與坡面安定工程等作業項目，亦稱為植生基礎工。

3.植生導入作業（植生導入工）

植生導入作業之目的在於藉植生被覆，防止沖蝕、根系盤結功能達到坡面穩定。植生之導入通常以播種法為基本，配合栽植工程施工，以有助於造成近大自然或防災較強的群落。

植生導入作業可概分為播種法（種子導入法）與栽植法。播種法如撒播、噴植、植生袋、植生帶鋪植等；栽植法如樹木栽植、草苗栽植、草皮鋪植、扦插、土袋植生等。植生誘導工程則指以先期基礎安定或沖蝕控制，配合潛在種子之土壤或人為輔助植生演替而達到預期植生覆蓋之目標。

4.植生之維護管理

植物導入之後，常有衰退、滑落、枯損等現象，需以植生維護管理輔助植物生長。例如，臺灣泥岩地區或硬岩順向坡地帶，導入之植物易衰退，一旦出現裸地則表土易迅速沖蝕流失，將影響植生目標群落及其機能之達成，必要時得依施工區環境特性變更植生設計或進行追播、補植、追肥等人為輔助工作。

二、植生工程計畫之基本考量

(一)邊坡坡度與配合工程處理

邊坡之坡度，對坡面安定及植物生長皆有很大的影響。坡度愈陡，植物根系伸入土中之深度則愈淺，植物生長較易衰退。裸露地面之坡度緩於35°時，從周圍自然入侵植物的機會很大，但坡度大於35°時，植物自然入侵繁殖較為緩慢，此乃由於坡度大於35°之裸露地，因重力作用而表層土壤不安定，致使種子無法定著。又坡度在大於45～50°時，僅藉植物根系之抗剪力以保持坡面安定則較為困難，為了防止含植根土層滑落，需以工程處理，造成坡面與基礎安定後栽植植物。關於不同坡度植生時所需之配合工程處理，茲依山寺喜成（1988）及道路綠化保全協會（1986）等有關植生綠化基準之資料，整理如下表5-2。

表5-2　不同坡度時植生所需之配合工程處理

坡　度	植物生育情形	配合工程處理
35°以下	1.35°為自然入侵之臨界坡度。 2.植物自然入侵生長通常良好。 3.草生覆蓋地沖蝕少，可能復原為喬木為主之植物社會。	1.以排水及坡面整理措施為主。 2.可應用草皮鋪植、鋪植生帶、噴植等植生處理。 3.挖植溝、坡面排水簡易之基礎工程處理後植生。
35°~45°	1.以灌木與草本之植物群落為主。 2.栽植喬木具危險性且易招致生育基地之不安定。	1.簡易擋土牆、擋土柵、打樁編柵。 2.鋪網噴植、型框等。
45°~60°	1.以灌木與草本之植物群落為主。 2.45°～50°為栽植喬木之臨界坡度。 3.坡面安定困難，整坡之階段面配合栽植植物。	1.固定框、擋土牆。 2.鋪立體網、複合網配合客土噴植。
60°以上	植物不易栽植或自然入侵生長困難。	1.擋土牆、自由樑框。 2.設置緩衝區或落石防止措施。

(二)土壤硬度與配合工程處理

　　土壤硬度太大時，植物之根系不易伸入土壤中，而土壤硬度之指標通常以山中氏硬度計（圖5-2）之測值為標準。山中式硬度計長20cm、徑3cm、重量0.64kg，將圓錐體之尖端插入土中時，其內含8kg抵抗強度之彈簧內縮長度，即為土壤硬度計之測值。植物根系正常伸入土壤中之界限為26mm，超過26mm則需改良土壤之物理性質以利植物生長。岩石邊坡或無土壤成分之岩石碎屑地，植物無法生長，必須行坡面客土及預做防止客土層滑落之處理。有關土壤硬度與植物生育情形及所需之配合處理方法，依山寺喜成（1988）及道路綠化保全協會（1986）等有關植生綠化基準，整理如下表5-3，供為參考。山中式硬度計之測值係為土壤硬度之指標，其實際土壤支持力強度與測值之關係，如表5-4所示。

圖5-2　山中式硬度計

表5-3　不同土壤硬度植物生長情形及其所需之配合處理方法

土壤硬度測值 （H）	植物生育情形	配合處理方法
H<10mm	1.土壤鬆軟、乾燥，土壤保水力不佳而植物發芽生育不良。 2.坡面未整理或大於安息角時，易生崩落。	1.以覆蓋稻草蓆等防止乾燥措施。 2.固定框客土植生。 3.種子噴播後覆稻草蓆。
10~20mm	1.根系伸展良好。 2.種子發芽及生育良好。	1.可栽植木本植物。 2.植生方法可用種子噴植法、植生帶、土壤袋、鋪網客土噴植等方法。
20~26mm	1.植物生長良好。 2.噴植外來草種時可能會有快速衰退情形。	1.可栽植木本植物，但仍需加強穴植與客土量之設計。 2.可配合中層資材應用之播種工法。
26~30mm	1.根系生長受阻或可能快速衰退。 2.若土壤有大孔隙，植物根系仍有生長之可能。	1.以鑽孔或挖植溝等改善土壤硬度。 2.避免採用栽植、種子撒播及埋幹等植生方法。 3.宜用鑽孔後種子噴播或厚層客土後鋪植生帶、鋪網客土噴植、固定框客土植生等。

表5-3 （續）

土壤硬度測值（H）	植物生育情形	配合處理方法
H>30mm	1.植物根系無法入侵生長。 2.生育困難。	1.鑽孔後客土噴植。 2.蛇籠配合客土、型框客土植生。

表5-4 山中式硬度計硬度測值與支持力強度對照

指數	理論值	近似指數	指數	理論值	近似指數	指數	理論值	近似指數
mm	kg/cm^2	kg/cm^2	mm	kg/cm^2	kg/cm^2	mm	kg/cm^2	kg/cm^2
1.0	0.08	0.1	16.0	3.49	3.5	29.0	30.14	30
2.0	0.17	0.2	16.5	3.66	3.8	29.5	33.63	34
3.0	0.28	0.3	17.0	4.04	4.0	30.0	37.73	38
4.0	0.39	0.4	17.5	4.35	4.3	30.5	42.50	43
5.0	0.51	0.5	18.0	4.68	4.7	31.0	48.13	48
5.5	0.58	0.6	18.5	5.03	5.0	31.5	54.83	55
6.0	0.65	0.6	19.0	5.42	5.4	32.0	62.88	63
6.5	0.73	0.7	19.5	5.84	5.8	32.5	72.66	73
7.0	0.81	0.8	20.0	6.29	6.3	33.0	84.70	85
7.5	0.90	0.9	20.5	6.78	6.8	33.5	99.70	100
8.0	0.98	1.0	21.0	7.32	7.3	34.0	118.75	120
8.5	1.08	1.1	21.5	7.90	7.9	34.5	143.45	140
9.0	1.18	1.2	22.0	8.54	8.5	35.0	176.05	180
9.5	1.28	1.3	22.5	9.24	9.2	35.5	220.49	220
10.0	1.40	1.4	23.0	10.00	10.0	36.0	282.95	280
10.5	1.52	1.5	23.5	10.86	11.0	36.5	347.70	350
11.0	1.64	1.6	24.0	11.79	12	37.0	516.97	500
11.5	1.78	1.8	24.5	12.82	13	37.5	754.53	800
12.0	1.93	1.9	25.0	13.97	14	38.0	1194.67	1,200
12.5	2.08	2.0	25.5	15.25	15	39.0	4904.42	1,500
13.0	2.24	2.2	26.0	16.68	17	40.0	∞	∞

表5-4 （續）

指數	理論值	近似指數	指數	理論值	近似指數	指數	理論值	近似指數
mm	kg/cm²	kg/cm²	mm	kg/cm²	kg/cm²	mm	kg/cm²	kg/cm²
13.5	2.42	2.4	26.5	18.53	18	$P = \dfrac{100X}{0.7952(40 - X)^2}$ 其中 P：支持力強度（kg/cm²） X：山中式硬度計指數		
14.0	2.62	2.6	27.0	20.09	20			
14.5	2.80	2.8	27.5	22.12	22			
15.0	3.02	3.0	28.0	24.45	24			
15.5	3.25	3.2	28.5	27.09	27			

(三)岩層特性與配合處理工程

植生施工地點因其裸露岩層之特性差異，影響坡面之穩定性及未來植生之成敗。岩層結構不穩定地區需先進行坡面安定處理，而不同岩層挖方邊坡所需配合工程處理，可仿照日本全國治水防砂協會（1998）有關不同地質裸坡面之整治工法，如表5-5，可提供相關單位進行設計之參考。

表5-5 不同地質裸坡面之整治工法（含配合之植生工法）

岩 層		坡面條件	工法	備註
一般坡面		坡度大於1:0.3～1:0.5	坡面下方植栽綠化	配合緩衝綠帶或防落石網
硬岩	逆向坡坡面	坡度1:0.5～1:1.0	連續固定框+岩面綠化工	間隔7～10m設置小階段平臺，寬1～2m，噴植厚5cm以上
		坡面坡度緩於1:0.8	厚層噴植，連續固定框+土壤袋植生	間隔7～10m設置小階段平臺，寬1～2m

表5-5 （續）

岩　層	坡面條件	工法	備註
順向坡坡面（岩層傾斜角大於35°）	節理少，無風化情形	岩錨+岩面綠化工	---
	有節理、風化之慮	連續固定框+岩面綠化工	間隔7～10m設置小階段平臺，寬1～2m
軟岩如頁岩、黏板岩、泥岩、片岩等	一般坡面，坡度緩於1:1	鋪網肥束帶，鋪網噴植（厚度3cm以上），打樁編柵配合噴植或土壤袋植生	---
	一般坡面，坡度1:0.5～1:1.0	型框植生，岩面植生	間隔7～10m設置小階段平臺，寬1～2m
	有滑動面崩壞之慮，強酸性土壤，坡度1:0.6～1:1.0	岩面綠化工，連續水泥固定框＋框內客土植生	噴植前之鋪網作業需確實進行
石質土土質硬度27mm以上土質岩層之挖方坡面	可能有部分岩石滑落坡度1:0.5～1:1.0	連續水泥固定框＋框內植生，岩面綠化工	間隔7～10 m設置小階段平臺，寬1～2m
	可能有崩壞或岩石滑落坡度緩於1:1	挖穴客土噴植（厚度3cm以上），或鐵框＋噴植	---
	無滑動面崩壞之可能坡面緩於1:1	打樁編柵，鋪網噴植（厚度3cm以上）	單一坡長不大於10m
礫質土	礫石含量高，礫質固結度高坡度1：0.5～1:1.2	鋪網噴植，厚約3～6cm	依安全情況評斷是否需階段處理
	土砂比率較小，透水性較好，坡度緩於1：1.0	預鑄水泥框，框內植生	間隔7～10m設置小階段平臺，寬1～2m

表5-5 （續）

岩　層	坡面條件		工法	備註
礫質土	礫石間含有較多土砂之一般坡面		客土噴植，厚約3〜6cm	---
	湧水多，礫石間土砂流出量多之一般坡面		預鑄水泥框＋砌石（配合排水）＋客土噴植	間隔7〜10m設置小階段平臺，寬1〜2m
	坡面呈現凹型堆積，可能發生滑動崩壞地點		蛇籠＋客土＋種子撒播，蛇籠＋客土噴植	---
砂質土	坡度緩於1:1，土質固結良好，土壤硬度25mm以上		挖穴鋪網噴植（3cm以上）	---
			預鑄水泥框＋框內植生	間隔7〜10m，設置小階段平臺，寬1〜2m
	土壤硬度25mm以下，土壤可沖蝕性高、坡度緩於1:1	無坋土、黏土之處	鐵框＋客土噴植或框內植生	坡度1:1以下可使用全面草皮鋪植
		含坋土、黏土量少之處	客土噴植	噴植厚1〜3cm，加鋪稻草蓆
			植生帶（束）鋪噴植	---
黏質土或壤質土（特別指土壤硬度23mm以下之黏性土或壤土土質地區）	坡度緩於1：1		種子撒播，植生帶鋪植，草皮鋪植，打樁編柵，草苗扦植	如以導入鄉土植物或生態綠化之目的，宜用客土噴植

表5-5 （續）

岩　層	坡面條件	工法	備註
黏質土或壤質土（特別指土壤硬度23mm以下之黏性土或壤土土質地區）	坡面湧水之處	預鑄固定框＋鋪砌石＋客土噴植，蛇籠＋客土＋種子撒播，坡面暗管（或排水墊），排水配合植生基材噴植	---

備註：

1.本表參考日本全國治水防砂協會（1998）。

2.若有階段處理時，階段面之水泥噴漿（溝）應先行施工。

3.配合噴植植生之固定框需特別注意錨釘之配置設計，以防坡面崩壞。噴水泥漿時須先於框內鋪設塑膠布，以避免框內水泥漿影響後續種子發芽生長。

4.因地質之不同，挖方岩層坡面可使用岩面綠化工、挖穴客土噴植、厚層客土工等。

5.有滑動面或可能崩塌的地方，應考慮使用岩錨或錨錠。

6.黏性土質地區應特別注意坡面排水、坡腳穩定工程等設施。

7.天然酸性土質地區，應用土壤改良資材配合岩面綠化工。

8.噴植種子材料應考慮應用水土保持草類與本地木本植物。

9.砂質土植生施工時，需特別要求全面覆蓋之快速植生法，其排水溝需完善之溝翼保護處理，植生帶需配合安全排水，或坡長不大於10 m。

10.不同地質土壤層，坡度大於1：1之地區，其植生工程之配合基礎工程及坡面保護措施需視坡面之集水區大小、災害規模、湧水狀況等決定之。

(四)植生目標與植生演替考量

如要達成植生工程設計目標，需應用植生導入技術及考量隨後之植生演替系列，以評估預期之植物群落目標。其對策方案之基本考量如下：

1.植生目標群落之設定

草本植物群落之初期生長快速，適用於地表面沖蝕嚴重之地

區。而氣象條件略佳、土地肥沃，周邊植物容易自然入侵時，則宜減少草本植物之種子使用量，以免造成抑制自然演替進行。道路邊坡等土質貧瘠的挖方坡面或氣象環境應力大的地區，草本植物經施工後2～3年多呈現衰退現象。因此，欲讓草本群落永續生存，必須予施肥、修剪等管理。

木本植物初期發芽生長較慢，但生長後較少受土壤貧瘠影響而衰退，同時樹木根系深入土層具有穩定作用。另外，先驅樹種或肥料木等與周邊植物之親和性高，有助於周邊自然入侵植物種子之定著發芽與生長，其在防災上、景觀上及環境保育上均具有成效。導入木本植物，可促進並加速植生演替，迅速造成防災機能與環境保育機能高之植生群落。

2.植生演替之定義

植生演替（plant succession）係指一特定地區，植物種類、數量等隨時間系列改變之過程，稱為植生演替或植物消長。植物社會之組成與構造並非一成不變的，而是具有動態之性質，植生演替過程係為一個植物社會被另一個植物社會取代之現象。典型之森林植被經干擾後的演替過程如下：

(1)林木初始期：大干擾後空間及資源釋出，林木經由種子、萌蘗及其他更新形式開始入侵林地。

(2)林木排除期：由於早期侵入的樹木持續向上生長，隨著冠層開始鬱閉，林下新的樹木不再出現，林木因空間的競爭產生天然自我疏伐，林冠層亦開始產生垂直層次分化。

(3)下層植被再現期：上層林木成熟死亡後，導致許多孔隙出現，下層已見耐蔭性樹種之小苗、稚樹，及其他灌木草本入侵。

(4)老林階段：由於週期性的干擾或者老齡樹木死亡，使得冠層下層植物因生長空間釋放而生長至冠層，形成複層林。

3. 演替過程中植物生活型之變化

　　就植群社會演替而言，影響植物競爭首要因素為植物之生活型（life-form），在植物社會競爭光線，高大之生活型較低矮者有利。故此種形態上之差異具有決定性之作用，此外耐蔭性樹種之幼苗能在光線不足之林下生育更新，故較陽性樹木於下一代更具有競爭能力。在一般森林演替過程中，一年生草本常為多年生草本取代，草本多為灌木取代，灌木為喬木取代，而形成複層林植物社會。其演替歷程大致為受擾動形成裸地→草原（陽性草本）、灌叢植物（陽性灌叢木本）→陽性樹種（5到6年出現）→陰性樹種（30到50年出現）→陰性草本→陰性大樹（70到80年出現）→著生、蔓藤植物→極盛相複層林（地被層、草本層、灌木層、中喬木層、大喬木層）。

4. 初生演替與次生演替

　　凡演替發生從尚未有植群覆蓋之新生地開始，在沒有毀滅性之干擾因素下進行，可由地文變遷或土壤發育同時發生。如土地崩塌、冰河撤退、裸岩風化等。其中亦包括生態系中生物、土壤及微氣候之變遷，其作用為不可逆，稱為自發演替或初生演替（autogenic succession, primary succession）。當原有植群覆蓋之土地受到干擾，如火災、伐木、耕種等原因，原來的生物社會可能部分或全部遭到毀滅，係由外界之干擾而產生者。此干擾因素可週期性之發生或經常重覆，稱為異發演替或次生演替（allogenic succession, secondary succession）。植生演替速度，取決於覆土之有無、潛在種子狀況、施工基地安定與否，以及人工播種與否而定。覆土條件良好時，一年後植生情形與周邊的草本群落近似；不覆土之情況，若屬中生環境，植草覆蓋經過3～4年後會有厚約10cm之有機土層，入侵樹木開始繁茂生長。而乾燥地區或尚屬坡面不安定之地區，初期草本群落成立後，木本植物入侵情形則較難預測。

5.植生演替觀念之應用考量

一般坡地施工地點周邊若有繁殖力強的植物,施工後易造成單一植物群落,對坡地植生維護管理及景觀上有不良影響,所以植生工程導入植物種子之種類、數量、發芽率、生長速度及維護管理等,應充分考量並判斷其可能之後續植生演替情形。外來種植物入侵常具有排他性而破壞原來的自然植被,且在生長條件差的地方,外來種可能較原生種更具生長優勢。為防止外來種入侵,可積極播種本地植物,或採用可促進植生演替之速生草類、水土保持草類等達到快速覆蓋之效果。

植生演替過程中,植物群落對地力需求由低漸高,土壤厚度逐漸增加,植物之生命週期亦漸次變長。例如在裸露地,最先入侵的是在貧瘠地能生長且對地力需求度低之先驅植物,而入侵的先驅植物逐漸改善土壤之物化特性與微氣候條件,使對地力需求高之植物得以生長。因此,在崩塌裸露地導入植生之材料通常為水土保持草類或先驅樹種,屬植生演替過程中早期群落植物,藉其促進自然演替系列之進行而達到保育機能較高之植被群落。如在植生施工過程中厚層客土造成良好植生基盤、且栽植潛在植生植物(常綠闊葉樹、陰性樹等),亦無法迅速造成極盛的群落,需遵從自然群落形成的演替系列,使其在自然生態系下恢復植生群落,可達事半功倍之效果。

(五)植生工程之施工考量要項

1. 植生基地之營造須適合植物生育之需求,整地計畫之初就應充分考慮,也有必要檢討坡面坡度的改善或設置植生基礎工之必要。植生基礎工應視為植生工程之標準作業項目,不宜只進行植生導入作業,應於導入作業前就將基礎工與植生導入工加以組合施作。

2. 植生基地若屬石質土、軟岩、硬岩、強酸性或強鹼性土壤時,坡面導入之植物通常生育不良且短暫,此時須將植生基地改善

成適合植物生長之條件。排水不良或湧水坡面地區，須進行排水工或相關設施；在風衝地等氣象條件極不利的地方，此時須採取減緩氣象條件的對策。

3. 植生基地植物導入後常有衰退、滑落、枯損等現象，須於施工後進行植生維護管理，輔助植物生長以達到設定之植生群落目標。例如，臺灣泥岩地區或硬岩順向坡地帶，導入之植物易衰退，一旦出現裸地則表土易迅速沖蝕流失，將影響植生目標群落及其機能之達成，必要時得依施工區環境特性變更植生設計或進行追播、補植、追肥等工作。

4. 最適工期之建議：植物之生長，在生理與生態上的反應受環境及氣候之影響甚鉅，為使植生效果發揮至最大，噴播植生之時期及各階段維護方法皆須依季節之變化予以不同程度的方法處理。例如臺灣北部地區夏季會受到梅雨及颱風影響產生豪大雨，而冬季則受到東北季風產生低溫影響，噴植工期應盡量避開不利植物生長或施工作業之時間，選擇2～6月或9～11月適合的氣候條件下施工，而苗木植栽可選擇雨量及溫度適合的春季（2～5月）進行施工；中部地區主要受到梅雨及颱風影響產生較大雨量，噴植及植栽施工應該避開這時期（約5～8月）；南部地區夏季高溫多雨且炎熱，冬季乾冷，因此適合的噴植及植栽工程約在4～6月及9～10月期間。臺灣重要城市氣溫與降雨量統計如表5-6所述。

表5-6 臺灣重要城市氣溫與降雨量統計表

地名		一月	二月	三月	四月	五月	六月	七月	八月	九月	十月	十一月	十二月	年統計	統計期間
臺北	平均氣溫（°C）	16.1	16.5	18.5	21.9	25.2	27.7	29.6	29.2	27.4	24.5	21.5	17.9	23（平均）	1981-2010
	降雨量（mm）	83.2	170.3	180.4	177.8	234.5	325.9	245.1	322.1	360.5	148.9	83.1	73.3	2405.1（累計）	
臺中	平均氣溫（°C）	16.6	17.3	19.6	23.1	26.0	27.6	28.6	28.3	27.4	25.2	21.9	18.1	23.3（平均）	1981-2010
	降雨量（mm）	30.3	89.8	103.0	145.4	231.5	331.2	307.9	302.0	164.5	23.2	18.3	25.9	1773（累計）	
高雄	平均氣溫（°C）	19.3	20.3	22.6	25.4	27.5	28.5	29.2	28.7	28.1	26.7	24.0	20.6	25.1（平均）	1981-2010
	降雨量（mm）	16.0	20.5	38.8	69.8	197.4	415.3	390.9	416.7	241.9	42.7	18.7	16.2	1884.9（累計）	

三、植物材料之規劃設計考量要點

植生工程之規劃設計在植生材料之選擇及植生材料之應用設計上應考量下列要項，茲分述如下：

(一)基地環境之考量

植物材料之選用，應以能達成工程預期目標為優先考量原則，而植物後續生長的適用性及適應性，常影響施工後的工程效益。在崩塌地區之立地條件通常地勢陡峭、土壤貧瘠、土層淺薄且穩定性差，坡面植被著生不易，易受豪雨沖刷流失；泥岩地區（臺灣西南部）基地特質為地質土壤酸鹼度高，坋粒含量多，植物生長不易，氣候乾濕季分明，受暴雨影響而表土流失嚴重，導致生育基盤不穩定；海岸環境植生則著重於海岸防潮、定砂、防風等環境應力控制，及植生配置與栽植作業等。故需依上述不同地區條件來進行規劃與植物材料之選用。至於一般工程施工地區或生態工程構造物施作地點，因實際植生地點之環境條件已與原坡面差異甚大，故需依工程整治後之坡度、土壤硬度、坡腳坡面保護措施等條件，選取適用之植物材料。

(二)植物之生長特性

木本植物的根系能夠深入土層、涵養水源，地上樹冠、樹幹、枝葉能夠有效減緩雨滴撞擊土表，達到保護土壤的目的。但木本植物種子發芽與初期生長速度緩慢，因而草本植物遂經常成為育成木本植物前的先驅植物材料。相對於木本植物，草本植物生長快速，透過地上部莖葉在地表形成覆蓋，同樣有效地減緩雨滴撞擊土表的作用，同時也降低地表逕流速率及總量，減緩了土壤流失的效應。

草本植物的根系深度一般約在土表下10～40cm左右，對於穩固坡面土壤的效果有限，因此草本植物的選用應考量植物對於土壤保育、棲地生物能源之提供及坡面保護之限度。由於水土保持工程的規

劃設計與施作對象漸趨多樣化，更顯現了植物生長特性與植生工程的成效的相關性。部分植生工程施作地區之立地條件惡劣、環境應力變化極大，因此植栽設計及相關植物材料之配合，需透過嚴謹的植栽選種及環境適應性檢測。

(三)主構成種與輔助種植物

以大面積裸露地水土保持目的之植生工程，其植生植物材料通常包括主構成種（主林木）、輔助種（副林木、混植木、輔助木、肥料木）及草本植物等。主構成種係導入植群之主要構成樹種，必須適合施工目的；輔助種是以造成主構成種生長良好之生育環境為目的，也就是土壤之改良、肥沃性之保持及緩和微氣象為目的者；草本種是防止表層土之表面沖蝕，並增加入滲。然不同施工地點及設計目的，亦有僅以主林木或草本種為植物材料者。

(四)本地植物與外來植物

植生植物材料依其來源可分為本地植物（native plants）與外來植物（exotic plants）。

1.本地植物與外來植物之定義

(1)本地植物

指存在於自然分布區域內之物種，或稱為原生植物（indigenous plants），本地植物在內涵上略有比原生植物較小自然分布區域之情形。本地植物有時亦稱為鄉土植物，但鄉土植物之定義較不嚴謹，故較不使用。本地植物如僅分布於臺灣地區，稱為臺灣特有植物，如臺灣欒樹、山芙蓉、臺灣海棗、臺灣澤蘭等。

(2)外來植物

當人類活動日益頻繁且跨越天然地理屏障，海空陸交通便利，許多生物經由人類活動行為（農業或貿易行為引入偷渡、具娛樂及觀賞價值、生物防治、科學研究所需、原來棲地改變等），刻意或不經意

被攜至原產地以外的其他地方,此些生物稱之為外來種生物。據國際
自然及自然資源保育聯盟（International Union for the Conservation
of Natural and Natural Resources, IUCN）於2000年公布之定義為:
「一物種、亞種乃至於更低分類群,並包含該物種可能存活與繁殖的
任何一部分,出現於自然分布區域及可擴散範圍之外」。外來種的
影響可分經濟與生態部分,在生態方面難以估計損失,且影響層面
廣,需耗費極大人力及金錢彌補防治,亦會間接影響經濟部分。

2.本地植物材料之優缺點

(1)本地植物之優點

　　A.能適應當地環境。

　　B.能保持安定植生狀態。

　　C.與附近之自然景觀調和。

　　D.群落的維持與管理經營較容易。

　　E.植生演替能順利進行。

(2)本地植物之缺點

　　A.不一定能適應施工地點之環境。

　　B.初期發芽與生長慢,發芽不整齊。

　　C.有些植物種子不容易獲得,種子價格較高。

　　D.對地表之被覆能力通常較弱。

　　E.有關之植物生理生態習性瞭解較少。

　　F.播種適期短。春播、夏播之種類多,秋播者少。

(五)生物多樣性保育之觀點

　　考量生物多樣性保育之觀點,主要評估重點為動植物棲息環境
的營造、植物的生長能力與生物多樣性保育,如需應用外來植物,應
就其對生態系的可能影響程度及生物多樣性所構成的威脅,進行研究
及風險評估分析,並以生態干擾度最低之植物為主。植物材料導入
後,受到影響的範圍不僅是植生施工地區,亦須考慮是否會干擾區域

性系統之遺傳特性。例如由高海拔地區引進的植生材料，可能擾亂集水區下游之濱水帶植生，如經判定其可能有侵略種之屬性時應特別嚴加禁止，而引進與本地種不同品種之植物時，宜注意與地域自生種的浸透性雜交問題。除此之外，依植生演替系列推測，裸露地區先驅陽性植物雖然在自然條件下能正常迅速入侵、發芽、成活、生長，甚至快速形成純群落或過渡群叢之植物社會，但以其為植生工程之導入植物材料則未必適宜。

(六)植生材料的市場狀況

植生工程規劃初期至植生竣工期間，預計使用之植物材料宜早配合植物材料供應計畫，避免因市場波動而受拖延，影響植生工程成本。一般而言，植栽材料選用應以生產量豐富、在市場上容易取得者且容易由產地搬出或運輸者為主，如需特殊性植物或大量栽植，須做市場供應性之調查並預作準備。必要時可借助具有植物學、生態學專業知識的種苗生產技術人員或研究人員的協助，提升野生植物的基礎生產技術，研發生產多樣性植物且成活率高的種苗。

(七)種子播種量之計算與修正

1. 標準播種量之計算

$$W = \frac{G}{S \times P \times B}$$

W：導入植物別之播種重量（g/m^2）

P：種子純度（%）

G：期待發芽株數（株／m^2）

  期待發芽株數，係指播種後一年左右所發芽生長的總數，含生長過程中被壓、枯損或因乾旱、沖蝕而死亡之株數等。

　　B：種子之發芽率（%）

　　S：種子之單位粒數（粒／g）

2. 不同環境與基地作業條件下播種量修正

(1)屬點播、條播或其他非屬全面性播種之方法，須依其播種區域之施工面積比例（播種面積（m²）／1m²）修正之。

(2)不同播種作業方法之播種量修正，如下表：

表5-7　不同播種作業方法之播種量修正

播種作業	修正值（%）	備註
A.可能造成發芽障礙之工法	+20～50	如植生袋工法等
B.可能造成播種超出非施工區域之損失	+10～30	如航空噴植等
C.播種面積太小或種子易被沖蝕流失之情形	+20～50	如坡面撒播、點播

(3)特殊施工基地環境條件下之播種量修正

表5-8　特殊施工基地環境之播種量修正

環境條件	修正值（%）
A.岩塊礫石含量多之地區	+20
B.土壤硬度較大之地區	+10
C.乾燥或貧瘠之土地	+20
D.強酸性或強鹼性之地區	+20
E.陡坡地區	+20
F.非適宜施工季節時	+30
G.特殊易沖蝕地質環境區域（如泥岩地區）	+30～50
H.含肥沃土質地區	-30
I.氣候濕潤地區	-20
J.平地或緩坡地區	-10

「+」：需增加標準播種量之%

「-」：需減少標準播種量之%

(4)不同施工厚度之修正值

中厚層噴植工法，如種子與植生基材一次噴植時會造成下層種子
無法發芽或發芽率減低之情形，須酌予增加播種量50～100%

表5-9　不同覆土厚度之種子播種量修正值

植物種類	修正值			植物種類	修正值		
	1cm	2cm	3cm		1cm	2cm	3cm
高狐草（K31F）	1.0	1.0	1.0	艾草	2.0	1.0	0.66
果園草	1.0	1.0	1.0	五節芒	0.25	0.13	0.08
肯塔基藍草	1.0	1.0	1.0	鐵掃帚	0.5	0.25	0.16
戀風草	1.0	1.0	1.0	山胡枝子	0.5	0.25	0.16
百慕達草	1.0	1.0	1.0	赤楊	0.25	0.13	0.08
百喜草	1.0	1.0	1.0	松樹	0.25	0.13	0.08

3. 混播時播種量之考量設計

(1)草木本植物種子混播時，木本植物種子發芽比草本植物慢，
故常有木本植物種子發芽不易或發芽後被壓之情形。因此有
必要減少草本種子之播種量，或需考量木本種子發芽時可忍
受的地被草類之覆蓋量（或發芽量）之限界。

(2)木本與草本植物種子之粒數，常見比例為1：1～1：2。但如
其中一種植物之種子量不到全播種量之10%時，可能會有發
芽障礙或發芽不良之情形，需增加其播種量至10%以上。

(3)木本植物常見有粒徑大之種子，不利於噴植工法施作，設計
時須加以充分考量或避免使用。

4. 覆土厚度對種子發芽生長之影響

種子發芽率受其埋入土中或埋入噴植基材深度所影響，噴植工
法之設計須考量每種植樹適合之覆土厚度亦不相同，一般而言；較淺
之覆土厚度較適合一般陽性植物或先驅性植物種子生長發芽，如下

表：

表5-10　種子覆土厚度對發芽率影響之相關研究

植物名稱	結果說明	作者
馬尾松	當不考慮覆土種類時，馬尾松發芽率以覆土0.5cm及1.0cm為最高，福建柏方面則是以覆土0.5cm最高。	林渭訪、劉業經（1947）
木麻黃	對於木麻黃之發芽率來説，以紅土為覆土、0.5cm之覆土深度有最佳之發芽率。	陳振威（1956）
台灣光臘樹	覆土深度以0.5cm最佳，1.5cm最差，但苗木生長以後者為最佳。	廖天賜（1985）
百慕達草 類地毯草 闊葉韓國草 垂愛草 羅滋草 綠柏草（高狐草） 百喜草	0.5cm下各種草坪草出土率均有60%以上；綠柏草及假儉草於埋土深3cm時尚有60%及50%之出土率；各種草坪草超過5cm之埋土深度即無法出土。	羅資政（2004）
多年生黑麥草 草地早熟禾 匍匐紫羊茅	覆土厚度皆以0.5cm有最佳之發芽率，不覆土次之，覆土1cm最差。	楊雲貴、龍明秀、寇建村、王歡迎（2006）
油松	0.5cm的覆土厚度有最高之發芽率，達94.67%。當覆土厚度達2.5cm或以上時，幾乎不能發芽。	邊銀霞、王輝、李永斌、韓芬（2009）

5. 種子播種量之決定

　　播種量之設計依植生設計目標及期待發芽株數為基準。期待發芽生長的株數，係指播種後一年左右所發芽生長的總數，含生長過程中被壓、枯損或因乾旱、沖蝕而死亡之株數。然播種量隨植生工法、使用目的不同、種子性質及土壤種類而異，計算播種量時，最大的問題為決定期待的發芽株數。依日本相關綠化技術及植生基準資

料彙整所得，使用外來草種時，期待發芽株總數約為2,000～5,000株／m^2，如使用木本植物時，期待發芽株數約為1,000株／m^2。唯若以發芽勢截止日期或特定日期田間發芽個體之調查（通常是播種四個月後）時，草本植物發芽株數應為1,000株／m^2以上。實際上，種子在坡面上之發芽數，大約只有播種量之50%，經過一年約只剩下200株／m^2，木本類植物在一年後大約在1～50株／m^2的範圍內，經過數年後，有時會只剩0～1株／m^2。

採用多種種子混合使用之客土噴播法時，外來草種之常用播種量各約1,000～2,000粒／m^2，鄉土草種各約500～1,000粒／m^2，木本類植物共約為300～600粒／m^2。如以臺灣之引進草種混播而言，常用之比率（重量比）為百慕達15%、百喜草30%、類地毯草30%及高狐草25%。

為促進植生演替之目標時，混播種子應儘可能採集本地種或常綠樹種等種子進行撒撥。若生育基盤呈多孔狀，雖相當厚的覆土仍能發芽。草本植物播種量若超越所定量，即草本植物密生，木本植物將受壓迫而難於成活，應加以留意。

5.2 基地環境資料調查分析（以崩塌地為例）

一、基地環境資料蒐集

進行基地環境調查之前，必須事前蒐集基地周邊環境概況資料並加以整理，使其能供現場踏勘及正式調查之用。基地環境資料蒐集應包括下述各項。

1.過去的災害紀錄

包括坡面崩塌的形態、規模、區域災害狀況、發生時間、崩塌發生頻率，以及崩塌發生時氣象等資料紀錄等，可藉以瞭解該地區崩塌

範圍、崩塌土方量及崩塌後可能再發生危險範圍推測等之參考。

2.坡面周邊自然、社會環境相關資料

植生、動物棲息、土地權屬、水庫集水區計畫等相關法令規範、民宅戶數與居民數、公共設施之位置、數量、規模等；以及相關的防災構造物之位置、道路、排水溝等之配置、規模等。

3.氣象紀錄

附近的雨量觀測站的位置、過去災害或是崩塌發生時之連續雨量、日雨量、時雨量、過去的最大時雨量、最大日雨量、最大連續雨量等相關氣象資料。

4.地震紀錄

發生時間、震度分布、與震央之距離、最大加速度分布、坡面崩塌災害發生之情形等。

5.地質圖

根據現有地質圖可得到調查區域之地質、風化土層、崖錐、斷層、破碎帶等地質特性與分布情況。

6.地形圖及土地利用圖

地形圖可供記錄現勘調查資訊的底圖，以及用於推測規劃區域逕流流入或流出狀況。土地利用圖係依崩塌地、農村、耕地、林地、竹林、草生地、水域、道路等項目，並分別再予以細分，以顏色、記號等區別之。

7.航空照片或衛星影像判釋

一般使用1/5,000～1/10,000比例尺的航空照片來判讀，包括有黑白照片、彩色照片以及紅外線彩色照片等種類，可依需要配合使用。航空照片可縮短資訊蒐集的時間，有利於在現場踏勘困難的地區，但是實際坡度或高低差可能會被誤估，因此仍需到現場確認核對，以免判斷錯誤。另目前廣泛使用無人飛行載具（UAV）進行現

地空拍作業，可快速得到現地災害判斷參據。

8.文獻、工程紀錄及地質土質調查報告書

崩塌情形可由鄰近地區以往的地質、土質報告書或工程紀錄等得到參考資訊。

二、基地調查項目與方法

以前述基地環境資料蒐集分析為基礎，進行現場踏勘，並將基地區內外之坡面特性予以整理，以判別坡面崩塌危險度。以1/5,000～1/2,500比例尺地形圖為底圖，將地形及地質資訊或有關崩塌之資訊整理成調查表，記錄坡面概況、危險度、可能崩塌位置及形態等。

就崩塌地之坡面形狀（正面、側面）、地層、地質、地下水（含湧水）、坡面上緣（地表及植生）、土壤及周邊狀況等環境特性調查重點項目，加以分級分類、現場量測及拍攝照片，茲彙整崩塌地環境特性調查之項目，如表5-11。

1.地形調查

(1)坡度

指坡面底部與自然坡度變化點之連線和水平形成之角度。若基地內為坡度不均一時，宜取多次測值平均之。

(2)高度

根據現場調查之地形、地質以及在附近發生之崩塌或是崩塌跡地之地形等，預測崩塌發生的高度。

(3)坡面方位

指背對坡面之視線方向，可分為北、東北、東、東南、南、西南、西、西北等8個方位。有數個坡面方位資料時需複數的資訊，記錄靠近南向坡面方位的編號。

(4)坡面形狀

坡面形狀可由橫斷面形狀（直線型、山脊型、山谷型）及縱斷面

表5-11 崩塌地環境特性調查項目

項　　目	説　　明
區位與坡面型態	坡頂、坡面（凹、凸坡）、堆積區。
地質條件	依據地質調查所出版之地質圖，瞭解調查區之地層名稱及年代；由調查區內及附近的露頭確認岩性，並量測岩層走向與傾斜，以瞭解調查區是否為順向坡
GPS定位	以GPS儀於每調查區進行定位（崩塌地面積太大，應加附簡圖説明GPS定位點之相對位置）。
土壤	地表土壤厚度或堆積土石厚度。現地採樣（用土壤採樣盒），帶回室內分析。
坡度	採用坡度坡向計、羅盤儀或手提水準儀，量測崩塌地平均坡度。
坡向	垂直於坡面走向之方向訂為崩塌地之坡向。
海拔高	採用高度計直接記錄海拔高。
氣象	以年降雨量為主（依中央氣象局資料）。
水文	記錄周邊排水渠道、有無人工渠道等。
植被覆蓋	詳見植生調查之章節。
其他	人為干擾或天災破壞。

備註：區位與坡型、地質條件、土壤、水文等四項僅能以定性描述，無法進行量化分析。

圖5-3　坡度調查情形

形狀（凸型、直線、凹型）區分。

(5)周邊地形調查

坡面上之崩積土及崖錐、挖取土方殘留落差區域或局部土塊等未固結之堆積物，可能成為地滑或崩塌的材料。因此須調查崩塌地上方坡面以及周圍地區之集水狀況，亦即降雨在坡面之何處聚集及匯集路徑。

2. 地質與土質之調查

(1)地表狀況

地表狀況是指裂隙、風化等坡面上的狀況，以及構成坡面之岩性、土質之種類等，如表5-12所示。

表5-12　地表狀況說明參考表

編號	地表狀況說明
1	裂隙發達、露出或易鬆動的石頭量多
2	風化、裂隙發達的岩石
3	含礫石土、砂質土
4	黏質土
5	風化、裂隙不發達的岩石

(2)表土厚度

表土是指地表面的腐質土、有機質土及風化土等。如表土下有鬆散的崩積土等，應記錄崩積土之厚度；調查之坡面表土厚度之確認有困難時，可參考其周邊地形、地質相同坡面的資訊來推測。

(3)岩層狀況

岩層狀況是指構成坡面的地質、土質、岩質之種類，如崩積土、高度風化岩、階段堆積地、軟岩、硬岩等，可根據地質圖及現場調查記錄之。

(4)岩層之裂隙

岩層裂隙之狀況是以裂隙的間距來表示，可分為間距小於

10cm、10～30cm、30～50cm、50cm以上等4級，若坡面上難以確認時，可以參考周邊坡面地形、地質相同者等資訊來判定。

(5)斷層破碎帶

是指在調查坡面上有無明顯的斷層破碎帶。如確認有困難時，可參考地質圖以及周邊坡面的資訊來判定。

(6)地質調查

調查坡面周邊的微地形，並對鄰近之崩塌地所滑下地層之界線面加以詳查。由於崩塌常發生在地質環境相同的其他地方，所以地層分布情形可提供崩塌地規劃之參考。對於堅硬之岩層坡面，應量測其地層之走向、傾斜，藉以判定對象坡面是順向坡或是逆向坡。因順向坡之地層傾斜角較地表的地形坡度緩，比較容易滑動；但位處於未固結、半固結的地層時則關聯性較小。岩層露頭要調查風化的程度、硬度、逕流侵蝕、斷層之正確位置及狀態、弱層的位置、岩石裂縫之狀態以及土層、岩盤之界線等。又因界線面有時成為滑動面，或成為水之路徑；如果有2個以上的地層時，應調查層面在坡面之何處出現，以及是否為地形的界線（例如坡度變化點）。由於表土層、崖錐、強風化層等較容易崩塌，因此必須調查其規模及分布。

3.植生調查

(1)植被類型

調查區之植被種類，可概分為無植生地、草生地、果樹區、竹林、針葉林、闊葉林、針闊混交林等。坡度相同之周邊坡面有樹木繁茂生長，而在另一坡面之植生卻只有草本時，該坡面有可能曾發生崩塌情形。屬於人工造林時，應調查其目的是為林業經營或是為水土保持，以及最近有無砍伐倒木或大面積樹木死亡之情形。因一般伐木或樹木死亡後根系將開始腐爛，數年至10年左右之地表狀態最易崩塌。當樹木之樹高變高時，常由於強風而風倒或使地面產生裂縫，雨水趁機滲入而容易發生崩塌，調查時應列入考量。

(2)樹齡

調查區內樹木的平均樹齡，可分為10年以下之幼齡木、10～20年樹齡、20～30年樹齡、30～40年樹齡、40年以上樹齡等分類。

4. 其他基地環境特性調查

(1)坡面及鄰接坡面之崩塌紀錄

調查區及其鄰近地區過去發生崩塌的時期及位置。所謂新舊的崩塌，通常以發生10年為區隔。

(2)湧水調查

逕流經地表滲透，有一部分會通過土層中之間隙，以湧水狀態出現於坡面上；湧水量急增或變濁之地點，常會是崩塌發生之地點。坡面上湧水之立體分布及其與山谷地形或是斷層、破碎層等相關位置對崩塌地判斷甚為重要。另附近水井水位之變化應予以調查，一般而言，水位會因降雨而急劇上升時，該坡面的崩塌危險度較高。調查湧水的狀況，可依常時或降雨時有湧水、坡面常時呈潮濕或乾燥狀態等記錄之。

(3)工程構造物調查

在調查坡面上已施作工程構造物時，須記錄現況是否有異狀並加以檢討，如坡面格框等填充材露出、工程構造物發現龜裂、滑動等狀況，詳如表5-13。

(4)坡面土地利用狀況

坡面上部之土地利用狀況可分為道路、水路、水池、房舍、農地、林地及其他。

表5-13　工程構造物等出現異狀之徵候

工程構造物	出現異狀之徵候說明
建築物	1.牆壁上有發生裂縫或剝落 2.地板上有裂縫或落差 3.建物之歪動 4.建物地基有落差

表5-13 （續）

工程構造物	出現異狀之徵候說明
擋土牆	1.縱方向裂縫之形成（壓縮裂縫） 2.縱方向落差之形成（地滑足部附近較多） 3.水平方向裂縫之形成（張力裂縫） 4.水平方向落差之形成（地滑頭部較多） 5.壁面整體的傾動或下陷（基部運動方向即為地滑的方向）
側　溝	1.橫斷方向形成裂縫 2.橫斷方向形成落差 3.側溝的壓損
道　路	1.路面產生帶狀隆起沉降（起伏形成） 2.路面橫斷方向形成裂縫 3.挖方坡面形成裂縫湧水等 4.路面之水平移動 5.山側部分鋪面之隆起
其　他	1.防砂壩之翼牆龜裂　2.防砂壩破損　3.蓄水池水量減少 4.溪水變濁　5.局部性隆起、沉陷

三、基地調查結果之判定

(一)依以前經驗與坡面坡度等判定

1. 表層崩塌大多由於堆積在岩層上之表土、崩積土等引發崩塌，與新鮮岩層之岩石種類較無關連。

2. 能明顯判斷為山脊或山谷之地點，易發生坡面崩塌。

3. 崩塌（特別指地滑地）受到岩層構造、斷層、層理面之存在及其方向、位置等以及地下水影響的趨勢，而且崩塌規模愈大，其影響的趨勢愈顯著。

4. （崩塌土之到達距離）／（坡面之高度）為受災範圍實況上重要的指標，現值0.2～0.39時之頻率最高，若值大於3時，通常受到崩塌直接衝擊之情形甚小。

5. 臺灣崩塌發生件數最多的時期是在梅雨及颱風之豪雨季節,由於連續降雨致地層之含水率增加,岩層強度減低及間隙水壓瞬間上升,導致崩塌發生之頻率增高。

(二)依現場崩塌形態探討安定度

在現場踏勘時,應調查滲透水有關之地層不連續面位置,通常不連續面是潛在的滑動面。現場尋找露頭,調查其連續性、方向、傾斜等,對於地形、坡面形狀亦應充分注意,可利用突出物預測其崩塌面。另外,關於坡面之縱向面形狀,從凸轉為凹的變化點容易成為崩塌的頭部。如坡面上可看到龜裂或在坡面中部、下部見到凸出等狀況時,多半能由此推測滑動面的形狀。

在岩層調查中,利用地質鑽探或是彈性波探測等判定岩層構成時,即可據此推測滑動面。由於崩塌多數發生於岩層內,而地層之狀況、風化、破碎、土壤緊密的程度、岩石的固結度等,均會因透水性之不同,而產生不連續面之情形。因此;在推測崩塌型態時,應將上述各種方法所推測之結果予以綜合解釋,僅靠一個方法的結果來推測崩塌形態時,易生誤判情形。

另外,崩塌的原因如地表沖蝕、因地表含水使土層強度減低及重量增加、間隙水壓上升、管流、風化等,經檢討上述因素是如何作用於對象之自然坡面,亦可正確推測坡面安定與否及可能崩塌的形態。

(三)基地調查結果檢討與應用原則

依調查結果及針對不同設計目標、環境特性等,選用合宜之處理工法(植生工程),可有效且快速達成崩塌地坡面植生覆蓋之目的。其調查項目與結果之應用原則,如表5-14。

表5-14　調查項目與結果之應用原則

調查項目	由調查結果判斷採用之處理工法（植生工程）
坡面形態	1.在崩塌地源頭部與兩側之倒懸部位，如為含土砂或石礫之土層時，挖除部分土層至小於60°即可。 2.在坡面之兩側與凹部等，表土與風化層變厚時，可配合利用坡面保護構造物。 3.坡度小於45°時可以植生工法施作，在45～60°則需要坡面保護構造物與植生工法配合，在坡度大於60°之硬岩，可以局部植生。 4.在坡面長度達10m以上時，無法設置小階段平臺，可考慮在坡面凹部等設置排水溝時導入木本植物。
地層	1.在坡肩下之黏性土，由於氣相較少，故可利用厚層基材噴植工法造成植物根生長的領域。 2.坡面上有不同地層分布時，應因不同地質結構設計植物種或工法。 3.坡面岩屑有滑動之虞時，利用固定框安定化後再配合進行噴植植生施工。
岩質	1.確認安定之坡面、岩石的節理等若能供根系進入生長，則可適用導入木本類植物。在節理間隙約3～5mm時，木本植物根系即可伸入生長，節理之間隔約為1.0m以內，草本植物亦有可能伸入生長而達到植被覆蓋。 2.對岩石之節理較少與根無法伸入生長之岩層，以客土或厚層基材噴植工法等造成根的生長領域。 3.在風化岩、泥岩等，依據土壤硬度之測定結果，檢討植物種類及植生工法。 4.土壤酸鹼度為pH 4.0～8.0，可以生長植物。在該範圍之外，輔以客土或厚層基材噴植工法可以生長植物。
崖錐、岩塊堆積	對岩塊較大之所在，利用厚層基材噴植工於間隙可藉填補接縫造成基盤能夠植生。 在尖角附近，表面土砂、礫容易移動者，也可以利用掛網配合植生工法以安定之。

表5-14 （續）

調查項目	由調查結果判斷採用之處理工法（植生工程）
土砂	1.小蝕溝之產生區，可以配合被覆網材鋪設。 2.一般山中式土壤硬度計測值26mm以下（黏性土為23mm以下、砂質土為27mm以下）時，植物根系可以伸入生長。 3.若土壤中氧氣量不足，則無法期望根的伸入生長。飽和度較高之黏性土亦屬於此，必須利用厚層基材噴植工等方法形成根系生長區域。 4.是否具有表土或有機質土，可作為保肥性之依據。使用肥料木，或造成保肥性土壤較多之基盤，可確保植物生長。
流水、湧水	1.避免逕流水直接朝植生坡面流下。 2.適當之湧水雖有助於植物生長，但多量之湧水會帶來沖蝕、崩塌。
周邊狀況	1.坡面上方之龜裂土層，原則上需挖除；浮石具有落下危險，應加以固定。 2.由鄰近的植物種類選擇適用於周邊景觀的調和性與植生工法之應用植物。 3.估算坡面上方之集水面積，以15分鐘降雨強度檢討排水溝斷面。

5.3 植生基材之特性與應用

一、植生介質與植生基材之定義

(一)植生介質

　　所有植物不能生存在真空中，需生長在含有植物賴以生存之物質環境內。自然界之植物通常生長於土壤上，而人工栽培植物或供植物種子發芽生長之物質可能非真正之土壤，這些物質材料總稱為植生介質（vegetation medium）或稱為栽培介質。植生介質可能指單一種物質或混和之物質，常用之植生介質有化學肥料、有機質肥料、土壤

改良劑、保水材、纖維材、泥炭苔、壤土（砂質壤土）及經改良後之客土材料等。

(二)植生基材

植生基材（vegetation materials）意指刻意調配之植物生長介質組合物（包括土壤、泥炭苔、保水材料、石灰、纖維材、有機質肥料、化學肥料等）。如應用在厚層噴植工等工法時，亦包括保水劑、養生菌、有機物系列之黏著劑等一併稱之。

二、客土材料之定義與應用

(一)土壤與客土材料之定義

1.土壤（soil）

通常所謂的土壤係指陸地表面岩石的風化層，這些風化層包括礫石、砂土、黏土等粒徑大小不一的岩石風化碎屑等材料，亦包含其組成空間內部所含的空氣、水、有機物及微生物等物質。

由於土壤為岩石風化的產物，其風化過程所產生的大小不同粒徑材料，會有不同的化學性；而且大小不同顆粒組成，也會有不同的物理性，因此土壤科學乃有許多不同的研究領域，如土壤化學、土壤物理學、土壤力學等。

2.表土（surface soil, topsoil）

表土或稱表層土。土壤表面富含有機質，肥分及潛在種子的淺層土壤，適宜植物生長之區域。坡地開挖時應調查表土之厚度，採取地表30cm內之表層土堆積於平坦地，以供日後坡面植生工程使用。

3.客土（carrying soil）

指為改善植生立地環境之土質條件及利於導入植物生長，於施工地點施放富含有機質且較佳物化性質之土壤。客土材料通常與原坡面土壤之性質不同，但將原坡面表土土壤改良或填加有機質材料後，再

施放於坡面上，供做植生基材之價值已異於原坡面土壤；亦屬客土之作業方法。

4.客土植生（carrying soil (works) for revegetation）

植生施工基地係無土壤的岩石地、強酸性地、鹽分地等，對植物之生育有顯著阻礙者，有必要從他處移入適當土壤或混和堆肥、介質材料等，以造成生育基盤，這種土壤或其混和材料稱為客土。客土最好含有豐富腐植質的表土。一般將樹皮堆肥、泥炭土等有機質資材加入砂壤土－壤土改良者為多。

通常在原有植被地區之崩塌、裸露地，其原始土質條件足以使植物自然入侵，並達到自然演替的終極目標。然於人為採礦區：惡地地區大面積挖方坡面上，由於其先天條件不佳，又有人為挖填土層等擾動，只有少數植物能存活，造成植生上相當大的困難。因此，於植生立地條件較差地區，須先針對立地條件特質進行土質改善，若無法改善，方採用植生客土處理。

(二)客土材料之分級與檢定

若植生施工坡面土質不良，則必須在植生前進行客土。通常在原有植被地區之崩塌、裸露地，其原始土質條件足以讓植物自然入侵，並達到自然演替的終極目標。然於人為採礦區或惡地地區，由於其先天條件不佳，又有人為挖填土層等擾動，只有少數植物能存活，造成植生上相當大的困難。於植生立地條件較差的地區則必須先針對立地土層進行改善，若無法改善，則以植生客土加以改進。坡面植生工程設計時，因客土來源無法充分之把握，太嚴格之限制客土標準可能造成執行上之困難，故目前植生工法設計時客土均以有機質土或沃土等名稱說明之，在實際品質檢驗或監工驗收時，造成很多困擾。

植生工程施工所需之客土，目前國內並無相關之規範，茲列如表5-15供為參考。然表5-15所列僅探討土壤之營養元素範疇，於植生規劃上仍需配合所導入之植物種類與特性，選取適宜之客土基材。

表5-15　植生工程客土材料適用性之評估依據

客土材料參數	單位	適用等級			
		良	普通	不良*	不適用**
質地	---	fLS,SL SZL,ZL	SCL,CL ZCL,LS	C＜45% SC,ZC,S	C＞45 %
含石率	體積%	＜5	5-10	10-15	＞15
有效含水量	體積%	＞20	15-20	10-15	＜10
pH值	---	5.5-7.0	5.0-5.5 7.0-7.5	4.5-5.0 7.5-8.0	＜4.5 ＞8.0
電導度	mmhos/cm	＜2	2-4	4-8***	＞8
全氮	重量%	＞0.2	0.05-0.2	＜0.05	---
全磷	mg/kg	＞37	27-37	＜27	---
有效性磷（Bray No.1）	mg/kg	＞20	14-20	＜14	---
有效性鉀（交換性鉀）	mg/kg	＞185	90-185	＜90	---
有機質含量	%	＞3	2.1-3.0	1.1-2.0	＜1.0

（資料來源：修改自Coppin and Richards, 1990）

備註：

*：土壤適用性如屬不良等級，需土質改良或施用添加物

**：土壤適用性等級如屬不適用等級，無法（不宜）以土質改良後做為植生客土材料。

***：如無其他客土來源時，應使用耐鹽性之植物材料

SC：砂質黏土　　　　ZC：坋質黏土　　　　C：黏粒含量
CL：黏質壤土　　　　LS：壤質砂土
SL：砂質壤土　　　　ZL：坋質壤土
fLS：細壤質砂土　　　SZL：砂質坋壤土
SCL：砂質黏壤土　　　ZCL：坋質黏壤土

(三)客土材料應用時應注意事項

1.噴植用客土應使用含有機質土等之肥沃土壤。無法得到含有機質之客土時，可使用淤泥混合土砂及土砂混合平均約10 kg/m^{3}重量程度之樹皮堆肥。

2. 規劃設計時，應說明有機質含量或肥力，避免使用沃土或有機
質土等不易檢驗之名稱。

3. 含有機質等客土應充分腐熟。

4. 黏土含量不能太高，以免造成透水性不良，乾旱時龜裂及造成
排水孔堵塞。

5. 含石率不宜太高以免影響植物正常根系之生長。

6. 儘量使用中性土壤，其電導度應符合適用之評估標準。

三、肥料之種類與應用

(一)化學肥料

1. 單質肥料與複合肥料

肥料三要素之氮、磷、鉀肥中，其中以鉀較易流失，宜分期施用（追肥）；磷肥之移動性較慢，可全量當基肥施用，追肥次數因土壤質地而異。一般黏質地土壤之保肥力較強，一次可施用較多量之肥料，追肥次數可酌量減少。砂質土保肥力較差，每次宜少量施用，追肥次數應增加。複合肥料施用簡易，可免除單質肥料混合之麻煩。

施肥量若以氮（N）、磷酐（P_2O）及氧化鉀（K_2O）成分表示，使用時需依照所採用肥料之各要素含量，換算施用量，即為：

單質肥料施用量（kg）=各要素用量（kg）×100／肥料要素含量（%）

例如某一坡面每公頃設計用量為氮素（N）80kg，磷酐（P_2O）40kg，氧化鉀（K_2O）60kg，則需使用之肥料分別為：

硫酸銨（含氮量21%）=80kg×100/21=381kg

過磷酸鈣（含磷18%）=40kg×100/18=222kg

氯化鉀（含鉀60%）=60kg×100/60=100kg

目前坡面植生所使用肥料之含量，一般每m^2使用台肥43號複合肥料$0.05kg/m^2$，即每公頃需施用500kg，此肥料用量若換算為各單

質肥料,則需施用:

　　　硫酸銨:15%×500×100/21=357kg/ha

　　　過磷酸鈣:15%×500×100/18=416.7kg/ha

　　　氯化鉀:15%×500×100/60=125kg/ha

2.常用化學肥料之種類與要素含量

常用化學肥料之三要素含量,列如表5-16。

表5-16　常用化學肥料之種類與要素含量

肥料名稱	要素含量 (%)			
	N	P_2O	K_2O	MgO
硫酸銨	21			
硝酸銨鈣	20			
尿　素	46			
過磷酸鈣		18		
硫酸鉀			50	
氯化鉀			60	
台肥1號複合肥料	20	5	10	
台肥5號複合肥料	16	8	12	
台肥43號複合肥料	15	15	15	4

3.臺灣常用化學肥料的性狀及最適用土壤

臺灣常用化學肥料的性狀及最適用土壤列如表5-17。

表5-17　臺灣常用化學肥料的性狀及最適用土壤表

肥料名稱	色狀	化學反應	生理反應	水溶性	吸濕性	滲透性	最適用土壤
硫酸銨	白或雜色結色結晶	酸	酸	大	小	中	中性及微鹼性土壤
硝酸銨鈣	灰白或雜色粒子	微鹼	鹼	大	強	中	中性及微酸性土壤

表5-17　（續）

肥料名稱	色狀	化學反應	生理反應	水溶性	吸濕性	滲透性	最適用土壤
尿素	白色結晶	中	中	大	大	小	微酸性中性及微鹼性土壤
過磷酸鈣	灰白色粉末	酸	中	中	小	小	中性及微酸性或微鹼性土壤
磷酸銨	灰或褐色粒子	酸	中	中	中	小	中性及微鹼性土壤
硫酸鉀	灰白或雜色結晶	酸	酸	大	小	中	鹼性中性及微酸性土壤
氯化鉀	白或雜色結晶	酸	酸	大	中	大	鹼性中性及微酸性土壤

（資料來源：行政院農業委員會農業試驗所）

(二)有機質肥料

1.有機質肥料之種類

　　有機質肥料之材料主要來自動物、植物及微生物殘體。有機質肥料在土壤中分解速度依材料特性及腐熟度不同而異，可區分為易分解型及不易分解型。易分解型之有機質肥料如糞便堆肥、大豆粕、米糠、魚粉、垃圾堆肥等，施用主要目的為供應營養。不易分解型之有機質肥料如樹皮堆肥、泥炭、硬殼類等，以改良土壤理化性及微生物環境為主，維持時間較長。挖方坡面施工地點大多土質不良、乾旱貧瘠，其生育基盤施用有機質肥料，不但可以改良土壤之質地，亦可改善土壤理化性，及增加土壤保肥與保水力。常用有機質肥料之要素含

量列如表5-18。

表5-18　常用有機質肥料之要素含量

肥料名稱	要素含量 (%)		
	N	P_2O_5	K_2O
台肥1號有機肥料	1.5	4.0	3.0
樹皮堆肥	1.14	0.77	0.36
泥炭苔	0.5～1.0	0.1～0.3	0.4～1.0
泥炭土	0.8～1.8	0.1～0.5	0.6～1.5
草木灰	--	1～2	4～10
大豆粕	7.52	1.77	2.77
魚粉	7～10	7～10	--
乾雞糞	3.0	3.1	1.3
花生粕	6.55	1.33	1.00
米糠	1.95	4.38	1.49

2. 有機質肥料之施用要領

有機質肥料施用量依不同土壤而有差異，不易分解型有機質肥料，如樹皮堆肥、泥炭類（泥炭土及泥炭苔）等堆肥類為1～4kg/m^2，易分解型有機質肥料為1～1.5kg/m^2。有機質肥料腐熟度愈高，愈不易引起植物與微生物之營養競爭，愈腐熟者效果愈佳，未腐熟之有機質肥料可提早施用。腐熟堆肥之C/N值需小於20。

(三)泥炭土

1. 定義

在沼澤等地區生長的水生植物或其他植物遺體未充分分解的堆積物，富含纖維質、木質素等有機物質。可用肉眼識別其植物組織程度的分解堆積物稱為泥炭。以泥炭為主形成的土壤稱為泥炭土。泥炭土被定義為一種有機土質，它必須含有65%以上之有機質，有機質未達

65%或配以不同成分之礦質土只能稱為壤土。因泥炭土水分含量多、總體密度小、強酸性、須有適當的配合排水、客土、施石灰等維護管理工作。植生介質材料中，泥炭土為廣泛被應用之土壤添加物或噴植材料。

2. 泥炭土之物理性質

在天然狀況，泥炭土是一團密實的半腐化木質，含有極多的根莖，並且仍然可見到不同腐化階段的細根、葉子及樹枝。泥炭土之產地為積水且地下水面長年達地表面之地區，因此導致其木質腐化較慢。

泥炭土加工後變成細粒，帶有木質或纖維，手觸摸有滑膩之感，具高容水量特性，相當於其乾體重量的15至30倍。若經過極度的排水，因物質固化及氧化作用而處於不可還原的乾化狀態及收縮體積。

泥炭土的大量孔隙能改善土壤，尤其是重黏土中的空氣流通性，黏土含有很多細孔及很大的容水量，但其滲透性及空氣流通不良，因此泥炭土的氣容量使泥炭土本身極適合與重黏土混合使用，可有效改善根群生長及伸展，加強營養的吸收，使植物加速成長。

3. 泥炭土之化學性質

泥炭土一般都屬酸性，其酸鹼度介於4.0至4.5之間，石灰或白雲石粉多被用來提高其酸鹼度至5.0～6.5，以便適合植物生長。

泥炭土含有很高的陽離子交換能量（C.E.C.），相當於每100克即有80至170毫克當量。簡而言之，泥炭土會有很大的容量去容納施加的肥料，避免因水而流失或化為氣體消失，可減少肥料的損失。

4. 泥炭土之生物性質

泥炭土中之有機質能提供良好的空氣環境，促進土中微生物生長，這些微生物將有機體或其他植物殘株腐化，並放出腐植體、有機酸及氮素以供植物吸收，此種生物性質使泥炭土十分適合施用於砂質

土或黏土。

微生物將泥炭土的高度有機質加以分化，利用其炭質作為能源，在這過程中，腐質體及有機酸被產生而成為植物的食物，受泥炭土束縛的有機氮也能被吸收，藉以促進植物生長。在熱帶地區，泥土中的腐質體會迅速分解，因此需以有機質加以補充。

泥炭土較礦質土少含致病微生物，因此自然較少帶來病害，此性質乃由於泥炭土是在缺氧環境生存。與此同時，泥炭土的積水狀況及低酸鹼性，也使它少含雜草，特別是低土層者，這使作物不受雜草干擾而茁壯生長，此特性具有重要及長遠的經濟效益，特別是在維持單性作物方面，例如：高爾夫球場草坪需終年不含雜草，因此只有類似泥炭土的無菌無雜草基體才能作為表層覆蓋物。

5. 泥炭土之其他特性

泥炭土內之半腐化木質分解緩慢，是良好的土壤改良劑，但使用時仍需配合其他肥料以免初期肥料供應不足。一般需在1噸中之泥炭土配合50公斤之液肥（N：P：K＝4.5：9：9）或2.25公斤氮素、4.5公斤磷素及4.5公斤鉀素。

(四)石灰

1. 石灰質材料之種類與特性

石灰質材料之不同，對土壤酸性之中和效果亦異。若以碳酸鈣之中和值為100%，則各石灰材料之中和值如下表5-19所示。

表5-19　不同石灰質材料之特性

石灰材料	分子量	中和值（%）
$CaCO_3$	100	100
$MgCO_3$	84	119
$Ca(OH)_2$	74	135
$Mg(OH)_2$	58	172

表5-19　（續）

石灰材料	分子量	中和值（%）
CaO	56	178
MgO	40	250

　　若石灰質材料含有兩種以上主要成分者，如苦土石灰，其中和值之計算方法如下例：

　　某苦土石灰含80%$CaCO_3$，20%$MgCO_3$

　　其中和值為80×100%+20×119%=103.8

　　中和值較大者，其施用量應按比例減少。施用石灰改良土壤pH，除了應選用適當之石灰質材料外，尚需考慮石灰質材料本身與土壤兩者之質地。石灰質材料之質地較細者，短期間內之改良效果較佳，土壤質地較黏者，因其緩衝（buffer）作用較強，其施用量應較砂質土為多。

　　為便於田間或現場工作人員之需要，改善酸性土壤之酸鹼度（pH）至5.5～5.6所需要的石灰石粉之參考量，如表5-20。

表5-20　不同土壤質地及酸鹼度之石灰石粉施用參考量　　單位：$kg/1000m^2$

土壤質地	原土壤酸鹼度（pH）					
	3.5	4.0	4.5	5.0	5.5	6.0
砂壤土	140～170	100～140	70～100	40～70	0～40	0～20
壤　土	240～280	170～200	100～150	50～100	0～40	0～20
黏壤土	290～350	200～250	130～200	60～120	0～40	0～20

2.石灰質材料之使用要領

　　以石灰改良酸性土時，應與土壤充分混合，方能達到預期效果。尤其在陡坡地，若僅把石灰撒施其上，一遇暴雨石灰即被沖失，而減緩其改良效果，且石灰會因與土壤混合不完全，造成局部土壤石灰含量過高影響植物之發芽生長，其中以中和值高者為最。若土

壤pH值甚低，石灰需要量所求得之用量可能高達3ton/ha以上，此時不能將所求得之用量一次全部施入土壤，應分批施用，逐年改善土壤pH，否則將使植物發生營養障礙。亦可選擇耐酸植物或客土處理，以達綠化效果。

四、纖維材料

纖維材料為噴植基材之主要添加材料，纖維材料可扮演著連結地表土、客土材料與網材角色，可有效防止資材與肥料流失、增加基材之機械強度。噴植工法應用之纖維材料包括泥炭苔、稻穀、樹皮堆肥、菇類堆肥、蔗渣堆肥、木質纖維、稻草蓆、紙漿與椰殼纖維等。

表5-21　噴植工法應用纖維材料一覽表

纖維材料	用途	特性	來源
泥炭苔	1.作為改善不良土壤之資材。 2.增加土壤有機質。 3.改良土壤物理性。	pH3.5～4.7，使用時添加石灰至pH5.5～6；全氮含量多數在0.7～2.0%；磷素含量偏低；全鉀含量0.6～1.2%。為最佳天然保水劑，保水性、通氣性高，具備優良的物理性質。幾近無菌狀態，不含雜草種子，極為清潔。炭化程度高，分解緩慢，可維持較長期之固定形狀。	主要分布於北方寒冷沼澤地方（加拿大或北歐國家），係積水低窪地和富有礦物質的地下水源條件下形成的物質。
稻殼	1.作為改善不良土壤之資材。 2.增加土壤有機質。 3.改良土壤物理性。	可直接混用，質輕，易取得，通氣排水性佳，保水性差。充氣孔隙度53%，容器水量45%，總體密度0.009g/ml，醱酵或炭化後使用較佳，炭化後pH與EC值高，使用時須注意。	國內農會米倉及碾米廠可大量供應。

表5-21 （續）

纖維材料	用途	特性	來源
炭化稻殼	1.作為改善不良土壤之資材。 2.增加土壤有機質。 3.改良土壤物理性。	經炭化稻殼的通氣性較差，但是炭化後總體密度上升為0.1g/ml，而孔隙度降為34%，田間容水量降為64%。炭化的過程使稻殼粒子破裂，因此密度增加，降低通氣性。但是炭化後的稻殼其保肥力卻可提升一倍，陽離子交換能力。	國內農會米倉及碾米廠可大量供應。
樹皮堆肥	1.作為改善不良土壤之資材。 2.增加保水及養分。 3.改良土壤物理性。 4.增加有機質。	樹皮堆肥是有機質肥料的一種，利用鋸木屑廢料為資材來堆積、分解腐熟後的產物，屬碳氮比高、高陽離子交換容量之長效性有機質肥料，適用改良土壤物理性質使用。透水性、保水性佳、因分解慢且纖維較粗，可固結土石防止沖刷。	樹皮、鋸屑等木質廢棄物，經回收堆積發酵為有機肥料。臺灣每年估計約消耗600萬m³之原木，相對所產生的樹皮、鋸木屑廢料非常龐大，是為豐富製造樹皮堆肥的來源。
菇類堆肥	1.作為改善不良土壤之資材。 2.增加保水及養分。 3.改良土壤物理性。 4.增加有機質。	栽培香菇堆肥材料配方，主要以稻草為主，然後添加化學氮源、磷源等營養成分為輔，材料先堆積4星期後製成香菇堆肥。透水性、保水性佳惟味道較重。	經由廢棄太空包與鋸木屑混合發酵之有機肥料。臺灣每年有機質廢棄物數量頗多，但以香菇廢棄太空包木屑堆肥為主。
蔗渣堆肥	1.作為改善不良土壤之資材。 2.增加保水及養分。 3.改良土壤物理性。	糖廠榨糖的蔗渣，亦良好的有機介質，使用蔗稈時，須要堆積後才能使用，蔗渣堆肥的粒徑要小於稻稈堆肥，其理化性和金菇木屑極接近，但pH值及緩衝能力卻類似泥炭苔，具改良土壤及提供植物生長之肥分，深黑色較黏稠，缺點是使用中容易因分解而減量。有機質含量應在50%以上（以乾基計），水分應在40%以下，碳氮比（C/N）應在20以下。	經由甘蔗渣與糞尿混合發酵而成之有機堆肥。

表5-21 （續）

纖維材料	用途	特性	來源
木質纖維	1.改良土壤物理性。 2.增加保水及養分。	可做種子之敷蓋物，具保溫、保濕及防鳥食之功能。在水中之分散性良，使種肥土易均勻附著於地面，小苗之覆蓋率效果佳，以多量使用亦不影響種子之發芽者為宜，遇水時，使表層土之吸水性提高，易增加地表沖蝕之危險性。	乃由天然樺木之樹皮經加工粉碎而成。或由國內造紙公司生產提供。
紙漿	1.作為改善不良土壤之資材。 2.增加保水及養分。	厚紙打碎成漿利用「有機污泥的生物醱酵資源化技術」進行堆肥化處理，經微生物發酵製作有機複合肥。堆肥保水效果佳，多量使用亦無礙種子發芽情形。	天然紙漿或廢棄之再生紙板泡水，由資源回收場或紙漿公司下料轉送至有機肥生產公司加工而成。
椰殼纖維	1.改良土壤物理性。 2.增加保水及養分。	椰殼之纖維多而強韌，其軟木質彈性佳、含水性好，且不易腐爛。近年來多用在蘭花栽培，根系發展良好。缺點：酸度過強時需要調整。使用椰子殼噴植時，需要注意氮質肥料的補充，因為其有機質分解時，也會與栽植的植物對氮質的競搶作用。其pH值在5.0～5.5間，EC值在0.5ms/cm以下，因此椰子殼纖維被認為是最有可能被用來取代泥炭苔的一種優良介質材料。	由南洋地區泰國、越南等地區進口加工，或臺灣自行將椰子殼切成小塊絲狀後，再乾燥製成。

5.4 木樁材料之特性與應用

一、木樁材料之特性

　　木材具有其他材料不可取代的性能，包括其縱向壓縮強度是橫向壓縮強度的數十倍，縱向拉伸強度為鋼鐵的1/4～3/5，壓縮強度是混凝土的1.3～2.5倍。相對密度是鐵的1/20，混凝土的1/5。熱傳導率比鐵小3個數量級，比混凝土小1個數量級外，同時具有吸水性和脫水性，以及調節室內濕度的功能，觸感亦佳。有關木樁材料之用材之優缺點，如表5-22所述。

表5-22　木樁材料之特性

特性區分	優點	缺點	改善方式
景觀性	1.自然型態與周圍自然環境調和，設施本身較不具獨特性考量，而是以大環境為整體表現。 2.因係天然素材不會造成視覺環境之衝突。 3.外觀上具有素材本身之溫馨與親切感。 4.木樁材如未處理而現地使用，將呈現極度自然景觀。	1.木材本身即使種類來源相同亦有一定差異，較無整齊劃一之景觀。 2.木樁材未經處理時，由於尺寸更參差不齊，整體視覺景觀上更難維持。	配合不同的環境自然度分級，選擇適生之自然資材。
材質性	1.本身為有機材料易腐化回歸土壤。 2.導熱、導電性小。 3.對音響機械振動吸收性大。 4.由肉眼觀察易發現材質之缺陷。 5.廢棄物處理容易。 6.設施局部更新容易。 7.可貯存二氧化碳。	1.易腐朽、劣化。 2.材質強度不均一 3.易發生龜裂、扭曲。 4.易著火燃燒。 5.未經防腐處理疏伐材材質使用年限約五年（柳杉等）。	1.進行防腐防蛀處理。 2.視工程種類設置地點、環境而選擇適宜工法。 3.如經處理並定期維護壽命將可延長至10年以上。

表5-22 （續）

特性區分	優點	缺點	改善方式
施工性	1.富屈撓性。 2.施工期限不受限。 3.運搬加工容易。	1.材料大小受限制。 2.如使用疏伐材，則現地施工較難依據圖說固定規格，常因誤差而導致驗收困擾。	1.可規範或指定適用工種。 2.可先於工廠處理預鑄後，運送至現地組裝。 3.現地施工人員應具備簡易手工具訓練。
經濟性	1.價格較低（加工簡單時）。 2.利用品質較差或尺寸不齊的疏伐材，作為林地間小型構造物節省廢棄物處理程序，並強化節能減碳考量。	無法永久使用，須定期維護更新。	須定期檢查與適當處理，避免將木材用於不適當地點。

二、木樁材料之應用原則

(一)設置地點

現行應用上常將木樁材料加工製成木製構造物，作為擋土設施、防護柵及具景觀美化功能之設施，且木製構造物常設置於河川、坡面、農地、公園等場所，若依其設置地點之環境條件、對木材之影響及利用方法，可區分如下表5-23之內容。

表5-23 設施地點（環境條件）對木材的影響

設置地點（環境條件）	設置條件對木材之影響	主要利用方法
地中	完全設置於地中的情況，因呈缺氧狀態而不易腐朽。	基礎樁 過濾材
水中	完全設置於水中的情況，因溫度較低且呈缺氧狀態，所以不易腐朽。	沉床工 水池護岸

表5-23　（續）

設置地點 （環境條件）	設置條件對木材之影響	主要利用方法
地面	為重複乾燥濕潤之地點，營養補給容易，所以因腐朽較快劣化。	坡面保護工 防護柵 標識、看板類
水面	為重複乾燥濕潤之地點，容易因腐朽發生劣化與龜裂。	護岸工 整流工
地上	容易遭受日照、降雨、風等氣象條件影響，容易產生變色、龜裂等，其腐朽乃是造成劣化的主要原因。	防護柵工 支柱
近海	近海地區鹽霧、強風與日照亦致木質加速腐朽。	防風網支柱、 堆砂籬

(二)木樁防腐處理

在自然環境中，木材會自然腐爛及分解，即使利用防腐處理以增加耐久性，但乃無法避免腐爛。木製構造物的耐久性，除了木材材料自身之耐久性能之外，亦因其所設置環境條件之不同而異。如埋設於水中或地中之松木材料，則具有較高之耐久性。因此，在木製構造物設計施工時，應先考量木材腐朽問題，而其防腐處理原則如下列所述：

1. 植生施工基地木樁材料（打樁編柵用木樁材料等）以不經防腐處理為原則。
2. 未經防腐處理之木質材料極易腐朽而失去其安定功能，較不適用於需要堅固結構、以安全為施工考量之工程。
3. 若利用防腐處理以增加其安定程度，則需要考慮其經濟效益與防腐處理方式之效益，及其對當地生態環境之影響。
4. 以構造物的類型、機能、生命週期、經費限制等為評估要項，決定防腐處理的需求程度。詳見表5-24防腐處理之評估原則。

表5-24　防腐處理之評估原則

設置環境	防腐處理方法與耐用年數之指標		防腐處理之評估（注意、探討事項）
	處理方法	大概耐用年數	
地中水中	無處理	……	◎在地中、水中之場合，木材不易腐朽，因此不進行防腐處理，但是須完全設置在地中、水中。
地際地上	無處理	1～5年	◎利用植生之復元補足設施機能之場合，考慮設施地之環境，與所期待之耐用年數相對應進行防腐處理方法之檢討。
	表面處理	3～7年	◎使用殘枝、小徑木（直徑約6cm以下）之場合，處理效果無法期待，因此不進行防腐處理。
	加壓注入處理	10年以上	◎在地上部之場合，因利用者觸摸機會較多，若要進行防腐處理，希望能採用加壓注入處理法。此外有必要進行施工性、經濟性之比較探討。 ◎現場處理之場合，須注意且確保現場處理之作業空間，及施工時對周圍的影響。 ◎加壓注入處理之場合，有無處理工廠，以及與材料之取得性（搬運等對經濟性之影響，可否在工期內相互配合）均需預先掌握。
水際	無處理	1～5年	◎由於防腐藥劑溶脫會造成防腐效力降低，因此在水際部設置之場合並不適合表面處理法。 ◎考慮到耐用年數，部材之交換性等，無處理之場合與其施工性、經濟性均有探討之必要。
	加壓注入處理	約10年	◎有無處理工廠，以及材料之取得性（運搬者會對經濟性之影響，可否在工期內相互配合）均須預先掌握。

（資料來源：2005，木材生態工法施工設計與維護手冊）

5.木樁材料在以下之情形，可不進行防腐處理：

(1)在逕流量較少，且沒有土石流災害之地點，施作之護岸工、整流工等構造物，至木材腐爛時，植生之繁茂生長可達預期替代功能者。

(2)背面土石量較少之坡面擋土構造物，至木材腐爛時，可利用植生之繁茂生長替代其功能者。

(3)編柵工、木製固定框等坡面保護工之地點，藉由植生的繁茂生長防止坡面侵蝕且可替代其功能者。

(4)設置於地中之基礎樁或設置於水中之構造物等較難腐朽，可預期較有長期之效果者。

(5)假設工程用防護柵、緊急工程構造物，供作暫時使用者。

(三)木樁表面處理

1. 木樁材去皮與否，與整體構造物使用機能與區位有關。以純粹物理機能為訴求的構造物，如擋土、防蝕、排水等設施，與使用者直接接觸機會較少，或者設施位於較隱蔽地區，因構造物耐用時間短，早期回歸自然，故可直接採原木不去皮材質設計。

2. 為提高構造物的觸覺與精緻效果，對於視覺敏感度較高地區或使用者接觸頻繁的設施，建議利用製材廠旋切機（rotary lathe）旋切加工為圓木棒，提高材質均質度與平滑度，以增加構造物的親和力與安全性。

3. 處於自然度較高的原野型木構造，一般不施以漆料、塗裝為原則。

4. 為求木材盡早乾燥、減輕重量、搬運容易及避免病蟲害之發生，可進行天然乾燥、剝皮等工作。

三、應用木樁材料之注意事項

1. 打樁前，應檢查所用之樁材，確係符合規格，始可著手工作。

2. 採用質地堅硬、耐久性佳之木樁，應避免使用有腐痕、裂跡、彎、節等問題之材料。

3. 木樁之尺寸應合予圖樣規定，打樁之前應將表皮除去，其小頭

之直徑與圖樣之規定尺寸相差不得超過5%。打完後,因錘擊而破裂之頂端應行鋸截平整。

4. 所用樁木須材質均勻,不得有過大彎曲之情形。木樁首尾兩端連成一直線時,各截面中心與該直線之偏差程度不得超過木樁直徑之1/4;另樁身不得有蛀孔、裂紋或其他足以損害強度之瑕疵。木樁之下端,應削成尖形,但其長度不得大於末梢直徑之兩倍。

5. 除另有規定木樁材料外,材料應符合CNS 442 01001及設計圖說之規定。

6. 木樁之外徑、長度、外觀依CNS 443 01002及設計圖說之規定,視需要每批檢驗10%。

7. 打樁前,其樁頂須先截鋸平整,其樁身需加以保護不得有影響功能之碰撞傷痕。

8. 應依樁徑、樁長及現場地質條件選用適當之樁錘,並提供樁錘製造廠商之使用說明,包括最大錘速、錘擊能量。打樁過程中,如遇堅硬地層或觸及地下障礙物,以致不能打至預定深度時,應報請工程司核定處理方式。如樁頂設計高程低於原地面,應先將樁頭打至地面齊平後,再於樁頭上另加引樁筒繼續施打至設計高程;引樁須經工程司認可後方可施工。

9. 打樁過程中,凡產生劈裂、折斷情形,或打樁完成後之樁位偏移量、垂直度超過設計容許值,經監造單位研判無法補救者,均須廢樁。

5.5 其他植生工程規劃設計時應注意事項

1. 水土保持植生工程之導入作業通常以播種法為基本,配合栽植工程施工,才能有助於再造成近大自然或防災較強的群落。

以栽植法導入植物時，挖植穴恐會破壞坡面，故不宜用在陡坡面，尤其不宜在順向坡或泥岩等之坡面進行，因挖穴後滲透水會降低內部剪應力或植穴滯水會促進風化，增加誘發崩塌的危險性。由於播種形成之群落，其根系之形態或地上部與地下部保持平衡狀態，幾近天然林。因此，其對崩塌、風倒、乾旱等之防災機能較植栽形成之群落為高。另一方面，植栽施工地區植物群落無法自然淘汰，須繼續行疏伐管理。

2. 植生工程規劃設計時，應避免太多原則性之敘述。如屬細部設計，除各處理之單元設計需有完整資料與圖說外，應詳細標示植栽之配置圖。依水土保持計畫審核及監督要點，水土保持設施所列植生項目，須包含植生種類、植生綠化工法之示意圖（比例尺不得小於二百分之一），設計範圍及配置圖（比例尺不得小於一千二百分之一）。

3. 以山中式硬度計之測值資料做為植生工法設計與植物可能生育情形之考量與評估，在日本被廣泛使用，但在臺灣之應用情形不普遍。而且山中式硬度計僅適用於挖方坡面，不能應用於填方坡面。

4. 不同坡度與植生工程應用之相關性，應同時考慮岩層走向、節理、劈理及破碎程度。植生工法選用時，應考慮坡面礫石之含量，以做為是否選用噴植、固定框或植生帶法之依據。

5. 施工期間，如地面裸露時間太長或有沖蝕之虞，應有臨時性防災措施設計（尤其在雨季時），如暫時性敷蓋、噴草覆蓋等保護措施，尤其是泥岩或坋質砂岩坡面。

6. 栽植槽植生常有失敗之例子，其原因包括栽植槽太小、客土品質與排水不良等。設計時應盡量與原土層接續，必要時應有滴灌設計。

7. 植生袋、植生帶、植生草帶、植生束、掛網肥束帶、肥束帶、截留束等名詞常易混淆，應特別對照其圖示說明。如作為含

種子之客土袋使用，應說明編袋材料之密度（或透光度）之標準。

8. 黏土質或細顆粒土質之坡面植生時鋪鐵絲網之效用較低。如須鋪網時應使用柔性細網目之材料。植生坡面應特別注意坡頂排水溝，如屬崩塌地、泥岩或較破碎岩面，應盡量使用鋪網噴混凝土溝。

9. 種子播種量應依施設地點之地質或環境條件之不同而異（如噴灌或維護設施等），泥岩地區應比正常使用量增加50%。種子如與土壤或噴植添加物混合攪拌後使用，其單位應與土壤之使用單位相同，如kg/m^3等。木本植物因發芽率較低且使用量較少，可以發芽量或成活率為設計依據，如株／m^2。

10. 材料規格標示及相關事項

(1)噴植材料及所含添加物通常標示不明，規格化之材料標準尚未建立，特殊工法之檢查驗收仍待研討與確立。

(2)稻草蓆應明定其單位重量標準，建議以150～300g/m^2為佳。

(3)植生及栽植工程係屬專業性較高之工作，不同植物、不同的植栽季節與地質區之維護管理方式差異極大，承包商於施作時應聘用經驗豐富之人員施作。

11. 打樁編柵之設計應避免採用無法購得或取得之植物材料。

12. 須強調生態綠化之地區，如棄土場、垃圾掩埋場及隧道明挖覆蓋區等，應選用本地種植物，但大面積噴播用禾本科草類可參考使用4-2節所述之草種。

13. 設計蔓藤植物栽植區，應區分懸垂藤類與攀緣植物。

14. 使用植物之名稱與學名常有錯誤。植栽設計使用俗名常生困擾，應特別注意。

chapter 6

植生前期作業（基礎工）之規劃設計

6.1 植生前期作業（植生基礎工）之工作內容

一、植生前期作業之定義與目的

植生前期作業係指坡面播種或栽植植物前，所做之基礎或坡面安定設施及其相關前置作業，其內容包括施工基地自然環境因子之調查、周邊生態環境評估、整地與坡面處理、排水工程、坡腳基礎工程、坡面安定工程，其中整地與坡面處理、排水工程、坡腳基礎工程與坡面安定工程等作業項目，亦稱為植生基礎工。

植生基礎工之目在於減少或防止坡面沖蝕、防止崩塌面積擴大、增強坡面基礎穩定及營造有利植物發芽、生長、演替之環境條件等。將植物導入坡面時，其前提是坡度、土壤基質、氣候等條件，必須適合目的之植物群落之成長與建立。而主要設施與施工作業之目的包括：

(1)植生基地之安定：防止或減低坡面之沖蝕、崩塌。

(2)植生條件之改善：改良土壤的物理性、化學性。

(3)環境應力之緩和：緩和一切對正處於發芽、生長中之植物造成阻礙的因素。

二、植生前期作業之工作項目

植生前期作業之工作項目與目的如表6-1所述。

表6-1 植生前期作業之工作項目與目的

項目	種類	目的
整地與坡面處理	1.表土保存與利用 2.棄土土方處理 3.坡面表面處理（挖植溝與鑽孔） 4.現有樹木之保留與處理 5.客土與土壤改良 6.階段處理	1.消除坡面之植生障礙因子。 2.現地植生表土之有效利用。 3.形成有利植物生長之坡面型態。

表6-1 （續）

項目	種類	目的
坡面排水工程	1.坡緣排水 2.縱橫向排水 3.小平臺排水 4.水平排水管 5.盲溝排水 6.路緣排水	1.提高通氣性與通水性，排除地表逕流。 2.防止逕流或滲流湧水，造成坡面崩塌與坡表沖蝕。 3.設置不會造成沖蝕坡面及無溢流可能之設施構造物。
坡腳基礎工程（坡腳擋土構造物）	1.混凝土擋土構造物 2.砌石擋土構造物 3.石籠擋土構造物 4.原木（木格框）擋土構造物	1.對土壓力所對應之上方坡面減緩坡度。 2.對應於坡腳加以固定，確保結構物之大小與配置合宜。
坡面保護工程（坡面安定工程）	1.固定框工 2.打樁編柵 3.網材鋪設工	1.通常為連續性之組合構造物，上層存有較輕型構造物，下層則有基礎構造物之支撐。 2.須與基礎工程、排水工程配合進行。

註：1.坡面排水工程包括地表排水與地面湧水排水等措施。其中地表排水依其應用材料之不同，可分為混凝土砌石溝、蛇籠或箱籠排水溝，預鑄排水溝、金屬網噴漿溝、草溝、土溝及土袋溝等。

2.上述的坡面保護工程、坡腳基礎工程及坡面排水工程如為較大規模之構造物，則常屬土木工程之範圍，部分資料可參閱水土保持手冊、水土保持技術規範等之圖例說明。

6.2 整地與坡面處理

一、整地與坡面處理之原則

1.有土石滑落與崩塌之虞的坡面，去除不安定土方或整理坡面型

態以穩定坡面。

2. 於植生基地外緣，除去外緣區位不穩定或不規則狀態的浮石或殘餘土，形成穩定度較高的坡面。

3. 在坡面較陡之深層崩塌地區，常形成許多不規則裸岩，會造成邊坡不穩定或有後續崩塌可能，應給予適當之坡面整理。

4. 當黏性土坡面太平滑時，植生基材不易密著，應適當鑽孔、挖植溝或鋪網材等，以增加坡面糙度。

5. 在岩質坡面，有浮石或不安定土石等會影響植生工程施作時，應進行移除或刷坡處理。

6. 在坡面上如有既存植物時，若無妨礙工程之施作應予以保留。

7. 在岩層坡面開挖整地時，應考量岩層之地質結構，以作為最終坡面型態規劃之依據。

8. 若有保全對象時，整地後之坡度應小於土層安定的坡度。但在陡峻地形或坡面長度過長等地區，因為挖方之土方不易處理，應依土質、地形、地質及環境條件，決定整地作業方法之坡度，包括預先進行擋土構造物等基礎工程的配置，並同時考慮植生工法之設計。

9. 整地後之坡度以緩於1：1為準則。在較安定之硬岩，坡面可藉整地造成凹凸表面；在不安定的坡面上，配合坡面保護構造物並同時進行坡面植生基地條件。

10. 在自然裸露坡面上，設置階段小平臺排水或引導坡面逕流水，朝向兩側排水屬於較為困難之事，應依坡面凹凸形狀與地質特性，考慮排水溝之位置、方向與斷面形狀等，並儘量使縱橫向排水溝之設計間距小於10m，以減低各排水溝之排水容量。

二、表土之保存與利用

處理含有豐富有機質表土之邊坡時，應於開挖前調查表土之厚

度，採取地表30cm內之表層土堆積於平坦地。堆積之表土在未使用前可先播草本植物種子，或蓋上膠布以防止土壤流失，供為播種或栽植時造成生育基盤之用，或可藉由潛在表土植物加速植生覆蓋效果。採取表層土時，同時採取可能利用之樹木（灌木、小苗等），假植於肥沃地或苗圃，用為植生復舊用苗木材料。

三、坡面之表面處理

由於植生施工之方法不同，坡度整理時之凹凸程度，影響植物生長亦異。如用鋪稻草蓆或不織布等施工時，坡面整成平滑較適當；採用種子撒播法施工時，以有某種程度之凹凸坡面較利於綠化資材之密接與植生之固定及著生；而在岩盤坡面上施工時，較大之凹凸坡面有利於造成植生容易成功之生育基盤，亦即對於沒有崩塌危險之坡面，以做成較大型之凹凸坡面為佳。

在土壤硬度大於26mm（山中式硬度計測值）以上之一般硬質土層坡面、無土壤之岩質坡面、硬度較大之土壤或特殊岩層之坡面上，挖溝與鑽孔以供客土，利於植物根系之伸展及防止客土層滑落。其設計與施工方法如下：

1. 清除坡面危石及殘枝等雜物。
2. 用開溝機械或尖嘴鋤頭於坡面上每隔50cm挖掘寬10～15cm，深10～20cm之小溝，或用鑽孔機在坡面上每m²鑽6～9個穴，每穴深15～20cm、直徑6～10cm。
3. 於溝內或穴內客土並施堆肥或遲效性肥料，以利於植物根系之生長。
4. 坡面開溝或鑽穴後，可配合鋪網客土噴植。
5. 開溝與鑽穴對於土壤硬度在25～30mm範圍之土壤處理較為有效。但對於土壤度在25mm左右之黏性土壤，亦可改善其通氣性，有助於植物根系之生長。
6. 在礫石層地區不宜進行挖溝與鑽孔，青灰岩坡面上須坡度緩於

1：1.5時，才能進行。

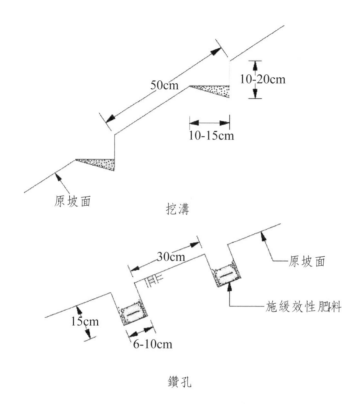

圖6-1 挖溝與鑽孔示意圖

四、現有樹木之保留與處理

(一)現有樹木之保留與處理原則

坡地開發時，需預先調查並確認具保存價值的樹木或植物群落之存在與否。現有樹木經現地調查後，應區分為保留、移植或伐採，並分別進行不同之處理；必須移到其他場所時，在移植前半年至一年期間內，實施切根作業。移植困難之貴重樹木應實施假植。移植時期應

避開嚴冬或酷暑之季節，通常在3～5月較佳。施工地區擬保留現存樹木，須依其為挖土區或填土區而分別處理，說明如下：

1. **填土區**：現存樹木於根際處填土會嚴重危害樹木的發育，為防止因填土而引起生長障礙，大多在其周圍堆積石頭。樹冠幅1/2範圍內應避免填土，並需有排水設施。

2. **挖土區**：保存樹冠投影範圍之原有生長基地，挖土應在其周線範圍以外。

道路坍方或崩塌地植生工程施工前，如其崩塌外緣有危木或風搖木之情形，須視坡度、坡向延伸或視崩塌造成張力裂縫之情形，伐除其邊緣木，伐除範圍通常自坡緣算起10m左右。伐除方法原則上以保留地上部1～1.5m植株根部，任其再自然萌芽。危木或風搖木伐除示意圖如圖6-2所示。

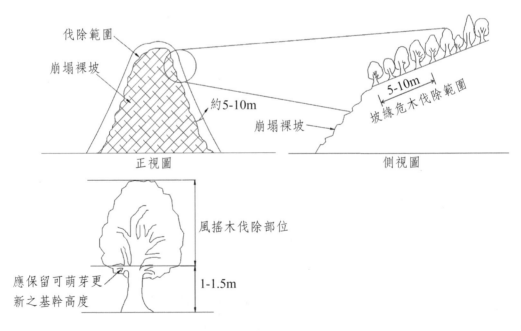

圖6-2　危木或風搖木伐除或截短示意圖

(二)裸露坡地樹木保留之效益（樹島效應）

一般裸露坡面或崩塌地裸露面，樹木保留可增加林木拓展及促進演替、森林化棲地復育之功能，此效益通常稱為樹島效應（tree island effect），如圖6-3。茲說明如下：

1. 林木遮蔭下之草類生長保護

保留木可以營造微氣候，其底層的枯枝落葉具有大量吸收水分的功能可增加林內濕度，且樹冠遮陰效果，減低溫差與乾燥作用，有助於周邊草類之生長。

2. 根系固土、土壤保育作用

保留既存樹木可以減少對地表的擾動，且崩塌過後，坡面乾燥會使植物面臨環境應力，使植物根系向下生長尋找水源；又根系深入土體可增加土壤保育力與土壤盤結力，另外既存樹木的保留，可以降低降雨所帶來的沖蝕，降低雨滴的打擊作用力。

3. 減風作用及風傳播種子下種、繁殖

種子的傳播分為物理性與生物性，其中物理性指重力風力與彈力傳播。一般而言；風力傳播者距離較遠，而樹木本身具有降低風速的功能，當風速降低時所攜帶的種子便會降到地面。（Fragoso, 1997）

4. 引導鳥類棲息，其糞便攜帶種子下種

坡度陡峭的崩塌地，植被復育不佳亦不利動物棲息，為了營造出適合動物棲息的地點須進行植生導入，而既存樹木的保留，可使鳥類稍作停留，增加獸力影響因素，另外經過動物體內的種子，或經鳥類糞便排出之種子，由於其體內酵素作用可增加種子發芽率。

5. 分蘖與殘根莖萌芽拓展

闊葉樹種常具有旺盛的萌芽力，其中桑科、樟科、殼斗科的樹種萌蘖情形相當顯著。當植物面臨生長逆境時，或在裸露地邊緣生長間

隙（gap）出現時，發生的情況更加明顯。另萌蘖芽可利用母株的根系與養分快速生長更可當母株死亡之後利用原本的生長空間，在更新上更具優勢。

2005年3月（崩塌初期）

2008年9月（鋪網噴植後）

2009年5月

2012年11月

圖6-3　裸露坡地樹木保留之樹島效應（石門水庫蘇樂橋）

五、客土與土壤改良

　　坡面土壤改良，一般可分為客土及添加土壤改良劑兩種處理。土層淺薄、石礫地或嚴重污染地，可用客土處理。土層深厚之酸性或鹼性土壤，可添加土壤改良劑以中和土壤pH值及改良土壤物化特性。

(一)酸性土壤

酸性土壤施用改良劑如石灰類、爐渣、白雲石、蚵殼粉等，其施用量依土壤不同而異。一般酸性愈強（pH值愈低），需要鹼性中和的材料愈多，可依該土壤測定之石灰需要量之1/2至1/4施用。如全量施用時需要配合有機質肥料。石灰材料愈細，則改良效果快且佳。土壤質地愈細愈黏者，則需施用較多之石灰資材。

(二)鹼性土壤

鹼性土壤可施用之改良劑有硫磺粉、強酸性泥炭土及有機質肥料等。施用量依土壤不同而異，一般鹼性愈強（pH愈高），需要酸性中和的材料愈多。可依該土壤測定之硫磺粉需要量之1/2至1/4施用，如全量施用時需要配合有機質肥料，以免引起其他土壤問題。施用方法可將酸性資材撒施於土壤表面，或與基肥同時翻入土中。不同問題土壤之客土與土壤改良方法列如下表6-2，供為參考。

表6-2　問題土壤之土壤改良方法

土壤問題	改善方法	目標
1.強酸性土壤	施用石灰粉、爐渣、白雲石粉或蚵殼等鹼性資材。以逐年（2～3年）分施及配合有機質肥料，以保護土壤。	提高pH值至5.5～6.0
2.強鹼性土壤	施用酸性資材如硫酸亞鐵、硫磺粉、石膏、泥炭土等，並配合有機質肥料為佳。	調整pH值至7.5以下
3.低有機質土壤	施用有機質肥料或種植綠肥，注意保水及土壤構造及改良，施用不易分解之泥炭類及樹皮堆肥。	改善土壤理化性質及微生物相
4.淺層土及礫石地	客土、放淤、去粗礫、加施有機質肥料。	使有效土層大於10cm

六、階段處理

坡長過長（大於10m以上）時，須在坡面上設置階段，並在階段上栽植草木，以安定坡面。

1.設置階段的目的

(1)縮短坡長，防止漫地流集中。

(2)作為各種作業之基礎。

(3)作為管理、保護坡面時之作業道。

(4)提供植物生育之基盤，尤其在陡坡地，設置階段頗有效。

2.階段設計與施工上應注意事項

(1)設置階段後地表水容易滲進坡面內，或階段上易積水而促進溝狀沖蝕，降低坡面之安定性。

(2)用地受限制的坡面，常因設置階段而使坡面變陡。

(3)階段之一般設計規格，階段間隔為5～7m。階段臺面採內斜式，斜率為5～10%。階段臺面寬度小於1.5m時，通常稱為小階段處理，其階段面以排水為主，或以栽植中小灌木為宜。

(4)階段上需設置排水設施，降坡1～2%。

(5)階段臺面寬1.5m以上至2.5m時，階段臺面可客土植生，配合內側排水。階段臺面寬2.5m以上時可規劃複層植栽。階段上栽植大型喬木時，可能誘發坡面崩塌，宜慎重為之。

(6)階段上鋪設U型預鑄水泥溝時，須注意埋設深度與接頭處之施工。

3.各種階段上之植生工法示意圖如下圖：

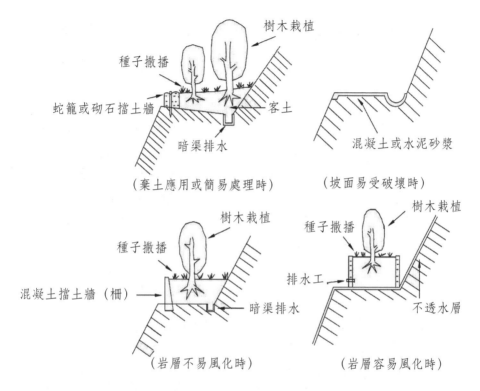

圖6-4　階段面植生工法示意圖（仿日本道路綠化保全協會，1982）

6.3　坡面排水工程

一、排水溝與排水工程之定義

排水溝：為攔截地表逕流，匯集地表水，以順利宣洩逕流而構築之構造物。

排水工程：利用工程或其他方法將逕流或地下滲流水有效地引

導、分流或排除至下游安全地區，使其破壞力減至最低限度，可減輕或避免災害之發生。

二、排水工程之設計原則

(一)配置方式與型態設計

排水工程之施設地點，應整體考量區域集水區水文狀況、坡面地形與逕流匯集之地點，進行安全排水系統規劃設計。特別在植生工程施工區域內出現湧水、施工基地坡面凹型而致周邊地表水集中，或坡面地質條件差不堪地表水沖蝕等情況下，應設置排水構造物，以宣洩地表逕流。排水工程之配置方式與斷面型態設計時，應依下列原則進行：

1. 區域內之排水系統，包括縱向、橫向排水設施需加以配置整合，以安全排洩豪雨時的地表逕流。
2. 一般而言，自然裸坡面之斷面形狀並不只是單一的凹面地形，坡面上之逕流依坡度方向匯集流至低窪部位，因此排水構造物通常設在最低窪部位，並配合截洩溝，減低流速避免極端改變水路降坡，防止淤積或水躍現象。為緩和坡面地形變化造成的逕流流量變化，以順利排洩逕流，整地後的坡面之排水設施宜儘量取直線型態為佳，減少水流衝擊構造物。
3. 大部分坡面之縱向排水溝坡度較陡，在水流之匯集地點或排水溝方向轉換點，易產生溢流與水躍現象。為防止可能導致排水溝破壞與災害發生，需依現地坡面地形、排水設施配置情形，設計跌水與集水井等安全構造物。

(二)排水溝之設計容量

1. **逕流量Q**：依實際之集水面積計算。坡地農地內排水系統逕流量原則上採用10年一次頻率之降雨強度計算，而非農業使用

之坡地排水系統逕流量，則採用25年一次頻率之降雨強度計算。

2. **坡降**：採用同斷面區段中最小坡度為其設計坡降。

3. **排水溝形式**：常用排水溝斷面形式有矩形、梯形、U形、半圓形、拋物線形等，可就近取材及依農機具適用情形選定。

4. **斷面大小**：根據逕流量、坡降、襯砌材料等設計斷面大小，以達到不沖刷不淤積等經濟安全、施工容易之最佳排水斷面為目的。

5. **粗糙係數n**：依通水斷面之光滑程度而異。

6. **水力半徑R = A/P**，其中，A = 通水斷面積（m^2），P = 濕周長（m）。

7. **平均流速V**：採用曼寧公式計算

$$V = \frac{1}{n} R^{\frac{2}{3}} S^{\frac{1}{2}}$$

其中，V = 平均流速（m/s）

n = 曼寧粗糙係數

R = 水力半徑（m）

S = 坡降

8. **排洪量**：依據設計斷面（A）及所得之平均流速（V）求得排洪量

$$Q_0 = A \times V$$

其中，Q_0 = 排洪量（m^3/s）

A = 斷面積（m^2）

V = 平均流速（m/s）

9. **出水高**：選定設計斷面後應加上出水高，出水高一般依設計水深之25%計算之，且最小不得少於20cm（但L型、拋物線型排水溝不在此限）。

三、排水設施分類

　　坡面排水設施即利用工程或其他方法，將逕流或地下滲流水有效地引導、分流或排除至下邊坡地區較安全之天然溝或排水溝，使其破壞力減至最低；或藉防止地表水、地下水流入坡面提高坡面的安定性，並配合使用作為穩定坡面之保護工、擋土牆等防止崩塌設施以提高坡面穩定性，以減輕或避免災害之發生。坡面排水系統須強調縱橫向排水、區內外排水之組合及排水之安全性等之說明，如圖6-5所示。

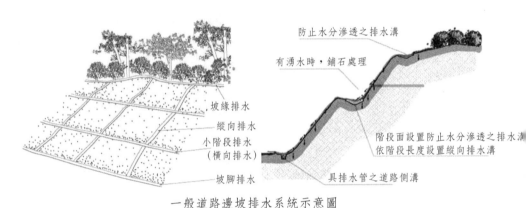

一般道路邊坡排水系統示意圖

圖6-5　坡面排水系統示意圖

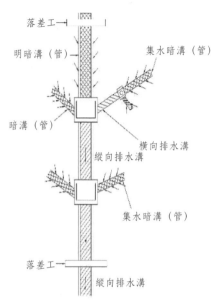

落差工

明暗溝（管）

集水暗溝（管）

暗溝（管）

橫向排水溝

縱向排水溝

集水暗溝（管）

落差工

縱向排水溝

一般野溪崩塌地排水系統示意圖

翡翠水庫邊坡崩塌地處理

圖6-5　　（續）

(一)依區位特性分類

1.坡緣排水溝

　　坡緣排水之目的，係將植生工程施工基地坡面上方之水排除，以防止其造成沖蝕及坡面崩壞之現象。各種坡緣排水構造物示意如圖6-6所示。

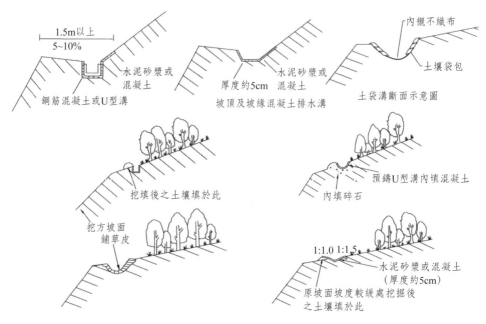

圖6-6　坡緣排水溝示意圖

坡緣排水溝施工時，須注意之事項如下所述：

(1)須與縱向或橫向排水溝緊密連接。

(2)必要時，坡緣排水溝必須延伸至安全排水地點。

(3)排水溝斷面大小須依坡面上方的集水面積計算。

(4)排水溝彎曲處或接合處須特別注意其施工作業。

(5)為求施工簡單易行，甚多地點使用預鑄型混凝土溝，但須特別注意其接合情形，以及坡面上方排入水溝之高差。必要時須增加排水溝兩翼之保護工。

(6)排水溝儘可能依直線設置，避免急轉彎；或應該於彎曲部外側加強保護並加高溝翼。

(7)排水溝斷面由上游至下游宜分段隨流量增加而加大。

(8)排水溝縱坡應力求平順，避免變化過大。坡度在10%以上者，每隔10～40m應設置截牆或跌水設施一處，以減緩流

速，另於溝底應設置止滑桿，以防止排水溝滑動。

(9)排水溝之通水斷面，考量到安全性及其他因素，可酌予加大1.2～1.5倍。

2. 縱向排水

縱向排水溝係沿著坡面方向，將坡緣或橫向截水溝所收集的水快速排出坡面之排水構造物，包括混凝土溝、水泥砌石溝、涵管等，如圖6-7所示。

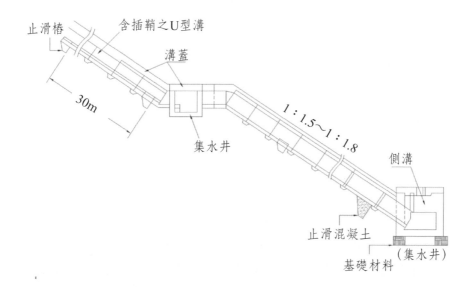

圖6-7 縱向排水溝（混凝土U型溝例）斷面示意圖

圖6-8　縱向排水溝（U型溝）個案例（左：混凝土溝；右：混凝土預鑄溝）

3. 階段面小平臺排水

為防止坡面沖蝕，以及防止太多水滲入土層而造成坡面之不安定，於坡面構築小階段之臺面內側，以水泥砂漿、混凝土或其他簡易資材等做成之U型、內斜型溝等，將坡面之水導入縱向排水溝或坡緣排水溝之排水構造物。

4. 水平排水管

坡面上有湧水情形時，橫向挖掘並埋入透水管，以利排水之方法。使用之排水管包括塑膠管、合成樹脂網管、混凝土管等之單一型或組合型等。

5. 盲溝排水

(1)為收集並排除地表面之滲透水，減低間隙水壓，增加坡面穩定性，使用透水性良好之碎石、透水管、混凝土有孔管或透水布、不織布等埋設於地下之簡易排水方法。

(2)盲溝縱斷面形狀，原則上與原地面保持同一坡度，若原地面的縱斷形狀與排水溝之坡降不一致時，應分段將之收集地下

水或滲透水有效集中並迅速排出地表。

(3)為防止盲溝集水管內淤塞，可採加大盲溝坡降或加大管徑等
方法或採用防止淤塞過濾材料，如適當粒徑的砂、透水布、
透水墊等。

(4)盲溝之設計間距原則上以坡面取長20m左右，一般多利用坡
腳擋土構造物的高差，設置排水口將水導引至地表面，以最
短距離排出。

(5)盲溝之設計位置主要有分三種，分成含水量多的一般土質、
排除較淺部位水、排除較深部位水等三種。

(6)各式盲溝示意圖如下圖6-9所示。

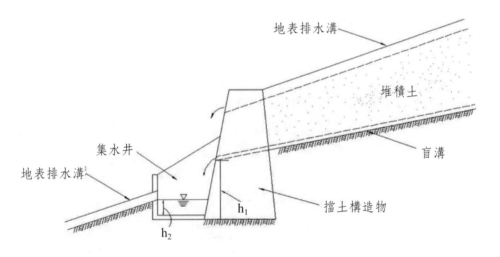

圖6-9　盲溝集水導引排放入排水溝示意圖

水平排水管 　　　　　　　　　　　盲溝排水溝

圖6-10　水平排水管與盲溝照片示意圖

(二)依排水構造物之用途分類

1. **截水溝**：沿近似等高方向，橫跨於坡地或保護物之上方，以攔截逕流並導引至安全的地點者。適用於需要攔截上方逕流，以免發生沖蝕或災害之地點。

2. **縱向溝**：沿坡面縱向構築以安全宣洩逕流者。一般於坡度大、流速快且在襯砌材料允許流速範圍內均適用。

3. **跌水**：跌水用於溝渠坡度過陡，水流速度超過限制流速之處，主要係減緩流速、消減能量，所建造控制水流落差之構造物。其使用材料可分為混凝土、漿砌塊石、砌磚、乾砌塊石、土袋、編柵等，設計時以不產生跌水基礎沖刷為原則，可配合排水溝施作截牆以增加穩定性。跌水施設地點應詳加勘查，並注意相對位置，急彎處跌水入口及出口方向，應與上下游流向一致。設計時，跌水高度原則上以3m為限。

4. **涵管**：排水系統與道路系統交會處，亦或排水路無法以明溝方式構築時，可採用埋於地面下之涵管宣洩水流。涵管之種類如下：

(1)普通混凝土管：一般規格為長60cm，管徑20～120cm，以鋼筋混凝土鑄成。適用於農地排水系統，道路最大荷重限制為H-10。

(2)離心式混凝土管：鋼筋混凝土製品，以離心力法製造。適用於各種排水系統，道路最大荷重限制為H-20，一般規格管徑20～120cm者，有效管長為2.5m，管徑135～300cm者，有效管長為2.43m。外壓強度則由小管徑之780kg/m²至大管徑之11,730kg/m²。

(3)箱涵：鋼筋混凝土構造，依據公路標準圖為正方形或長方形，大小為1m×1m～3m×3m，每50cm為一級，適用於各種排水系統，道路最大荷重限制為HS-20。

(三)以襯砌溝面材料分類

1. **草溝**：種植草類於土築溝面，以防止沖蝕者。適用於一般緩坡地區、農耕地區，流量少，坡度在30%以內，流速不超過1.5m/sec，溝長30m以內者。

2. **砌石溝或砌磚溝**：用塊石襯砌溝面，以保護溝身安全者。常用於農塘周邊、道路邊溝、坡地社區排水等小區域排水或土壤易沖蝕之地區。

3. **混凝土溝**：用混凝土或鋼筋混凝土襯砌溝面，以保護溝身安全者。崩塌地縱向排水、農塘溢洪道、道路邊溝、坡地聯外排水等流速大、土壤易蝕之處適用。

4. **預鑄溝**：依照既定規格，預先鑄造之混凝土製品，搬運至現場襯砌溝面，以保護溝身安全者。農地排水系統、施工缺水、搬運不便、工作困難之處適用。

5. **土質溝**：原地面開挖整修成溝。土質佳之緩坡適用。

6. **土袋溝**：用土袋密排溝面，以保護溝身安全者。水土保持處理排水系統時間短暫時採用，坡度超過30%時，應每隔1～3m加

設排椿固定，又為防止溝底逕流大量入滲，可於其溝底加鋪塑膠布保護之。

7. **拍漿溝**：依據現地需要於坡度較陡地區，在原有之土質溝上噴以混凝土漿，並拍附整平，使原有溝底襯砌混凝土漿，提供較安定排水溝面。

草溝（果園內植百喜草）

砌石溝（鶴岡太平頂）

砌石溝（楊梅茶改所）

混凝土溝（臺中東勢林場）

圖6-11　襯砌溝面材料分類照片例

預鑄溝（日本）

土袋溝

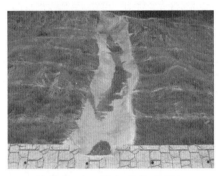

拍漿溝（石門水庫集水區）

弧形混凝土溝
（大湖四份水土保持戶外教室）

圖6-11　　（續）

四、排水工程應注意事項

1. 確實匯集導水，設置對坡面不會造成溢流或浸水之設施構造物。

2. 影響坡地逕流因子包括地形、土壤、地質、覆蓋度、坡度、降雨量及降雨強度、集水區面積大小與形狀等。排水系統規劃時，應先蒐集上述各項基本資料，估計其洪峰逕流量、決定排水斷面並控制其流速，使坑溝不發生沖刷及淤積之現象，才能獲得安全之排水效果。在施工區域內與其周邊，應將可能造成沖蝕、災害之逕流水先引離坡面，使其不造成坡面之危險。

3. 挖方坡面於壤土或黏質土層上方具有透水層之地區，即使在坡面乾燥情況下，亦具危險性。因植被破壞造成截留水量減少或局部逕流集中，促使地下水量增大、產生大量湧水而發生崩塌。湧出之土壤水可以利用樹梢束、樹枝堆疊排水溝、排水暗渠、排水溝、鋪石排水溝、涵管、具有透水性溝底鋪面之排水溝、跌水工等加以集水，及引導水流方向來確保安全。

4. 選定排水設施時，須同時考慮通水斷面、內襯溝面之糙度、基礎安定及經濟性等。在坡面逕流匯集地點，過於簡易構造的排水設施，易遭受破壞。因此設計之際，需詳細調查現場狀況，並將各條件綜合檢討後，方能決定採用排水設施的種類。

5. 為處理地滑地區地下滲透水，應先觀察、測定地下水來源、流動方向，並研判滑動面後，在其上方靠近源頭處設置暗渠排水、集水井等設施。

6. 涵管施工時應注意事項如下：

(1) 涵管底座之種類與適用性：

　A. 砂基座：適用於地質良好地盤，底座厚度一般為涵管外徑之0.4～0.5倍，回填砂高度可達半管或全管。

　B. 碎石基座：適用於鬆軟地盤，地下水位較高處，回填厚度為20～30cm。

　C. 混凝土基座：除適用於軟弱地盤外，尚具有保護涵管之功用。

(2) 涵管底座應確實整平並儘量避免埋設於填土區上；如位於填土區上，應注意基礎土壤夯實，並加強涵管銜接部分，以防止涵管脫落。

(3) 涵管入口宜設攔污柵，出口應設消能設施或銜接排水溝。

(4) 涵管之排水容量，除應足以渲洩設計洪水量外，尚應參酌泥砂含量及漂流物而加大斷面。

(5) 涵管橫越道路等主要設施時，儘量與其成正交。

(6)涵管埋於山坡地或倒虹吸構造時，其長度達10m以上者，須
　　設置混凝土加強座（或稱項圈）以防止滑動變形及滲流。

(7)當涵管流況為進口控制時，涵管通水能力受頭水位、涵管進
　　口幾何形狀及斷面大小之影響，因此在進口視地形需要設置
　　端牆、翼牆、導流牆等，材料一般用混凝土砌卵石、混凝土
　　或鋼筋混凝土為佳，其厚度為20～30cm。涵管進口前溝渠如
　　流速太快，須設置落水井或其他消能設施以消減流速。

6.4　坡腳基礎工程（坡腳擋土構造物）

一、坡腳基礎工程（坡腳擋土構造物）之定義與目的

　　坡腳基礎工程或擋土構造物係坡面保護與植生工程之基礎，其配
置、構造適當與否，影響整個工程之成敗。其目的大致如下：

　　1. 穩定崩積土及邊坡開挖產生之土砂。

　　2. 緩和坡面坡度。

　　3. 排水溝、暗溝等之基礎保護，以及水流方向變化處之坡腳保護。

二、坡腳擋土牆之種類

　　坡腳擋土牆係指攔阻天然或填築之土石、砂礫及類似的粒狀物質
所構築之構造物。目的在維持兩高低不同地面的安定、防止填土或開
挖坡面之崩塌及穩定邊坡，減少挖填土石方。混凝土擋土構造物之種
類與適用範圍，分述如下。其各式擋土牆如圖6-12所示。

(一)三明治式擋土牆

　　指牆面為混凝土砌塊（卵）石，再背填混凝土及卵石，使牆體
從外側至內側成三層不同材料所構成之擋土牆。由於牆體之厚度較

薄，且強度較弱，因此其高度不宜太高。適用於開挖坡面在4m以下，填方坡面高2m以下為原則。

(二)重力式擋土牆

通常由普通混凝土或粗粒卵石作成，裡面無鋼筋，純粹藉擋土牆粗大之重量來抵擋邊坡土體之壓力。由於此種牆體無鋼筋之配置，而無法承受張力，因此亦不宜太高，其高度在6m以下為原則。

1. **卵石混凝土擋土牆**：以卵石混凝土灌成。適用於挖填坡面，其高度在6m以下較經濟。
2. **混凝土擋土牆**：以混凝土灌成，適用於挖填坡面，其高度在6m以下較經濟。

(三)半重力式擋土牆

係重力式擋土牆之改良型，為避免重力式擋土牆須具粗厚牆體，而在牆體內之小部分配置鋼筋，藉鋼筋之抵抗力來增加擋土牆之承受張力作用，同時可使牆體厚度相對減小，適用於挖填坡面，其高度在4m以下為宜。

(四)懸臂式擋土牆

懸臂式擋土牆係為倒T型或倒L型之鋼筋混凝土之牆體，因其主要靠基礎底板被土體壓抑，同時藉牆體內鋼筋混凝土之抗拉力來抵擋土體之壓力；又因此等設計不需要相當厚之牆體，故可做較高之設計，其適宜高度約為5～8公尺，且較適用於填方坡面之保護。

(五)扶壁式擋土牆

和懸臂式擋土牆相類似，惟在牆面或牆背每隔一適當距離做扶壁牆以加強懸臂牆之支持力或抗拉力。

1. **前撐**：以鋼筋混凝土鑄造，扶壁支撐在牆前，適用於挖填坡

面，其高度在5～10m為宜，其牆前需有足夠空間。

2. **後撐**：鋼筋混凝土鑄造，扶壁支撐在牆背，適用於填方坡面，其高度在5～10m為宜。

(六)疊式擋土牆

係以蛇籠、箱型網籠、格籠或加勁材料等配合石料、土砂或混凝土之填充，組成具整體性高荷重之構造物，以抵抗邊坡土體之壓力。

1. **蛇籠擋土牆**：以鉛絲編成蛇籠，裝填卵塊石疊築而成。適用於多滲透水坡面或基礎軟弱較不穩定地區之設施，其高度在4m以下為宜。

2. **箱籠擋土牆**：以鉛絲編成箱籠，裝填卵塊石疊築而成。適用於多滲透水坡面，其高度在4m以下為宜。

3. **格籠擋土牆**：由鋼筋混凝土桁條或木材組合成，框箱內疊砌卵塊石而成。適用於多滲透水坡面，其每層高度3m以下，以鋼筋混凝土為土桁條材料者其總高度以不得超過6m為宜，以木材為桁條為材料者，以不超過3m為宜。

4. **加勁土壤擋土構造物**：於填方坡面土壤中逐層或適當間距鋪設加勁材料以形成擋土構造物。其高度通常以8m以下為宜。

(七)板樁式擋土牆

係以木質、鋼質或混凝土等材料之板樁打入地下而成，藉其薄板之抵擋土壓或水壓及聯鎖樁之連接與支撐，以發揮擋土或防水之功能，通常多以臨時性之擋土處理為主，適用於挖方坡面之暫時穩定。

1. **懸臂板樁擋土牆**：以木質、鋼質或混凝土等材料之板樁打入地下而成。適用於5m以下之挖方坡面施工護牆。

2. **錨繫板樁擋土牆**：板樁上緣以繫條連結錨座而成，適用於5～10m深之挖土施工護牆。

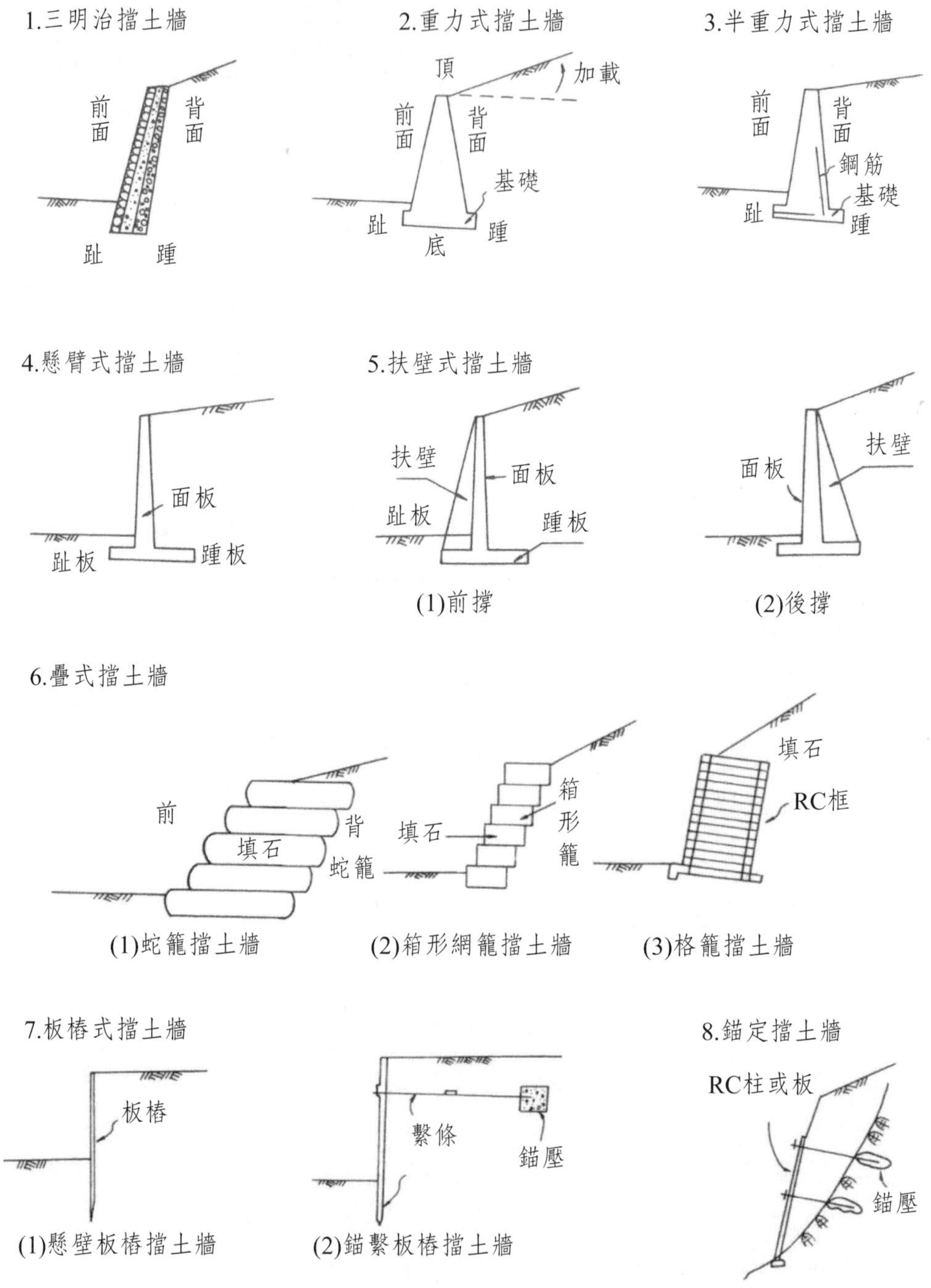

1.三明治擋土牆

前面　背面

趾　　踵

2.重力式擋土牆

頂　　　加載

前面　背面

趾　　　基礎
　　底　　踵

3.半重力式擋土牆

前面　背面

　　　鋼筋
　　　基礎
趾　　　踵

4.懸臂式擋土牆

面板

趾板　　踵板

5.扶壁式擋土牆

扶壁　　面板

趾板　　踵板

(1)前撐

面板　　扶壁

(2)後撐

6.疊式擋土牆

前

填石　　背
　　　蛇籠

(1)蛇籠擋土牆

填石　　箱形籠

(2)箱形網籠擋土牆

填石

RC框

(3)格籠擋土牆

7.板樁式擋土牆

板樁

(1)懸壁板樁擋土牆

繫條

錨錠

(2)錨繫板樁擋土牆

8.錨定擋土牆

RC柱或板

錨錠

圖6-12　各式擋土牆示意圖

（資料來源：水土保持手冊—工程篇，2005）

(八)錨錠擋土牆

鋼筋混凝土柱或板，每隔適當間距，以鋼索連結錨座，並施預力而成。適用於岩層破碎帶，節理發達之岩層或地滑地區。

三、簡易型擋土構造物（配合植生方法之擋土構造物）

簡易型擋土構造物係指「於邊坡之基腳或坡面上，以石塊、混凝土、預鑄板、廢輪胎等材料，構築小型、低矮之簡易構造物，藉以安定坡腳，減緩坡度及利用於客土植生」。其設計原則為現地取材，利用現地可資使用的自然材料，經人工堆砌或綁紮後，造成片狀、柵狀、箱狀或格框狀，來達到擋土、客土、護土及利於植生等目的。現行簡易型擋土牆主要設置之目的及功能大致上有以下幾點：

1. 為增加坡面土體安定性，穩定邊坡基腳。
2. 減少土體滑動，增加逕流入滲。
3. 改變坡度，引導坡面逕流順利排入排水設施。
4. 保護坡面其他構造物。

目前簡易型擋土構造物，因地域條件等因素，所採用的材料與方法亦大相逕庭。如表6-3列舉出部分目前於國內外較常見之簡易型擋土構造物之類型，供為參考。

表6-3　簡易擋土構造物分類一覽表

工法	種類
(一)砌石擋土構造物	乾砌石擋土牆
	漿砌石擋土牆
(二)箱籠擋土構造物	箱籠擋土牆
(三)木樁擋土構造物	原木樁擋土柵
	木樁擋土牆
(四)木格框擋土構造物	木格框擋土牆-堆疊式
(五)其他	輪胎擋土牆

(一)砌石擋土構造物

1.乾砌石擋土牆

(1)定義：於崩塌地坡腳處或河岸崩塌堆積坡腳處，以塊石或礫石材料砌築成為擋土構造物之工法。砌築方式以六圍砌為原則，除可增加坡面穩定性外，亦兼具景觀生態之效果。

(2)適用範圍：坡度小於45°之挖方或崩塌面之坡腳。

(3)施工照片圖例如圖6-13所示。

圖6-13　砌石擋土牆砌築方式與配合植生情形

2.漿砌石擋土牆

(1)定義：以卵石混凝土砌堆成牆面，石材間隙及背面以混凝土填充，增加黏結強度。與一般混凝土擋土牆相似，而且砌石表面具自然景觀，隙縫可提供動植物棲息生長，同時兼具安全性及生態性之考量。其適用範圍如下所述：

A.崩塌地坡腳處或河岸崩塌堆積坡腳處設置。

B.適用於挖填坡面，高度6m以下較為經濟。

(二)箱籠擋土牆

使用金屬網線機編成箱形網籠，內填裝塊石材料，以保護河岸及穩定坡腳而直接構築於岸坡趾部之擋土構造物（圖6-14）。屬於較簡易且具彈性之擋土設施，多使用於崩塌地坡度較緩處，且無再崩塌之虞者。其適用範圍如下所述：

1. 大多以混凝土作為基礎臺，並於臺上設置箱籠，一方面作為擋土用、一方面可作為動植物棲息之場所。
2. 常作為緊急修復之用，且屬柔性結構，可抵抗較大之變形。
3. 其多孔性有利於動植物之生長。
4. 箱籠設計之總高度以小於4m為宜。

臺南市草山月世界　　　　　　　　烏山頭水庫集水區

圖6-14　箱籠擋土牆照片例

(三)木樁擋土構造物

坡面上以疏伐材或現地原木樁材料，進行打樁編柵或擋土設施，以達到擋土功能及便於配合植栽工程之工法（圖6-15）。其適用範圍如下所述：

1. 配合小徑樹木或苗木栽植，需快速森林化之地點。

2.崩積土或淺層崩塌地面，須於邊坡進行簡易擋土工之地點。

3.坡度較小或背填土壓較小之填方坡面。

木格框式擋土牆（仿校倉式擋土牆）

木格框擋土牆（堆積式）

圖6-15　木樁擋土構造物照片例

(四)輪胎擋土牆

以輪胎其特有之表面粗糙性、耐撞擊性、高透水性及機動性等之特性，於輪胎內填入鋼筋混凝土與土石組合而成多孔、粗糙具彈性的工程構造物，可紓解部分廢輪胎過多的環保問題（圖6-16）。其適用範圍如下所述：

1.儘量施設於土石流源頭之崩塌裸露地災害地區或偏遠山區之溪流及蝕溝整治。

2.廢輪胎交叉堆疊時，斜率以1：0.3，高度則以<2m為宜。

3.輪胎堆疊後可內填土石方，以作為植物導入、或創造多層次、多樣性棲地之用。

4.廢棄輪胎之利用尚可與護坡、護岸、蝕溝控制、固床工及梳子壩結合。

圖6-16　輪胎擋土牆（臺中市太平區頭汴坑溪）

四、坡腳擋土構造物之設計考量要項

1. 位置與高度

坡腳擋土構造物之位置與高度設計，以不引起邊坡上方土層崩落或流失為最主要考量。因此，從崩塌地基部連結至山頂形成之坡面線形，整體上需要求順暢、避免產生不規則面。

一般凹坡面之崩塌，在靠近基腳部位可採緩坡，坡頂部位可稍陡一點，整體上形成由上往下降坡的坡面，原則上坡腳擋土構造物設施位置、高度宜符合現場地形，坡腳擋土構造物連續施設，但因施工地點多在不甚安定之坡面上，其高度宜在4m以下。而坡腳擋土構造物施設方向，一般為求得預留更多邊坡挖方土砂的空間、或承受土壓的穩定度，完工後之構造物與坡面方向成直角為主。

2. 排水孔

坡腳擋土構造物採用混凝土、漿砌石等材料為不透水性，其背面如有滲透水滯留，會形成間隙水壓，影響構造物之安定性。為防止此現象發生，一般設有排水孔以減低背向水壓，增加構造物之穩定性。

排水孔從坡腳擋土構造物背面向前面，保持若干降坡，內徑原則上採用50～100mm，大約每2m^{2}設計一孔或以上。排水孔易被土砂塞住，故常在其周邊回填砂、礫石或濾水網保護。

3.背填材料

坡腳擋土構造物的背後填充材料，有促使排水孔迅速排除背後滲透水、增加坡腳擋土構造物背面摩擦角、減低土壓及使土壓平均分布之功能。一般使用卵石、碎石、或不易風化的岩石碎片，亦有使用高分子材料的加工製品。以礫石為材料的背後填充厚度，考慮經濟性、施工方便性，以30cm均一厚度為準。預鑄混凝土製品之擋土構造物，應考慮在土壓均等且無湧水的地點使用。

6.5 坡面保護工程

一、坡面保護工之定義與內涵

一般而言坡面保護工主要為減緩坡面土壤流失、改善坡面不適合植物生長環境等，而不同植生施工方法及整理後坡度之凹凸程度，均會影響植物之生長。如用敷蓋稻草蓆或不織布等施工時，坡面整成平滑較適當；而採用種子撒播法施工時，稍微凹凸之坡面較利於綠化資材之密接與植生之固定及著生；在岩盤坡面上施工時，較大之凹凸坡面有利於造成植生容易成功之生育基盤。因此，坡面保護設施依坡面地質、坡度等條件而定，主要設施包含：

1.固定框工
2.打樁編柵
3.被覆材料鋪設

藉以增加坡面之穩定性及植生之效果。主要三種坡面保護工程分別如下說明。

二、固定框工

(一)固定框工之定義與目的

固定框工係在坡面上施設連續之格子狀框，包括預鑄之水泥框條組合及鐵製菱形框，或是現場打造之混凝土框、型框等，將坡面由格框區分為小區塊，防止雨水集中或逕流沖蝕，藉由框材錨錠穩定坡面以利格框內部噴植或客土植生之工法。其設置目的敘述如下：

1.保護坡面

防止土壤條件不良的坡面受沖蝕及風化，同時保護客土等植生基材，框內易於達到植生覆蓋成效。本法適用在背向土壓較小之地點，坡面格框不會從坡面滑落者為宜，並視需要配合使用錨釘固定。

2.防止坡面崩塌

坡面岩層裂隙發達，崩塌或裸露坡面有可能擴大，或發生土石滑落之危險時，固定框施作需配合岩錨固定在堅實岩層上，抑止土壓力可能導致崩壞之情形。在坡面有湧水或易積水地區，應先施設明暗溝排水，且框內應為可透過性，使框內植生植物根系伸入原地層生長。若為邊坡穩定之需要，框內以混凝土密封石，可採用土壤袋舖置植草或厚層噴植植生。

(二)固定框工之種類與適用範圍

1. 坡地社區或重要道路等之邊坡，其地質條件較差者（如混凝土固定框、預鑄框、鐵框）。
2. 坡面凹凸較少，坡度緩於45°之邊坡（如預鑄框、鐵框）。
3. 無土壤之岩石坡面（如混凝土固定框、鐵框）。

4.坡面起伏較大且不規則之邊坡、坡面表層呈現風化及有落石現象者（如型框）。

6.坡度45°～65°之一般邊坡，如岩層堅硬，則適用之坡面坡度可更陡。

7.有湧水之風化岩或長期不安定之地方（如混凝土固定框、型框）。

8.岩錨坡面安定工法之配合處理方法（如混凝土固定框）。

(三)固定框工之規劃設計原則

　　坡面框工，依其設置目的及框所受之荷重，經安定計算後決定適當的框斷面大小及其間距。一般以表6-4所列參考值為主。

表6-4　坡面框規格大小

	目的	框材寬度	框材間距	安定分析考量項目
保護坡面	1.防止挖方坡面的表面風化。 2.配合框內植生。 3.防止表面剝脫而崩塌。	15～20cm	100～120cm	荷重小、強度夠，原則上不作安定計算。
		20～30cm	100～200cm	自重及填充材料的重量。
防止坡面崩塌	1.抑制小崩塌或圓弧形滑動。 2.防止小規模地滑。	30cm以上	200cm以上	1.坡面中間部位圓弧形地滑的土體，框縱軸及橫軸的自重及填充材料的重量。 2.滑動面以上土體之移動計算之，不足部分用錨錠栓或地表錨錠抑制之。

(四)設計與施工方法

坡面固定框工常用之種類及其特徵、設計施工方法、實例照片之說明，詳如下所述。

1.混凝土固定框（使用模板）

現場打造之混凝土連續框具固定力強之特性，適用於以下環境：

(1)坡面起伏較大且不規則之邊坡。

(2)坡面表層呈現風化、崩落現象者。

(3)坡度45°～65°之邊坡，如在硬質岩面，則可在更陡之坡面進行。

(4)有湧水之風化岩或長期不安定之地方。

(5)岩錨坡面安定工法之配合處理方法。

(6)框內客土噴植或放植生土袋等，形成厚層客土層以利植生。

日本福島林道邊坡　　　　　　　　日本林道邊坡

圖6-17　混凝土固定框實例照片

格樑主體噴漿施工

岩釘打設

整體側向全景施工完成整體全景（二、
三層洩水管加密打設，並鋪卵塊石增強
滲水能力）

施工完成整體全景

圖6-17 （續）

2. 噴漿式混凝土框（型框、自由型樑框，不使用模板）

噴漿式混凝土框工。在坡面上鋪鉛絲網，用錨錠固定之，在其上
配置格子狀鋼絲並噴上水泥漿，狀似將鋼絲包起來形成框。因變形自
如、能適用於未完全均勻整坡之坡面。

(1)坡面略加整理後，於坡面中以坡肩為基準線，沿基準線垂直
　方向，每隔1.2m設置錨錠一排，錨錠深度一般為50cm，並可
　依坡面狀況及實際需要調整之。

(2)不使用模板的優點，價廉、坡面變化大的地點亦可施工、工
　　期短。

(3)適用於淺層崩塌坡面，軟岩或有落石危險地點。不適用於有
　　膨脹性和收縮性的岩層坡面。

(4)現場排設鐵筋及噴水泥漿後，通常配合噴客土植生。

3.預鑄水泥框

　　預鑄水泥框工，使用混凝土等既成品的框條、角材或圓弧形材
料，鋪設於坡面，框內予客土綠化，使用於斜率比1：1.5以下，坡面
平滑者。

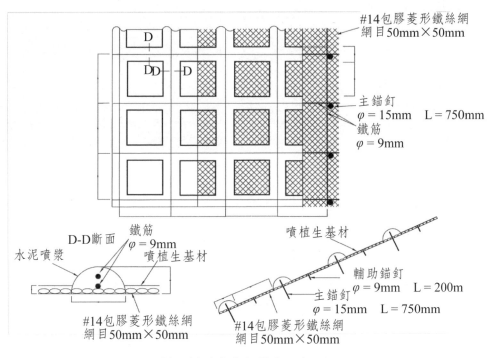

型框（自由樑框）植生工法

圖6-18　噴漿式混凝土框（型框）工法設計與實例照片

臺灣常見之型框噴植工法

型框內植生情形

日本型框工法示範區

日本型框工法示範區

圖6-18 （續）

(1)坡面整修平順，使框條與坡面密切接合。

(2)框條每個長100cm，寬高各10cm。

(3)在框條接合處以預埋之#12鐵絲，互相連接固定後，再於接點處打入鋼管，或安裝錨錠固定框條。

(4)客土於水泥框條內，厚度約10cm，壓實整平後植草。

(5)有地下水或滲透水的坡面，內宜砌石處理。

(6)坡度緩於35°時，框內用客土植生；坡度大於35°時，鋪埋設網後用噴植法植生或土壤袋客土植生。

(7)泥岩地區或有滑動危險地區，不宜使用預鑄水泥框。

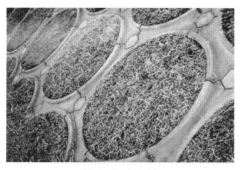

日本道路邊坡 　　　　　　　　　　　　國道1號高速公路

圖6-19　預鑄水泥框實例照片

4.鐵製框

穿孔鋼板或鐵絲網製成約1m直徑之圓形或菱形框，安裝於坡面上以利客土植生。其適用範圍與預鑄水泥框略同，但較適合於地面略有凹凸或地質條件惡劣之地區。

(1)將坡面略加整理後，以鋼板或鐵絲製成約1m直徑之圓形框或菱形框，框高10cm，並以直徑1.3cm，長50～70cm之錨錠固定之。

(2)邊坡坡度緩於45°時，客土可用砂壤土；陡於45°時，客土宜用黏壤土並應加強框桁之錨錠，或配合土壤袋植草。

(3)客土並應確實整平後植草。

(4)鐵製框以折曲之鋼條於坡面上安置成菱形框，則材料搬運較為方便。

(5)鐵製框空隙多，植物根系可伸出框外而相互連結，利於植物生長與邊坡安定。

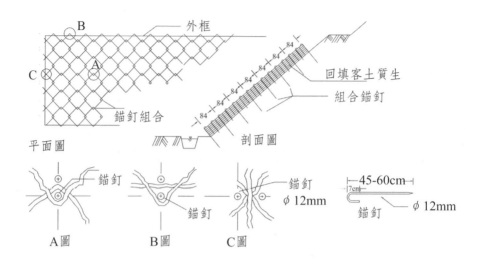

B 外框

C A

錨釘組合

平面圖

回填客土質生

組合錨釘

剖面圖

錨釘

錨釘

錨釘
φ 12mm

45-60cm
7cm

錨釘

φ 12mm

A圖　　　B圖　　　C圖

鐵製框材料(一)

鐵製框材料(二)：現地折曲處理

鐵製框施工實例（國道3號）

鐵製框施工實例（國道3號）

鐵製框施工實例（國道3號）

圖6-20　鐵製框工法設計與施工實例照片

5.輕質材料固定框（以木條坡面框工為例）

輕量型坡面框工，用在防止挖方坡面表層沖蝕及風化，使框內易達成綠化，不受土壓影響的地方。併用錨錠栓時，坡面不宜過陡致使框滑落，將預鑄好的框，在現場組合施工，斜率宜1：1比較平坦的緩坡面。材料有金屬、木材、合成樹脂等，視現場地形而選定適合者。

(1)木質坡面框工，多利用疏伐木材而應運開發工法之一，橫向埋設原木發揮原木階段工之功效，縱向原木係支撐橫向原木固定。陡坡斜面或粗鬆土質的坡面，在框內先鋪0.9mm（#20）鉛絲網，防止土壤的流失效果更佳。

(2)主要目的為防止雨水集中流下，於框內客土、植草綠化。

日本

圖6-21　輕質材料固定框實例照片

6.不同固定框之綜合應用

上述坡面固定框工之種類需為連續之框型構造物，且須配合坡面基礎工程、基腳擋土構造物或基腳之排水溝等施作。坡度較長、坡面坡度變化、地質安定條件不同，或特殊結構物、景觀考量時，不同固定框種類可組合應用。原則上較重型之固定框設置於下方，上方配合較輕型之固定框工。不同固定框工法組合例如圖6-22。

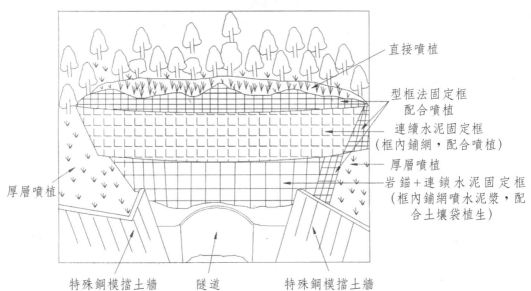

　　　　　　　　　　　　　　　　　　　　　　　　　　　直接噴植

　　　　　　　　　　　　　　　　　　　　　　　　　　　型框法固定框
　　　　　　　　　　　　　　　　　　　　　　　　　　　　配合噴植

　　　　　　　　　　　　　　　　　　　　　　　　　　　連續水泥固定框
　　　　　　　　　　　　　　　　　　　　　　　　　（框內鋪網，配合噴植）

　　　　　　　　　　　　　　　　　　　　　　　　　　　厚層噴植

　　　　　　　　　　　　　　　　　　　　　　　　　　　岩錨＋連鎖水泥固定框
　　　　　　　　　　　　　　　　　　　　　　　　　（框內鋪網噴水泥漿，配
　　　　　　　　　　　　　　　　　　　　　　　　　　合土壤袋植生）

厚層噴植

　特殊鋼模擋土牆　　　　隧道　　　特殊鋼模擋土牆

圖6-22　不同固定框工法組合例（日本）

三、打樁編柵

(一)定義與目的

使用萌芽、不萌芽之木樁或其他材料所製造，依適當距離打入土中，並以枝梢、竹片、PE網、鐵絲網等材料編織成柵之方法。簡言之，打樁編柵係利用垂直打入地面之木樁或鋼製樁，及柔軟植物枝條或網材編柵而成。

打樁編柵主要目的為固定不安定的土石、改善坡度、防止沖刷及營造有利植物生長之環境。適用於一般土壤挖填方坡面、崩積土或淺層崩塌坡面。

(二)依編柵之形狀分類

1. 條狀編柵

條狀編柵為最常用之打樁編柵方式。條狀打樁編柵之間隔，依坡度、基盤與崩塌安定程度而異，打樁編柵長度可依地形設置不同長度，亦可將上下條狀編柵連結為階梯狀。條狀編柵面下方可以10°～30°之角度向上鋪置土層。編柵時，可在其溪谷側坡面鋪設一條現成草皮或土壤袋，可有效防止土壤沖蝕。若考慮將較粗之植生木樁作為打樁編柵之樁材，植生樁之間隔可較寬，其中間配合木樁或較細之樁材施作。

2. 菱形編柵（以柳枝工為例）

菱形打樁編柵較不常見於一般崩塌裸露坡面，較適用於坡度均勻之河溪堤岸坡面（圖6-23）。菱形打樁編柵之規格依覆土層、坡度與坡面安定程度而異，通常以保持1.5～2m之間隔斜交配列設置。菱形編柵區之坡面上下端為條狀編柵，其與菱形柵體之夾角約為20°～30°，菱形打樁編柵藉各結點編置植物之活枝條莖（水柳等），穩定性與抗沖蝕性較高。

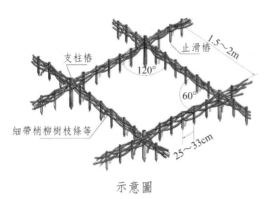

示意圖　　　　　　　　　　　　臺東卑南溪

臺東卑南溪施工案例　　　　　　打樁編柵成果照片

圖6-23　菱形編柵（柳枝工）施工案例

(三)依樁材與編柵材料分類

1.打竹樁編柵

適用於一般土壤之挖方坡面、坡度45°以下之填方坡面及崩積土或淺層崩塌坡面。施工前須稍加坡面整平及消除沖蝕溝，清除危石及植物殘株，並依邊坡形狀及地質狀況，於坡頂及坡面構築截洩溝。樁距視坡度及地質條件而異，一般排樁之行距為2～3m，樁距為30～50cm。竹樁末端直徑5～8cm，長度0.9～1.2m，竹樁打入土中之角度，以垂直線與坡面垂直線交角之1/2為原則，打入土中2/3以上，出

土15～30cm，椿間以竹片、樹梢枝條或其他材料編柵，必要時得另加鋪不織布（如圖6-24所示）。

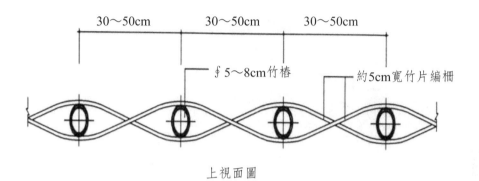

圖6-24　打竹椿編柵設計示意圖與照片例

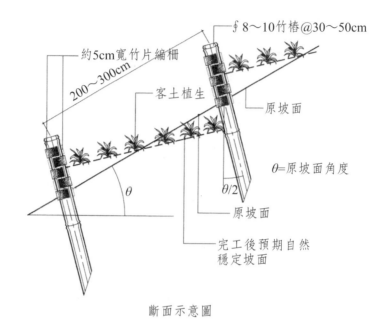

斷面示意圖

圖6-24　打竹樁編柵設計示意圖與照片例

2.打植生樁編柵

使用具有萌芽力之植生木樁（如黃槿、九芎及水柳等，如圖6-25所示）配合編柵而成。打植生樁編柵可以藉由木樁根系固定表層土，及連結表層土與基盤層。使用木樁之長度、粗細與間距，依填坡面表土厚度、打樁編柵之有效間距與所預測抵抗土壓而定。編柵材料以具萌芽能力之細軟活枝條最佳，打樁編柵後必須以土壤包圍其兩面，藉以生根發芽，其特徵與使用方法如下：

(1)使用萌芽之植生樁，依適當距離打入土中，並以枝梢、竹片、PE網、不織布、鐵絲網等材料編織成柵之方法。

(2)一般而言，沿等高線以1～2m之間隔打入長度60～100cm、徑3～8cm之植生樁，編柵之柵體突出於地表約15～20cm。

(3)適用於坡度45°以下之填方坡面、一般土壤挖方坡面、崩積土或淺層崩塌坡面。

(4)木樁以採用萌芽力強之九芎、黃槿、水柳、稜果榕、雀榕、白肉榕、小葉桑、水黃皮、破布木、茄苳等木樁為主。

(5)木樁應保持新鮮，打樁時須保護樁頭，不使打裂，裂開部分須鋸掉，以免影響其萌芽能力。如植生樁不敷使用時可以用末徑6～15cm之疏伐木木樁或直徑4～10cm之雜木樁材來替代。

(6)木樁打入土中之角度，以垂直線與坡面垂直線交角之1/2為原則，打入土中2/3樁長以上，出土15～30cm，樁間以竹片、PE網或其他材料編柵之。

(7)在較安定坡面，為防止表層土移動，可採用埋設方式之編柵為宜。其方法係樁先打入地下並挖溝編柵後，回填表土至原坡面。

黃槿植生椿

九芎植生椿

圖6-25　打植生椿編柵實例照片

3.打木椿編柵（木椿擋土柵）

打木椿編柵係無萌芽力之木椿材料，通常以50～100cm之支柱椿間隔製作。木椿直徑約為10～15cm，以適當喬木及灌木樹種之材料（以柔軟分枝少、耐久力高者）製作。其相關案例如圖6-26所示。打木椿編柵之特徵與使用方法說明如下：

(1)坡面上以疏伐木或竹材進行打椿編柵，以達到擋土功能及便於配合植栽工程之工法。

(2)配合小徑樹木或苗木栽植，需快速森林化之地點。

(3)須於邊坡進行簡易擋土工處理之地點，且坡度小於45°的崩塌坡面。

(4)施工前須略為整平坡面及消除蝕溝，清除危石及植物殘株，並依邊坡形狀及地質狀況於坡頂及坡面構築截洩溝。

(5)打椿間距視坡度與地質條件而異，一般每排椿之行距以1～3m，椿距以50～100cm為原則。

(6)如以塑膠網或鐵絲網為編柵材料時，中間夾不織布，並以#10「∩」型鐵釘固定於木椿上。最上端須用鐵絲扭緊，以防脫落。使用人工材料之編柵，如PE網、鐵絲網等，須注意材料

之顏色，使其與景觀調和。

(7)打樁編柵後須削土及回填，使每段邊坡略呈平臺狀，或在平臺上客土，高度約10cm。每m^{2}均勻施以1kg之堆肥混合。樁行間亦可配合種子撒播或噴播方法。

(8)如使用打木樁編PE網柵之施工，在棄土場土石量較大或下方有溪流沖蝕之處時，通常須配合於坡腳設置擋土牆。

(9)優點與缺點：打木樁編柵與枝梢埋置工相比，其在施工後具更大之承載能力，但較難因應坡面之變化。通常打樁編柵對坡面保護及植生覆蓋之效果甚佳，但勞力與資材之支出較大。依據情況及生態環境上之評估，如使用相同效果之鐵線網、背板材料，可使其價格降低。

木樁擋土柵（疏伐材利用）　　　　打木樁編竹柵（嘉義腦寮崩塌地）

圖6-26　打木樁編柵（木樁擋土柵）實例照片

4.打鋼筋樁編柵

打鋼筋樁係以鑽孔機鑽一深約40cm之孔後，隨即插置中 ϕ13 mm，長60～80cm之鋼筋樁。一般每排樁之距離為1m，樁距為33cm，每一鋼筋樁打入土中之角度，以垂直線與坡面垂直線交角之1/2，至與坡面成90°之間為原則，鋼筋出土約20cm。每支鋼筋樁均

須確實牢固於原岩面上。

　　編柵時將欲設施處坡面整平後設置以 ϕ3.0mm鋼線編織14mm×54mm網目、高20cm之網柵，柵體底部平貼坡面並用鐵絲將網柵固定於鋼筋樁上，鋼筋樁不得凸出於柵體，每片網柵兩端銜接處需有約5cm之重疊，並用鐵絲網紮緊。如於土壤滲透率較低且易沖蝕地區，可鋪置寬40cm之不織布，將其一端以鐵絲固定於鋼網柵之上端後，讓不織布順延柵體下垂，將網柵與坡面間之縫隙完全封堵，並延伸平貼於坡面上。原則上適用於坡度55°以下之軟硬岩之崩塌坡面，但可視崩塌裸露地坡面狀況調整適用範圍。打鋼筋樁編柵案例如圖6-27所示。

圖6-27　打鋼筋樁編柵實例照片

四、被覆材料鋪設

(一)被覆材料之定義與目的

植生被覆材料，係指以具滲透性之天然纖維、化工合成材料之不織布、梭織布或針織物等素材，結合鐵網、土壤、肥料、木料等形成整體之結構性材料。利用被覆材料可滲透之特性，將其應用於植生工程之產品，皆可稱為植生被覆材料。

坡面被覆資材依敷蓋、噴植輔助、植根輔助與網結等多種類型加以區分，資材應有的特性包括：

1. 敷蓋目的之材料需具高遮蔽率、保溫及防土壤水分蒸發、可通透性及伏貼性等，視應用目的可採用天然可分解或非天然長期耐久材等。

2. 噴植輔助需具高表觀孔徑、良好通透性、高容積的固土性、伏貼性及抗壓縮性等。

3. 植根輔助應具備良好通透性、保濕性、伏貼性及抗壓縮性。

4. 網結輔助需求通常為耐久型非天然材質，須具備良好機械強度和抗環境劣化性（如抗UV、耐微生物分解及酸鹼性）。

(二)植生被覆材料之種類

應用於植生工程之被覆材料依產品類別，可概分為織物類、非織物類、網毯類、格網類及其他類等5項。

表6-5 植生被覆材料之種類概述

被覆材料種類	組成成分及分類	功能性	應用
織物類	為以單絲或複絲，利用梭織、針織或其他方式織造之植生織物，開孔呈規則狀，可分為針織類產品及梭織類產品。 1.針織類產品：應用於被覆資材織物應用比例少。 2.梭織類產品：目前逐漸應用於砂層間、地基軟弱之強化及坡地保育植生工程。	具透水性、過濾與排水、加勁與防沖蝕、阻水等複合功能。	應用於土壤、岩石、地表或其他與植生工程技術有關之材料，做為人造產品、結構或系統之一部分。
非織物類 （不織布類）	因高產速及低成本兩項特質，目前最為廣泛應用於地工織物之合成基材。	隔離、防漏、植生材料保護、坡面覆蓋等功能。	用於邊坡綠化植生，以防止土壤遭沖刷流失，以鋪設植生毯後再噴草籽為佳。
網毯類	1.暫時型：採天然纖維或生物可分解纖維，僅可保護草種生長及初步防止土壤沖刷，經植生復育後，即因氣候或生物等因素分解。 2.永久型：採抗UV材質之合成纖維，強度較高，植物經生根穿過網毯，可用於較陡峭之邊坡。	過濾與排水、防地表沖蝕及保護植生導入材料。	1.以天然纖維製成之氈毯，屬暫時性網毯。 2.由抗UV纖維製成之不織布。 3.三明治結構之植生網毯。 4.以Nylon6、HDPE等單絲成型之立體不規則網。
格網類	多以高分子化合物組成，可分為硬式格網及軟式格網。 1.硬式格網：一體成型或塑膠條點焊接成型之格網，屬塑膠類。 2.軟式格網：應用織造技術將紗線編織後浸漬其他資材而成，亦可分為織布及經編。	強化軟弱土壤、錨錠加勁作用與導引坡面排水。	加勁擋土牆、道路級配下層加勁。

表6-5 （續）

被覆材料種類		組成成分及分類	功能性	應用
其他類別	肥束帶類	利用耐老化之PE或HDPE材料，經特殊程序製成之網狀結構，網帶每間隔預留一條肥束帶穿孔，可供插入橫向小肥束帶。肥束帶內可灌入遲效性肥料、保水劑、保水基材等。	可有效減緩逕流沖蝕、保護草種、長效性供肥及配合噴植植生，改善生育地。	一般道路邊坡裸露地或崩塌地，直接鋪設於待植生之邊坡。
	土壤包類	係應用於土壤質地不良或於構築固定框坡面工程上，內盛土壤種子、肥料等之土壤包，可分為填裝式或注入式。		

(三)被覆材料之特性檢定

1. 物理特性

(1)比重：指為物質單位體積的重量與同體積無空氣下的4℃純水之比值。

(2)重量：通常是以每m²克重（g/m^2）為單位。

(3)厚度：測量為在壓力2.0kPa下所測得的上、下兩面的間距。

(4)硬度：是其自身重量和其彎度的量測，使用單位為mg-cm或lb-mil。

(5)壓縮性：測量資材壓縮性時，通常是以資材的厚度變化量與應用壓力之比值為代表（mm/kPa）。

(6)張力強度：將資材置於適當的夾具配以力學儀器，直到織物斷裂為止，測得其間負荷值與型態的變化相關性。

(7)開孔率：扣屬不織物材料，則是以空隙的大小，來取代開孔率。

2. 化學特性

(1)溫度對衰解的影響：塑膠及彈性體脆化溫度之衝擊試驗法

（ASTM D746）是關於溫度對高分子化合物的影響，尤其在強力和脆化性質的變化。

(2)水解：以不同的pH值溶液來進行20℃和50℃下的變化觀察，另外再以中性溶液pH為7為試驗比對組。

(3)化學衰解：化學衰解性質在於紡織品對各種的可能酸、鹼狀況做測試。

(4)日光照射的衰解作用：地工格網抗紫外線試驗（ASTM-D4355）則是資材的日光測試，樣品須曝曬0、150、300和500小時的不同測試。

(5)生物衰解：資材的上漿或加工處理階段之控制品質，會影響使用期間生物衰解的情形發生。

(6)材料的老化：因為材料的老化機能較為複雜，故在老化方面的測試並未有正式的標準。

3. 主要覆蓋材料之規格

(1)塑膠網材規格

塑膠網採用高密度聚乙烯（HDPE）質料，廠製1次成型網片，塑膠網之規格，每m^2重量須在0.35kg以上。其材質項目與試驗之規格方法列舉如下，需符合以下規定：

試驗項目	單位	試驗方法	試驗要求
比重	-	ASTM-D792	0.95±0.01
抗張強度	kgf/cm^2	ASTM-D638	220以上
壓縮強度	kgf/cm^2	ASTM-D695	280以上
伸長率	%	ASTM-D638	500以上
彎曲強度	kgf/cm^2	ASTM-D790	200以上
衝擊強度	kgf/cm^2	ASTM-D256	13以上
橡膠硬度之硬度計試驗法	shore D	ASTM-D2240	60以上
熱變形溫度	℃	ASTM-D648	80以上

(2)鐵製材料規格

A.鋼筋規格

標稱	直徑 （mm）	竹節鋼筋			光面圓鋼筋		
		單位重量 （kg/m）	剖面積 （cm²）	邊長 （mm）	單位重量 （kg/m）	剖面積 （cm²）	邊長 （mm）
#2　6		0.249	0.3167	20	0.222	0.2827	18.9
#3　9		-	-	-	0.499	0.6362	28.3
#3　10		0.560	0.7133	30	0.617	0.7854	31.4
#4　12		-	-	-	0.888	1.1310	37.7
#4　13		0.995	1.267	40	1.040	1.3270	40.8
#5　16		1.560	1.986	50	1.580	2.0110	50.3
#6　19		2.250	2.865	60	2.230	2.8350	59.7
#7　22		3.040	3.871	70	2.980	3.8010	69.1
#8　25		3.980	5.067	80	3.850	4.9090	78.5
#9　28		-	-	-	4.830	6.1580	88.0
#9　29		5.040	6.424	90	-	-	-
#10　32		6.230	7.942	100	6.310	8.0420	100.5
#11　35		7.510	9.566	110	7.990	10.1800	113.0
#12　38		8.950	11.400	120	-	-	-
#13　41		10.504	13.400	130	-	-	-

B.鍍鋅鐵絲規格

S.W.G. 規號	直徑 （mm）	重量 （kg/km）	S.W.G. 規號	直徑 （mm）	重量 （kg/km）	S.W.G. 規號	直徑 （mm）	重量 （kg/km）
0/4	10.160	614.0	7	4.450	123.0	17	1.422	12.4
0/3	9.445	550.0	8	4.064	101.0	18	1.219	9.1
0/2	8.839	480.0	9	3.658	82.0	19	1.016	6.3
0	8.229	416.0	10	3.251	65.0	20	0.914	5.1
1	7.640	356.0	11	2.946	53.5	21	0.813	4.1

S.W.G.規號	直徑(mm)	重量(kg/km)	S.W.G.規號	直徑(mm)	重量(kg/km)	S.W.G.規號	直徑(mm)	重量(kg/km)
2	7.101	302.0	12	2.642	43.0	22	0.711	3.1
3	6.401	252.0	13	2.337	33.5	23	0.610	2.3
4	5.893	212.0	14	2.032	25.4	24	0.559	1.92
5	5.385	178.0	15	1.829	20.6	25	0.508	1.58
6	4.877	146.0	16	1.626	16.4	26	0.457	1.24

C. 鋼（鐵）絲規格

B.W.G.規號	直徑(mm)	重量(kg/km)	B.W.G.規號	直徑(mm)	重量(kg/km)	B.W.G.規號	直徑(mm)	重量(kg/km)
0/4	11.530	820.0	7	4.572	129.0	17	1.473	13.4
0/3	10.800	719.0	8	4.191	108.0	18	1.245	9.35
0/2	9.650	574.0	9	3.759	87.1	19	1.067	7.02
0	8.636	460.0	10	3.404	71.4	20	0.889	4.87
1	7.640	358.0	11	3.048	57.3	21	0.813	4.07
2	7.213	321.0	12	2.769	47.3	22	0.711	3.21
3	6.579	267.0	13	2.413	35.9	23	0.635	2.49
4	6.046	225.0	14	2.108	27.4	24	0.559	1.93
5	5.588	193.0	15	1.829	20.6	25	0.508	1.59
6	5.154	164.0	16	1.651	16.8	26	0.457	1.29

D. 鍍鋅鐵皮規格（日本製普通品）

厚度		每張重量（kg）					
號數(#)	厚度(mm)	平片（寬915mm）			浪型片（壓型前寬765mm）		
		3'×6'	3'×7'	3'×8'	2'.5×6'	2'.5×7'	2'.5×8'
22	0.70	9.53	-	-	7.97	9.53	10.70
24	0.60	8.16	9.54	10.90	6.82	7.98	9.10
25	0.55	7.51	8.77	10.00	6.27	7.34	8.37

厚度		每張重量（kg）					
號數 （#）	厚度 （mm）	平片（寬915mm）			浪型片（壓型前寬765mm）		
		3'×6'	3'×7'	3'×8'	2'.5×6'	2'.5×7'	2'.5×8'
26	0.50	6.79	7.94	9.06	5.68	6.64	7.57
27	0.45	6.13	7.17	8.18	5.13	5.99	6.84
28	0.40	5.43	6.35	7.23	4.54	5.30	6.05
29	0.35	4.77	5.58	6.36	3.99	4.66	5.32
30	0.32	4.34	5.08	5.79	-	-	-
31	0.29	3.94	4.62	5.26	3.30	3.86	4.40

(四)被覆網材之應用類型

1. 被覆網與埋設網

鋪網可以分成兩大類，一類稱作覆蓋網材，適用於礫石或岩石碎片多之陡坡坡面保護、落石防止，或播種工法施作後之上覆保護或須鋪網使藤類植物攀緣生長之岩石或水泥噴漿坡面；一類為埋設網材，適用表層不安全之土石坡面、排水溝面等地點，鋪設後噴水泥漿或植生基材覆蓋，以達到坡面保護及植生基材固著之效果。

圖6-28 鋪設鐵絲網

圖6-29 鋪設稻草蓆

2.被覆網材應用工法類型

被覆網材應用工法之類別、所使用之材料及適用地點詳如表6-6所述。

表6-6 被覆網材應用工法之類別與說明

類別	材料	應用說明
噴水泥漿封層工法	鉛絲網配合水泥漿噴布	應用於落石、湧水、陡坡地區，坡面有崩塌之虞或植生施工困難之地點。
粗枝條工法	粗枝條、活體植生材料	防止坡面小平臺間之沖蝕崩塌，配合暗溝排水，易取得枝條或活體植生材料及撒播之地點。
敷稻草蓆工法	稻草蓆、草稈	應用的坡面少雨乾旱、表土鬆軟且粗糙地區。撒播種子後可採用敷稻草蓆防止種子飛散。亦可於工廠製成含種子之稻草蓆於坡面鋪置後，覆土植生。
鋪鐵網工法	鉛絲網或包膠鐵絲網	坡面裂隙發達、風化土層表面易滑落移動，植生種子著床不易之地點。鋪網客土噴植，於坡面上先鋪上一層鐵絲網或鉛絲網，增加坡面穩定性後，再噴客土、黏著劑、種子之方法。適用於坡度50°左右之挖方坡面。
化學纖維類材料組合網材鋪置	塑膠網、編織立體網、非編織立體網、化學纖維	配合坡面保護工程之應用，坡面植生材料保護、噴植基材材料之穩定。
木質纖維類材料組合網材鋪設	椰殼纖維、麻纖維、組合型纖維網	天然纖維材料或木質纖維素（cellulose），可與種子、肥料均勻附著，有敷蓋保護小苗之功效，可先行網材鋪設以保護噴植基材安定。

(五)鋪網噴植工法常用被覆材料

鋪網噴植工法常用被覆網材之種類與應用說明，如下表6-7。

表6-7　常用被覆網材種類與應用說明

種類		用途	產地
鐵絲網	菱型鐵絲網	土石安定、噴植輔助	臺灣，中國等
	鍍鋅立體網		
	龜甲網		
椰殼纖維毯		地表沖蝕抑制、敷蓋、噴植輔助	印度，馬來西亞，孟加拉等
複層網		噴植輔助、網結	臺灣，荷蘭，紐西蘭等
編織立體網	綠蓆網	噴植輔助	臺灣，越南
	矩形錐立體網		
	三維立體網毯		
非編織立體網	立體抗沖蝕網	噴植輔助、植根輔助、網結	臺灣，荷蘭，德國，紐西蘭等

1. 鐵絲網

(1)分為菱形鐵絲網和鍍鋅立體網，以鍍鋅鐵絲經過機械編成菱形或六邊型孔目之網材，網孔5cm×5cm，結構厚度約3cm。

(2)於較陡峭之岩石坡面做為防落石網之功用，噴植基材穿透狀況良好，於土表形成一層敷蓋，初期防止土壤風蝕及水蝕。

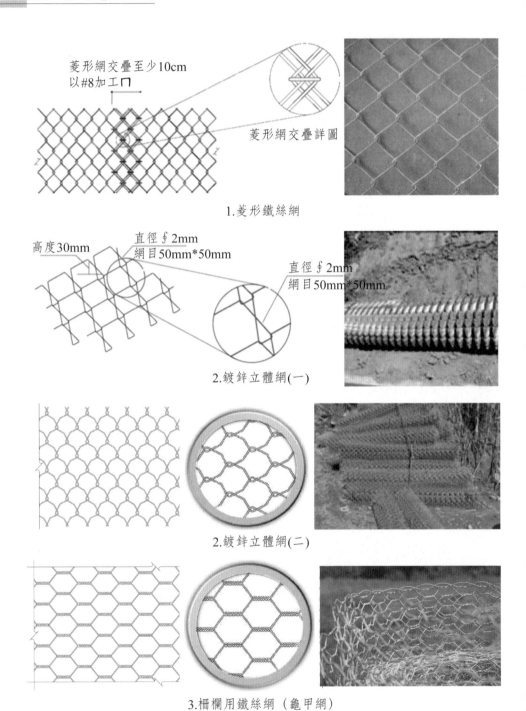

菱形網交疊至少10cm
以#8加工口

菱形網交疊詳圖

1.菱形鐵絲網

高度30mm
直徑φ2mm
網目50mm*50mm

直徑φ2mm
網目50mm*50mm

2.鍍鋅立體網(一)

2.鍍鋅立體網(二)

3.柵欄用鐵絲網（龜甲網）

圖6-30　鐵絲網材料照片與示意圖

1.崩塌地施工前

2.坡面危石枯枝處理（部分樹木保留）

3.掛菱形鐵絲網（由上而下）

4.打錨釘固定

5.施工之主副錨釘

6.鋪設菱形鐵網（交疊至少10cm）

圖6-31　菱形鐵絲網材料施工照片例

2.椰殼纖維毯

(1)主要為天然椰纖材料，上下以聚乙烯（PE）或聚丙烯（PP）網包覆之三明治結構，結構厚度約1cm。

(2)天然椰纖可提供植物根部支持及保護，且具有良好吸水能力，可防止土壤沖蝕及保持水分。避免應用於需長期保護與穩定坡面之區域。

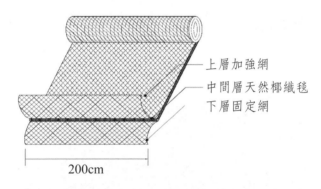

上層加強網
中間層天然椰纖毯
下層固定網

200cm

未分解腐化前對表土形成良好敷蓋，但也隔離種子著床

圖6-32　椰殼纖維毯材料示意圖與施工照片

3. 複合型立體網

為加勁格網和Nylon、PP、PE或PET塑膠膠條無排列規則結合而成，格網網孔2cm×2cm，結構厚度1～3cm。

 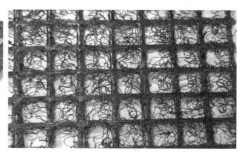

加勁格網與塑膠條層疊

圖6-33 複合型立體網材料照片例

圖6-34 複合型立體網現地施工實例照片

4. 編織立體網——綠蓆網

(1)以化學纖維織網PP、PE或PET製作的三維立體網材，網孔約為1cm×1cm，結構厚度維持0.5～1cm。

(2)網材伏貼性佳，線材柔軟網孔細小，可緊密與崩塌地裸坡面密貼。綠蓆網具有可拉伸之性質，於較陡之坡度時，可能因

降雨使負重增加，拉伸滑動導致上方植生基材不穩，故較適用於緩坡。

5.編織立體網──矩形錐立體網

(1)矩形錐立體植生網係由綠色聚丙烯單絲（monofilament）纖維編織黏結而成之網材。

(2)其具有矩形立體四角錐結構形成種子和植生基材保護單元，防止植被未長成前受雨水沖刷流失。

(3)單絲纖維與植根形成多根點多網結的加勁根網層結構其抗拉強度可耐受施工拉扯及噴附材之重量。

6.編織立體網──三維立體網毯

(1)立體植生毯係以100%聚乙烯（PE）纖維絲，經機械編織一體成形，因具有多數目之菱形網目且彈性佳，可提昇坡面之耐沖蝕性及提供植物生長之良好空間。可與噴植系統之草樹種根群、坡面表層土壤、植生毯，結合成為保護層，達到抑止坡面土壤之沖刷，減緩地表逕流之目的及綠化坡面之功效。

(2)網材具彈性、伏貼性佳，可緊密與崩塌地裸坡面密貼，但不適用於較陡之坡度，因降雨致網材負重增加，其可拉伸滑動之性質將導致上方植生基材不穩。

7.非編織立體網──立體抗沖蝕網

(1)3D立體網Nylon, PP, PE或PET塑膠經押出機熱熔擠出成連續細長膠條，膠條間不規則排列相互黏結並以模具形塑成單凸或雙凸立體結構。

(2)開放式多孔結構網材，具有多數獨立凸點結構的固土單元可防止植生基材受雨水沖刷流失。

chapter 7

植生導入作業（植生導入工）之規劃設計

7.1 植生導入作業（植生導入工）之內涵

一、植生導入作業之定義與目的

　　植生導入作業泛指將植物材料，包括種子、袋苗、挖掘苗或可萌芽生根之活體枝條等，栽植或鋪植於施工基地之作業方法。一般概分為播種法與栽植法。其目的在於使植物繁茂生長於坡面，進一步藉其根系抓緊表土，抑制表土流失，以期達到坡面周邊自然環境調和之效果。植生工程無論在坡面安定上或基於對環境與景觀的保護，因具有使導入植物形成永續生長之植物群落，所以在不同施工之坡面與周邊條件下，所因應之合適設計與施工方法，必須慎重加以考量、規範。

二、植生導入作業方法之選擇

(一)人為輔助植生與自然演替

1. **人為輔助植生演替方法**：不進行植生材料導入作業，即不播種或栽植植物，但依基地之自然條件施以植生基礎工，增強坡面安定性及植物自然入侵演替之可能性，以達到自然植生復育之效果。

2. **利用當地土壤潛在種子之方法**：埋藏在土中未發芽的活種子，在光線不足的林下無法發芽而呈休眠狀態，一旦得到適合的環境條件即發芽。利用其特性，坡地整地或工程施工前將表土集中，工程完工後再將表土回填，有助於植生演替及快速恢復植生覆蓋之成果。

3. **人為植生導入方法**：選擇適宜之植物種子或苗木材料，包括導入快速覆蓋之短期生長植物、部分人為導入植生促進演替方法及整體植栽規劃施作等植生方法。

(二)播種法與栽植法

1. **播種法**：係將草本類、木本類種子直接撒播、噴植或配合肥束網帶，土壤袋客土播種，使其植生綠化的工法。植物種子之發芽、生長，因溫度、水分、肥料、光照等條件不同，木本與草本間有很大之差異。設計播種工法植生時，宜選定具有自然繁殖能力之先驅植物作為植物材料，或在施工坡面施以足夠的土壤含肥量，或設計可促進根系伸入生長之工法設計等。

2. **栽植法**：係利用扦插、分株或育苗苗木栽植於坡面上，如樹木栽植、藤類栽植、草苗栽植、草皮鋪植、扦插、土袋植生等。

3. **播種法之應用**

   水土保持目的之植生工程較需考量基地之周邊條件，以自然環境觀點出發，重視生態環境之保全、復育。在施工方法與植物材料選用上，水土保持植生工程以播種法為主，栽植法為輔。以不擾動周遭環境為原則，選用原生樹種或快速覆蓋草種；景觀工程或綠美化工程則以人之觀點出發，著重空間環境給人之感官知覺，在施工方法與植物材料選用上以栽植法為主，播種法為輔。選擇易栽培養護且著重其生長姿態與型態之植物。如選擇觀姿、觀花、觀果之本地植物、引進植物等。

   播種法具有如下特性：

   (1)較易形成自然且多樣性之植物群落。

   (2)適於廣大面積施工，可節省苗木運搬栽植費用。

   (3)能利於短期內覆蓋地面，對土壤之保護較具時效。

   (4)部分種子購買或取得容易，貯藏與搬運簡便。

   (5)施工方便，可節省經費與時間。

   (6)如使用木本植物種子，其根系生長較栽植木健全及發達，通常固土效果較佳。

   (7)由於種子實生苗之發芽期、幼苗期對環境適應能力較弱，若

植生基地環境條件不良，其發芽成長易受影響。擬定種子播
種時，應注意與檢討草本類、木本類種子之組合比例、種子
播種量與播種時期等。

三、立地條件與植生導入作業

植生施工地區立地條件不同，植生材料之考量與導入作業方法亦
異，其作業原則如圖7-1。略述如下：

1. 立地條件不佳之裸露坡地或崩塌地區，如質地多以砂質、坋質
   黏土、黏土與砂土為主，含石量15%或以上，有效含水量介於
   10～15%或更低，有機質含量1%以下，應多採用草本種子導
   入，可使地表快速覆蓋，達到減少沖蝕、增加安定性的目的。
2. 立地條件中等的裸坡地區，如砂質土、砂質黏土、黏質與坋質
   黏壤土等地區，其含石量介於5～15%之間、有效含水量介於
   15～20%之間、有機質含量介於1.0～3.0%之間。可採用草木
   本植物混植的施工方式，以生長快速的草本種子，配合後期演
   替成林之木本植物，來構成崩塌地的複層植被，或先以草本植
   物撒播，再進行第二次、三次植物導入作業。
3. 立地條件良好之崩塌堆積區或一般更新造林地區，如壤質砂
   土、砂質土、砂質坋土與坋質壤土等地區，其含石量小於
   5%、有效含水量大於20%、有機質含量大於3%，可直接栽植
   林地樹種或造林樹種之苗木，以達到經濟效益及快速森林化之
   效果。

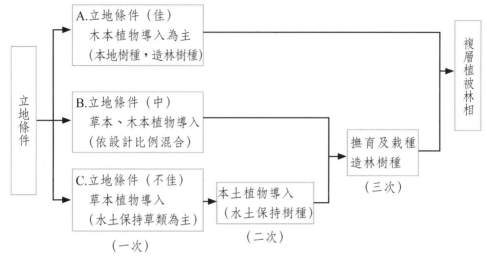

圖7-1　不同立地條件之植生材料導入作業原則

7.2 播種工法之規劃設計原則

一、播種工法之種類與選用考量要點

(一)播種法之基本分類

播種法依播植基本材料種類、地面生育基盤、施工撒播或噴播於坡面之厚度及撒佈情形，共可分為27種方法。其中日本常用方法與臺灣常用之播種法略有不同，詳見下表7-1所述：

表7-1 播種法基本分類表

基盤施工厚度 / 播種材料	a.表層(0~3cm)	b.中層(3~6cm)	c.厚層(6cm以上)	註解
a. 基本材料（種子、肥料）	1.aaa（點播） 2.aab（行列條播） 3.aac（種子撒播）	10.aba（挖溝點種） 11.abb（挖溝條播） 12.abc（鑽孔客土撒播）	19.aca（鑽孔點狀全面播種） 20.acb（挖溝條播） 21.acc（挖孔客土撒播）	a.點 b.線 c.面
b. 基本材料＋土壤或有機質土＋沖蝕防止劑	4.baa（點狀粒劑點播） 5.bab（植生帶鋪植） 6.bac（薄層噴植）	13.bba（點狀植生穴法） 14.bbb（植生盤條狀鋪植） 15.bbc（表層基材噴植）	22.bca（客土穴植＋敷蓋網） 23.bcb（挖溝客土條播） 24.bcc（格框客土噴植）	a.點 b.線 c.面
c. 基本材料＋土壤或有機質土壤＋物理防沖蝕劑	7.caa（有機質土＋種肥點播） 8.cab（帶狀敷蓋＋種肥） 9.cac（覆蓋網材＋種肥）	16.cba（植生穴＋被覆網材） 17.cbb（掛網肥束帶鋪植） 18.cbc（鋪網噴植）	25.cca（植生穴、客土＋被覆網材） 26.ccb（階段面蛇籠＋厚客土播種） 27.ccc（埋設網，厚層客土噴植）	a.點 b.線 c.面

註：1.表中符號係依植生材料及地表處理排列，如第10種aba；第一個a代表基本材料，使用種子和肥料；第二個b代表施工厚度需3~6cm；第三個a代表點狀種植。以此類推。

2.括號內為施工法之例。1-27，為施工法之號碼。

3.日本常用方法略為3.5.6.9.15.17.22.23.24.27等；臺灣常用方法略為2.3.5.8.9.15.17.18.23.24等。

(二)臺灣播種工法發展歷程（以噴植工法為例）

　　噴植工法係目前坡地大面積裸露地主要植生方法之一。早期乃完全引用國外技術，漸以臺灣本土材料取代及適合之工法改良。噴植工法之噴植技術使播種、混種、覆蓋等工作一次完成，可以克服不利條件的影響，提升了植生綠化速度和質量。噴植法利用裝有空氣壓縮機的噴漿機組，透過強大的壓力，能將混合機材，內含有種子、黏著劑、有機肥料、化學肥料、保水劑、綠色顏料、生育材料，以及適量有機物質和水配製而成的黏性泥漿，直接噴送至坡面上。由於植生將具有良好的附著力及明顯的顏色，可以均勻地將草籽噴附到坡面，在保水劑提供的良好保濕條件下，草籽能迅速萌芽，快速生長發育，形成植生覆蓋。噴植工法機械化程度高，能透過軟管及壓力之作用，容易於坡面上進行播種工作，為道路邊坡崩塌地等大面積裸露地常用快速植生覆蓋方法。

表7-2　臺灣地區噴植工法之發展歷程

年份	工法名	重要發展及研究結果
1950	--	最早商品化之土壤改良劑問世，以Krilium為商標，乃水解聚丙烯腈（HPAN）、乙烯乙酸（VA）及順-丁烯二酸（MA）的共同聚合物，後來漸漸出現聚乙烯乙酸（PVA）、聚丙烯酸（PAA）及聚丙烯醯氨（PAM）等有機酸化合物。
1958~	種子噴植工法	開始試驗使用混凝土空壓機，配合種子、土、水與複合肥料等，噴植成厚度1~2cm之厚度，於1965年代開始有較廣泛使用。爾後有不同專用噴植機具引進。
1960~	含纖維材噴植工法	使用水力式噴植機（含輸送機及混合基材容器），配合種子、複合肥料黏著劑、纖維材料使用表面灑播，應用於應用於填土坡面及鬆軟土質之快速綠化工法。
1965~	小型客土噴植工法	使用小型空壓噴植機，配合種子、複合肥料、土壤、各種土壤改良劑、黏著劑等。噴植1~2cm，於1975年後為因應高速公路及大面積噴植工程之需求，漸漸有大型空壓噴植機之引進應用。

表7-2　（續）

年份	工法名	重要發展及研究結果
1970	種子噴植法（1400公升）	1.種子加雞糞或將種子混合硫酸銨、過磷酸石灰、氧化鉀，加入柏油乳劑（石化系列）攪拌，然後以噴柏油路面的壓縮機進行噴植。由於使用黑色柏油乳劑吸熱性過強，夏天施工易使得發芽種子灼傷，遂向西德進口可綠素白色黏著劑（石化系列）替代，但其成本頗高，已漸不再使用。經濟部聯合工業研究所亦在農復會專案補助下，研製出白色黏著劑，命名為台綠三號。 2.引進採光牌背負式小型噴植機，每次可噴植30m^{2}以上，可以一人操作。
1971	種子噴植法（4000公升）	中山高速公路邊坡植草，曾購進大型噴植機以供噴植試用，其容積為4000公升，噴植距離可以由膠管來控制，高度約可達30m。購進大型噴植機，約噴植5%，其餘95%邊坡植草均以百慕達草與百喜草混合植栽或鋪植為主（高速公路局）。
1973	不同黏著劑種子噴植法	以柏油乳劑、可綠素及台綠三號等三種黏著劑混合戀風草、百慕達草、百喜草、白花三葉草等四種草種進行道路邊坡噴植之研究，經降雨淋洗後，使用黏著劑之試驗區，植物生長情形明顯優於對照區（李慶瑞）。
1974	厚層基材噴植工法	以濕式強力空壓噴植機配合種子、植物生育基盤材料、複合肥料、緩效性肥料、黏著劑等材料，噴植3~10cm以上之厚度；目前較大面積崩塌地、軟岩地區、硬岩挖方坡面等噴植主要工法（如採用八角金剛等噴植機具）。
1978	國外特殊工法之引進	1.由日本引進ON工法，為含混合水泥、泥炭等之全面噴植，屬於無土壤噴植工法（1978年）。使用Soil Seal進行煤堆邊坡植生綠化噴植（鍾弘遠，1980）。 2.美國BFM工法引進，使用含黏著劑、纖維材料、種子、肥料等一次噴植之工法（1990~）。

表7-2 （續）

年份	工法名	重要發展及研究結果
1978	挖穴鋪網客土噴植法（3~5cm）	中山高速公路於造橋路段首次使用，在硬質土地區先行挖穴，然後施放固體肥料，鋪貼金屬網後噴客土3~5cm，再噴植種子及黏著劑，最後以稻草蓆覆蓋之。
1981	團粒化劑客土噴植工法	使用客土用強力空壓噴植機，配合種子、植物生育基盤材料、複合肥料、緩效性肥料、黏著劑、團粒化劑等，噴植1~3cm以上，為目前現在為軟質土、填方坡面坡面綠化的主流。
1987~1990	不同黏著劑種子噴植、中層噴植法（3cm）	1.於礦區及高海拔邊坡綠化方法的比較試驗，對高狐草（K31F品系）、山鹽青、山水柳等植物做噴植方法與其他植生方法之比較，並自行配製各種噴植機材以供試驗之用，其初期綠化覆蓋效果雖較緩，但有助於自然植生演替之進行，快速造成自然群落。 2.以聚醋酸乙烯樹脂、尿素、甲醛樹脂、水泥漆與糊精做為一般道路邊坡噴植之黏著劑，於坡度43°至68°之道路邊坡實施中層噴植法施工，結果發現黏著劑對種子發芽影響與配方濃度及種類有關，黏著劑濃度越高，相對的種子發芽率越低（邱創益）。
1995~	再生材料利用綠化工法	引用日本推動再生材料利用工法及名稱，使用濕式強力空壓噴植機，運用一般再生纖維材料（紙漿、樹皮材料、木屑堆肥）下水道淤泥、緩效性肥料、黏著劑、團粒化劑等材料組合噴植厚度約5~10cm以上。可運用於厚層基材噴植工法、團粒化劑客土噴植工法等。
1994~2002	航空植生試驗	1994、1996、2002年分別於南投縣中寮鄉、台中縣東勢鎮、花蓮縣等地區崩塌地及台南縣泥岩地區進行航空植生試驗工程，撒播材料中增加鳥食忌避劑，種子亦增加山芙蓉、相思樹等原生種木本植物，黏著劑採用日本植生專門之壓克力乳劑，施工技術與方法、規範漸趨於成熟（水土保持局、台中縣政府）。
1995~	連續纖維噴植工法	由綠化工程廠商引進，將泥狀基材在專用噴植機內攪拌後，混入長纖維一併進行高壓噴植。曾於水利署牡丹水庫、曾文水庫集水區、高雄泥岩地區規畫施作，施工成效尚稱良好（水利署南水局）。

表7-2 　（續）

年份	工法名	重要發展及研究結果
2000~2007	團粒化劑噴植工法推廣	中日文化經濟交流協會提供相關技術指導，於台中縣新社鄉中和村中95縣溪頭附近之道路兩旁崩塌邊坡，進行第一次團粒化劑試驗噴植，攪拌種子、遲效性肥料、植物生育基盤材、接合劑、黏結劑等材料進行噴植。爾後施工面積逾50於公頃（水土保持局）。
2002~2004	生態工法（噴植工法）應用資材試驗	1.訂定有關噴植工法應用資材相關規範，特別有關於網材之適用性、檢驗方法等（水土保持局）。 2.生態工法推動天然資材及再生資材之開發利用，提供噴植資材特性規範之參考資料（公共工程委員會）。
2006~2010	組合工法與創新工法	1.苗木栽植配合噴植施工。 2.被覆網材與噴植基材組合應用（林務局、水土保持局）。
2008~2013	鋪網噴植工法成果調查	1.調查彙整鋪網噴植主要應用網材材料及評估其對種子發芽生長之可能影響。 2.調查木本與草本種子混和噴植之部分成功個案（水土保持局台北分局、林務局）。
2009~2014	噴植工法試驗	1.採用不同配比之纖維材混和進行野外實作試驗，菇肥宜添加樹皮堆肥、纖維材或砂土等，有助於改善乾裂收縮情形。 2.使用水泥為黏著劑，並添加於不同配比之纖維材中進行試驗研究，包括室內試驗與野外噴植試驗（林務局南投林管處）。

(三)播種工法之選擇流程

植物種子之發芽過程，受溫度、水分、基材、光照等條件影響，而期望植生目標為木本植物或草本植物之工法設計亦有很大之差異。設計時須充分考量施工地區之立地條件，如氣候、坡度、地質、土壤適宜程度，及其相關周邊生長環境等因子。選定具有自然繁殖能力之先驅植物作為植物材料、或具有可促進根系伸入生長之工法

設計等。另需考慮坡面之植生群落目標、施工基地之立地條件與植生基材之應用等，做為播種工法之選擇依據。如圖7-2。

二、噴植工法之種類與應用

(一)依機具設備與作業方法區分

1.水力式（噴植機）噴植工法

　　水力式噴植是以水為載體，將事先經過合理配比，和適當預處理的各種草、灌木、喬木之種子，與適當配方的肥料、纖維材料（木質纖維、紙漿等）、黏著劑、保水劑、生育基材等混合，透過可調壓的噴頭均匀地噴播在基質表面，而達到快速建立植被群落的一種先進植被建立和恢復技術。如圖7-3。

(1)適用範圍及工法

　　A.適於一般岩盤或無土壤處，無坡度限制，但以坡度50°以下施作效果較佳，不同坡度施作使用之種子也有所不同。

　　B.通常設計噴植厚度小於1cm。

　　C.使用資材包括：生育基材或纖維材料、有機肥料、化學肥料、黏著劑、水、目的種子等。

　　D.常用配合工法包括：稻草蓆敷蓋、抗沖蝕網鋪設、掛網錨錠、打樁編柵等。

(2)噴植機具設備種類

　　常用水力式噴植機可分為以下三種設備：

　　A.射流攪拌噴植機：屬較早期使用之噴植機，一般採用油罐型混料箱，依靠上、下兩根射管噴射水流衝擊管內漿液形成二維迴圈流，將固體物與水混合。射流攪拌噴植機結構簡單，攪拌力度較小，因此需要較長的混合攪拌時間，罐容量一般也只能在2000公升以下。由射流管結構限制，射流攪拌噴植機一般只允許輸送7%～15%固體含量的中等

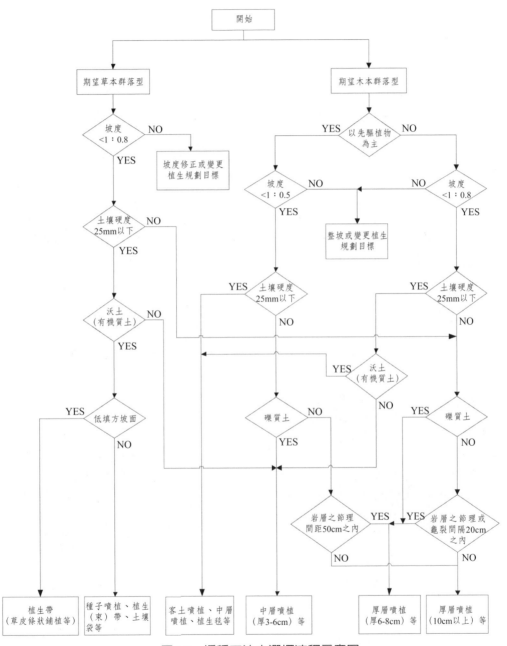

圖7-2 播種工法之選擇流程示意圖

（資料來源：日本全國治水防砂協會，1998）

1.水力式噴植機：車載式（一）

2.水力式噴植機：車載式（二）

3.水力式噴植機：車載式（三）

4.混合噴植基材情形（一）

5.混合噴植基材情形（二）

6.水力式噴植情形（一）

圖7-3　水力式噴植施工作業與機具設備照片

7.水力式噴植情形（二）　　　　8.水力式噴植情形（三）

圖7-3　水力式噴植施工作業與機具設備照片（續）

濃度混合漿液。此類噴植機通常適用於表層土熟化程度較
高、以庭院花園為主的小規模綠化工程。

B. 機械攪拌噴植機：為大部分大型水力式噴植機使用，一般
採用槽箱型混料罐，依靠臥軸漿式攪拌器攪動罐內漿液形
成二維或三維迴圈流，實現固體與水混合。漿式攪拌器攪
動力度大，可以保證固體含量30%～60%高濃度漿液充分
混合，並在噴播過程中始終保持懸浮狀態。同時，機械攪
拌噴植機配備的泵具有葉片少、流道寬、轉速低的特點，
輸送高濃度混合漿液時不致出現堵塞現象。液壓無段變速
機攪拌器調整範圍大，可根據混合基材之漿液濃度、罐容
量、混合程度等，隨時調整攪拌的方向、速度和力度，使
能適應各種噴植纖維材料施工需要，也能噴送土壤堆肥、
泥炭等人工配製的植生基材，其性能是射流攪拌和定速機械
攪拌無法比擬的。

C. 壓力式噴植機：當噴植施工作業面底層土質透水性較差
時，需要噴送濃度超過50%的混合植生基材，則須使用壓
力式噴植機，可達到較佳之施工效果。壓力式噴植機是利
用混料罐內注入壓縮空氣幫助混合漿液外排，同時改用容

積式蠕動泵抽送實現作業功能。其應用範圍可將噴植機械分成城市園林工程的小型噴植機和專業型噴植機。前者以射流攪拌形式為主，美國、日本及臺灣都有結構簡單、適於建造庭院花園的小型噴植機；後者為機械攪拌或增壓，已開發國家在環保領域廣泛應用。

2. 氣壓式（噴植機）噴植工法

氣壓式噴植是將種子、黏著劑、纖維材料、有機肥料、化學肥料、保水劑、土壤改良劑及其他資材等材料依一定比例混合後，透過氣壓式噴漿機（$12kg/cm^2$）將植生基材噴布於坡面上，形成一層類似表土的結構，提供植物生長基材。其能在岩石邊坡等難以綠化地區實現快速綠化，並建立灌、喬木為主之植物群落，著實恢復以自然修復環境之目標。施工機具組合較為複雜，氣壓式噴植工法適用範圍與工法如下：

(1)適用於一般挖方坡面、岩盤面、礫石層、泥岩、砂頁岩、砂岩邊坡，雖無坡度限制，但以坡度50°以下施作效果較佳。

(2)通常設計噴植厚度為3～6cm。

(3)使用資材包括：砂質壤土、纖維材料、土壤改良劑、黏著劑、有機肥料或化學肥料、保水劑、目的種子、適量水等。

(4)常用配合工法包括：配合掛立體網錨定、水泥格框等。

氣壓式噴植機依其噴植機之結構可分為乾式噴植與濕式噴植，相關施工機器及作業情形，如圖7-4及圖7-5。

3. 乾粉式噴植

乾式噴植材料內不含水體，以乾粉狀噴布。其噴布方式類似於不使用機具之人工直接撒播，其差異在於施作面積較大，與使用機械及作業方式不同。乾式噴植無需考慮施工地點之水源問題，但需等待至降雨濕潤，基材中之種子才得以發芽。施工簡便但發芽效果較低，且須防止種子遭鳥食。乾式噴植曾在臺灣崩塌地試作，其成效不彰，暫

1.混合基材

2.輸送帶送料進水泥噴漿機

3.水泥噴漿機攪拌基材（A-Li-Ba）

4.乾式噴植之抽水設備

5.乾式噴植情形（一）

6.乾式噴植情形（二）

圖7-4　氣壓式噴植（濕式）施工作業與機具設備照片

1.發電機

2.過篩機

3.水箱

4.基材攪拌機

5.風車（空氣壓縮機）

6.八角金鋼

圖7-5　氣壓式噴植（濕式）施工作業與機具設備照片

7.濕式噴植情形（一）

8.濕式噴植情形（二）

圖7-5 氣壓式噴植（濕式）施工作業與機具設備照片（續）

不適用於臺灣崩塌地區。

(二)依噴植厚度分類

依噴植厚度分類可分為三種，分別為薄層噴植、中層噴植及厚層噴植三類。

1. **薄層噴植**：噴植厚度為0.1～1cm，適用於土壤硬度小於25mm（山中式硬度計測值）之一般土壤植坡面。

2. **中層噴植**：噴植厚度為1～5cm，噴植於鋪設鐵絲網之坡面上，適用於軟岩坡面。

3. **厚層噴植**：噴植厚度為大於5cm，噴植於鋪設鐵絲網之坡面，適用於硬岩坡面。

有關臺灣與日本噴植工法厚度差異之比較如表7-3所述。

表7-3 臺灣與日本噴植工法厚度差異比較表

	日本	臺灣
薄層噴植	0.1～3cm	0.1～1cm
中層噴植	3～6cm	1～5cm
厚層噴植	>6cm	>5cm

(三)依施工材料分類

1. **直接噴植**：直接將黏著劑、種子、肥料等植生材料噴植於坡面之方法，常用於需快速草類覆蓋之裸坡地區或一般填方坡面，其噴植厚度小於1cm。

2. **客土噴植**：種子、黏著劑、防沖劑、有機肥料、化學肥料、保水劑、土壤改良劑、生育基材等材料，依一定比例混合後噴射到邊坡表面，形成一層類似表土的架構，進而創造植物生長基礎。

3. **鋪網客土噴植**：於坡面上先鋪上一層鐵絲網，增加其穩定性，於坡面上將混合之水、複合肥料等噴佈其上，形成厚度3cm以上之客土，再將黏著劑、種子、水等混合噴植於客土上。在一般崩塌裸露噴植時，因坡面變化較大需設計噴植厚度5cm才能將鐵絲網覆蓋。薄層噴植或無需客土材料時則可不用鋪網。

(四)依噴植工法功能與目的分類

依噴植工法之功能與目的，可概分為防止沖蝕型、營造生育基盤型和大面積快速綠化型等。防止沖蝕型噴植工法主要目的在於能使不穩定之坡面快速植生，多屬薄層噴植以期草種能在短時間內萌芽；營造生育基盤型噴植工法主要因崩塌地本身環境地利條件惡劣，須由外力提供較良好之生育基盤；大面積快速綠化型主要因所需植生復育地面積廣大或所在地分散，施工人員機具不易到達，在經濟考量下選擇使用大面積快速綠化型工法。各種工法概略說明如下：

1. **防沖蝕型噴植工法**：直接噴植、團粒化劑噴植、岩面噴植。

2. **營造生育基盤噴植工法**：鋪網客土噴植、固定框配合噴植、厚層噴植。

3. **大面積快速綠化型工法**：航空植生、鋪網客土噴植、長纖維團粒化劑噴植。

(五)依使用種子材料區分

噴植工法應用種子材料可分為草類、灌木類及喬木類種子，若以種子來源、產地區分則可分為本地植物與外來植物。草類具有迅速發芽生根，快速綠化坡面之功能，林木為水土保持植生復育之最終型態，通常可自然更新，維持穩定林相及正向之植生演替發展。

1. 僅使用草本類種子

僅使用草本類種子，主要係為求快速面狀綠化之效果，以初期防止或減低地表沖蝕。

2. 僅使用木本類種子

僅使用木本類種子，多應用在期望快速森林化之坡面，但不適苗木栽植地點。木本植物種子發芽後初期生長較緩慢，表面沖蝕嚴重的地方恐有遭流失之虞。木本種子之中有粒徑大者，使用機具播種可能有所困難。故選定木本植物種子時，應一併考慮其施工性及經濟性。

3. 使用草本和木本植物種子混播

草本、木本植物種子之混合比例依土壤立地條件而定，通常土壤條件不良，仍有高度沖蝕情況時，以草本植物種子為主，大面積裸露地施工，或草本類植生覆蓋後栽植樹木困難的地點，可採草本種子和木本種子的混播。但導入植物種類或混播比率不適當時，木本植物會遭受草本植物壓抑，影響發芽或生育，因此須考慮採用葉量、高度不致影響或妨礙木本成長的草本類，或須減少草本種子之用量比例。草木本植物種子混播時，某種植物種子之播種量未達全播種量之10%時，其著生速度會受其他植物影響，因此各種植物之播種量比例，最少需設定在10%以上。

目前噴植工法種子材料常用以下幾種混播方式：

1. 草本和木本植物種子混播。
2. 禾本科與豆科種子混播。

3. 外來植物與本地植物混播。

4. 快速生長之植物種子（常為草類）與生長較慢但可長期生長植物種子混播。

5. 一般植物與肥料木種子混播。

三、噴植資材

(一)噴植資材之種類

噴植資材可概分為基本材料類、養生材料類、種子材料類與其他材料等。其用途、特性、材料種類等，如下表7-4所述。

表7-4　常用噴植資材類別與特性

類別		用途與特性	資材種類
基本材料類	纖維材料	可提供種子發芽生長之介質及改善土壤物理特性，增加噴植基材的機械性強渡。	如泥炭苔、樹皮堆肥、菇類太空包廢料堆肥、甘蔗渣、稻穀堆肥、木屑堆肥、木質纖維等。
	肥料	在自然環境養分不足或急需復育地提供種子發芽初期生長所需之肥分及改善土壤肥力。	腐熟堆肥、化學肥料、緩效性肥料（粒肥）、高腐植酸有機質肥料等。
	土壤	富含有機質、排水性良好之土壤，能與其它噴植資材充分攪拌混合者。	通常為砂質壤土。野外河岸沖積地採集土壤時需過篩去除石粒、雜質。
養生材料類	土壤改良劑	改善噴植土壤、基材等之特殊屬性（如高鹼性、高酸性、黏土及鹽化等），增加土壤內微生物活性，增進土壤保水性、肥料吸收功能及促進種子發芽生長者。	苦土石灰、蚵殼粉、草木灰、矽酸爐渣、硫磺粉、土壤微生菌、菌根菌等。
	黏著劑	為固結土壤、噴植材料及種子、增加噴植基材之抗沖蝕能力，防止其流失。	可分為高分子類黏著劑與有機類黏著劑。如柏油乳劑、乳膠劑、CMC、團粒化劑、卜特蘭水泥等。
	保水劑	可增加噴植基材含水量、通氣性，提高種子發芽率。	蛭石、高分子保水劑、保水劑等。

表7-4　　（續）

類別		用途與特性	資材種類
種子材料類	種子	配合施工基地之立地條件與植生綠化類型目的，選擇適生植物種子，混合於噴植基材，以達到植生效益。	包括草類、灌木、喬木、藤類、綠肥植物等種子材料。
其他材料	其他資材	現地回收資材、著色劑、種子發芽促進劑或鳥類忌食劑等。應用時需同時考慮周邊生態與環境之危害問題。	天然食用色素（綠色）、鳥類忌食劑（需謹慎使用）等。

(二)黏著劑

在日本，黏著劑之材料通稱為侵蝕防止劑，大多屬於高分子化合物，為施工初期的種子發芽到形成植物覆蓋期間，能發揮防止沖蝕效果的一種短暫性藥劑，其可發揮之效果約3～4個月左右。黏著劑可概分為被膜型、滲透充填型和滲透連結型三種（綠化技術用語事典，1990）。分述如下：

1. **被膜形成型**：即在地表或客土種子材料上被覆，薄層不透水性之材料（如柏油乳劑等）。

2. **滲透連結型**：即可滲透至地面下與土壤粒子結合之材料，如可直接與土壤、種子及肥料等預先混合，丙烯酸樹脂等。

3. **滲透填充型**：即可滲透填入地表面之土壤顆粒間之材料，目前此類之推廣材料甚少，但有以水泥、侵蝕防止劑與土壤、種肥混合使用之情形。

常用的黏著劑，分述如下：

1.乳膠劑（高分子黏著劑）

(1)用途

　A.固結土砂，穩定邊坡，常應用於農地遭受沖蝕以及崩塌坡

面等地區。

　　B.防止種子遭受沖蝕，進而增加種子存活率，以達到植生綠化之效。

　　C.有快速綠化之功效。

(2)特性

　　A.原始乳膠劑係粉顆粒狀，加水稀釋後，其不溶物含量僅佔少數，極易與噴植基材混合，並保持其黏性。

　　B.乳膠劑其陰離子性佳，可以協助種子發芽及協助土壤有機質之分解，適合使用時間一般為施工之初、中期，促進植物生長。

(3)成分

　　一般是以丙烯酸為主成分的多重合樹脂，由丙烯酸甲烷、丙烯酸合成橡膠、苯乙烯、丙烯腈等物質合重體所製成，單一物質中危險物含量較高。

(4)規格範例

表7-5　乳膠劑規格範例

NO.	成分	特性	備註
1	DRY CONTENT (%) 固形份（%）	85%	
2	INSOLUBLE (%) 不溶物（%）	3.5%	
3	UL VISCOSITY (CPS) UL 黏度（CPS）	5.7～6.4cps	0.1% in 1 M Nac 60rmp（0.1%在氯化鈉1個摩爾濃度在1分鐘60個rpm旋轉條件下之黏度）
4	RESIDUAL MONOMER (ppm) 殘留未反應單體（ppm）	999 (MAX)	
5	ANIONICITY, mole% 陰離子性mole%	30～37 (mole%)	

2. CMC (Cellellose Methyl Carboxylen)：

(1)用途

具高效之保水劑功能，亦可作為土壤表層保護用黏著劑。

(2)特性

性質為無色，無味，無毒，水溶性的粉末或微粒；pH（1%溶液）6.5～8.0；在pH2～10之間穩定。比重1.59；折射率1.51；抗張強度8000~15000psi。1%溶液黏度從5至2000cps，和其醚化的程度有關。不溶於有機液體，和重金屬鹽形成薄膜不溶於水，為透明、強韌的，不受有機物影響，其膠體性質優於天然親質子性膠體，並且有觸變性質，亦可當作多電解質。

(3)成分

高分子化合物所組成之糊劑。

(4)製作過程

製作方式為將鹼纖維素和氯醋酸鈉反應。

(5)補充說明

carboxymethylcellulose為羧基甲基纖維素，一種半合成水溶性的聚合物。其CH_2COOH取代由醚所連結的纖維素鏈的葡萄糖的位置，分子量的範圍由21,000至500,000。因為反應發生在鹼性溶液中，產物為羧酸的鈉鹽$R-O-CH_2COONa$。

3. 水泥（波特蘭水泥）

(1)用途

水泥用途為防止土壤表面受到侵蝕之物質，並有些許保溫之效果，可固定草種於土壤中，使草種不致因降雨而受到沖蝕，有時添加於土壤改良劑中穩定邊坡、防止沖蝕、固結草種、保持地溫。常用之水泥如波特蘭水泥，由於水泥具硬化及高鹼度之特性，對植物發芽及根系之發育影響甚鉅，使用上通常混用發泡劑、稻殼、蛭石等添加材料，以增加孔隙度。通常其使用量為全部噴植基材乾重之5%以下。

(2)成分

波特蘭水泥係以水硬性矽酸鈣類為主要成分之熟料研磨而得之水硬性水泥，通常並與一種或一種以上不同型態之硫酸鈣為添加物共同研磨。波特蘭水泥則另加入一種輸氣劑為添加物共同研磨。

4.日本常用沖蝕防止劑（黏著劑）種類

噴植基材經常使用之沖蝕防止劑，一般由日本或美國引進至臺灣，再由臺灣廠商配合國內適合使用之配比，經改良後使用。另外也蒐集25種日本品牌沖蝕防止劑種類，及其廠商名稱和規格等，供將來施工設計人員參考之用。下表為日本黏著劑之介紹：

表7-6　噴植用沖蝕防止劑（黏著劑）種類（日本產品例）

品　名 （沖蝕防止劑）	規　格	廠　商
ピー・グリーン	種子噴植用黏著劑	佳有精化
エスフィックスパウダー	$1000m^2/kg$噴植用沖蝕防止劑（粉末）	積水化學工業
エスフィックス1	土壤沖蝕防止18kg裝，20kg裝	積水化學工業
ソウケンタック	噴植用黏著劑18kg裝	早水組
ボンコートNS-1	合成樹脂乳劑（醋酸乙烯類）18kg裝	大日本インキ化學
ダイヤレジンコートP	土壤安定養生劑（粉末）	ダイヤ綠產
ダイヤレジンコート	土壤安定養生劑（液狀）	ダイヤ綠產
テンゾール	土壤沖蝕防止劑（丙烯酸類）18kg裝	天龍工業
ノリロン	噴植用種子保護劑	東亞合成
アロンAX-21	土壤改良沖蝕防止劑	東亞合成
レミコントロール	生育基盤接合劑6kg裝	東興建設
ベースソイラー	生育基盤接合劑20kg裝	日本植生
FGコート1號	坡面沖蝕防止劑（醋酸乙烯樹脂類）20k裝	福田石材

表7-6　（續）

品　名 （沖蝕防止劑）	規　格	廠　商
ＦＧコート特號	坡面沖蝕防止劑10kg裝	福田石材
ホートクシード100	黏結18kg裝	富士見綠化
ブジミグリーンボンド	種子噴植黏著劑（1000m²/kg）	富士見綠化
ルナゾールAH	沖蝕防止劑18kg裝	クラリアント
ルナゾールAV	沖蝕防止劑18kg裝	ポリァー
ルナゾールパウダーA	沖蝕防止劑（粉劑）10kg裝	ポリァー
SCハマノ57	坡面沖蝕防止劑（醋酸乙烯樹脂類）18kg裝	ミサクセラミッス
ヨシズミコートT-A	植生工程用安定劑（醋酸乙烯樹脂類）20kg裝	ヨシズミ
ヨシズミコートT-B	植生工程用安定劑（丙烯酸類）18kg裝	ヨシズミ
サクコートパウダ-505	植生工程用黏著劑（醋酸乙烯樹脂類） 10kg裝	ヨシズミ
ヨシズミコートパウダ-303	植生工程用黏著劑10kg裝	ヨシズミ
ヨシズミコートパウダ-202	植生工程用團粒化劑10kg裝	ヨシズミ

5.團粒化劑

(1)團粒化劑之定義

團粒化劑（aggregating agent）一詞原由日本引進，依據日本綠化工學會編輯之綠化技術用語事典（1990），團粒化劑定義係指「合成高分子系列之土壤改良劑」，產品名稱為Polisoil，其產品包括主劑（B劑）及副劑（L劑）。主劑（B劑）主要成分為Polyvinyl-alcol（聚乙烯醇）、polyacrylic acid（聚乙烯酸），melamine（三

聚氰胺）等合成樹脂，或陽離子性合成高分子等；副劑（L劑）為丙烯酸樹脂類，為一般的黏著劑或乳膠劑；主劑或副劑皆具有親水性基與疏水性基，親水性基可以使藥劑隨水分入滲至土壤內部，隨水分蒸發，疏水性基就會在土壤表面結膜，結合土壤粒子或促進土壤團粒化效果，亦具有改善土壤通氣性、透水性之功能。

(2)團粒化劑之物化性質

依其產品特色說明，屬安全性高且酸鹼值為中性，其相關性質如表7-7：

表7-7　土壤團粒化劑之物化性質

名稱	土壤團粒化劑
濃度	主劑原液濃度9.0～10.5%；副劑原液濃度48～52%。
顏色	乳白色
主成分	非離子系高分子
比重	1.05±0.1
pH值	7.0±1.0
低溫安定性	−4℃
最低溫造膜溫度	5℃
安全性	LC_{50} 10000ppm以上（魚類Lethal concentration 50%）
其他	塗布後無滲出物流出

(3)團粒化劑之由來

日本沖繩縣因開發建設所造成之裸露表土（紅土），經風化形成塵土飛揚或因雨水沖刷導致土壤流失，以往所採取之防制對策，為於施工期以灑水或蓋防水膠布，阻止雨水與土壤間遮斷面，以抑制災害之發生，但卻不能真正達到防止土壤流失之目的。因此在日本沖繩縣政府的全力輔導開發下，成功開發了抑制塵土飛揚、土壤流失與綠化植生一次施工的土壤流失防止劑，即土壤團粒化劑，並成功的應用於日本各地。

　　目前團粒化劑之工法應用於紅土礫石層崩塌地之植生綠化，或含坋質土較高之挖填方邊坡及需快速植草覆蓋之地點。

6. 其他黏著劑相關資料

(1)柏油乳劑：asphalt emulsion，中國石油公司煉油廠製品，顏色為黑色，須加水2～3倍稀釋，因黏度較高，噴植機清洗困難，目前較少使用。

(2)S-Fix：日本坡面及航空綠化之沖蝕防止劑，為白色乳狀液，亦有粉狀材料。

(3)植物性黏劑：為白色膠狀物，主要為植物澱粉產品。

(4)其他：如波特蘭水泥、天然樹脂、動物膠、樹皮粉（楠木類）、植物膠（黑色之植物乳劑）等。

四、人工施作之播種工法

　　藉助人力方式進行施工，施工方法可分為直播或條狀播種、植生帶或植生毯鋪植、植生束（盤）鋪植及土壤袋植生等施工方式，詳如表7-8所述。

表7-8　人工播種工法之種類與特性

工法種類	施工方法	使用材料			適用條件
		種子	肥料	其他資材	
直播或條狀播種	直接將種子拌合材料播植於坡面之方法	速生草類綠肥、速生樹種	複合肥料	拌合介質	坡度小於35°之一般土壤挖方、填方坡面，其播植厚度小於1cm
植生帶或植生毯鋪植	全面鋪植或鋪設成帶狀	速生草種	複合肥料	上覆稻草蓆	坡度小於35°之填方坡面為主

表7-8　人工播種工法之種類與特性

工法種類	施工方法	使用材料			適用條件
		種子	肥料	其他資材	
植生束（盤）鋪植	將植生束或植生盤釘於坡面上	水土保持應用草種、速生樹種	複合肥料、有機肥料	含纖維材料之植生基材	坡度小於35°之挖方、填方坡面，配合噴植作業之前期施工
土壤袋植生	固定土壤袋或植生袋	水土保持應用草類	複合肥料、有機肥料、緩效性肥料	現地土壤、客土材料	坡度小於45°，含肥量少之土層或硬質土與砂岩層

備註：

1.直播或條狀播種在小面積植生地區時使用。

2.植生帶或植生毯鋪植除了草蓆類之外，也有纖維、毛毯狀者，在肥料成分較少之土質，必須作追肥管理。

3.植生束（盤）鋪植適用於小面積之填土區，土壤含肥量少之地區需追肥管理、砂質土不適用。

4.土壤袋植生在坡度太陡時（坡度大於1：1.2）土壤袋有可能滑落之情形。土壤袋中含草類種子需保肥力較高之客土土壤。

5.挖植溝施放基肥覆土後在其上撒播種子。一般適合在階段上或緩坡之堆積土，無逕流沖蝕或土石飛散之虞的坡面。

7.3　栽植工法之規劃設計原則

一、栽植工法之種類

　　栽植工法，依其應用植物材料之種類不同，可概分為草藤類栽植與樹木栽植，如圖7-6。其中苗木栽植為最主要之坡地栽植工法。本節所述之栽植工法設計要點，主要以苗木栽植為對象加以說明。

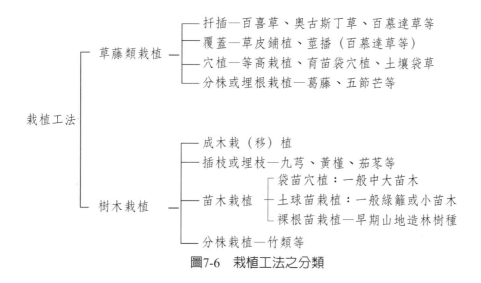

圖7-6　栽植工法之分類

二、苗木材料之應用

(一)苗木材料之應用考量原則

苗木之良窳決定植生綠化之速度及成效，但由苗木外觀選擇生長強健的優良苗木並非易事，優良苗木的標準之選擇，除依2-5節之相關規定外，以苗木做為植生工程之植物材料，需考量如下之特性與原則：

1. 保護與維護措施良好，苗木種植可全年施作，情形良好者存活率可達90%以上。
2. 苗木雖可當做工程材料執行，但使用時須與其他工程材料或相關施工程序結合，方能達到預期效果。
3. 苗木之標準和檢定，因樹種不同而有所不同，宜於事前溝通，加以明確原則訂定，工程後續爭議少。
4. 苗木選擇生長勢強，成蔭快之樹種，則綠化效果快速。

(二)容器苗之應用

容器苗係目前植生工程或環境綠化推廣最常用之植物材料。尤其在特殊環境或需要立即發揮綠美化功能之情況下，利用容器苗綠化更有其一定的重要性。容器苗木應用之優勢如下：

(1)植栽綠化施工期延長，維護管理困難，增加成本減低效益。而容器苗木栽培生產不受季節限制、隨時供應綠化苗木，適合於施工期短的綠化工程，提升整體效益。

(2)容器栽培苗木品質良好，種植前不需大量修枝，種植成活率高，栽植成本下降而施工品質更為提升。

(3)容器栽培生產集約化，需要較高的技術和設備，卻能創造良好的生長撫育條件，苗木生長快速增加，出栽週期縮短，土地利用效率提升。

(4)苗木的質量有所保障，實施苗圃產品標準化管理和分級管理，有利於苗木的生產。

(5)傳統的苗木生產掘苗時要帶土球，導致土壤資源破壞，土層愈來愈薄，土壤肥力下降。而容器栽培可以有效地保護苗圃的土壤資源，有利於地力與環境維護。

(6)容器栽培生產可以利用荒地、鹽鹼地等邊際土地生產，使土地成本下降。

(7)容器苗如以介質栽培，可以解決帶土病蟲害問題和植物檢疫問題。

三、苗木栽植計畫之基本考量

苗木栽植之目的在於將目標樹木以苗木的方式引進至植生施工地點，特別在需快速建立森林植被之地點。經繁殖培育後之苗木材料，於基地栽植並管理維護後可形成某一程度樹高的林型，在短期間內有效營造符合植生預期目標之植被群落。

(一)栽植基地之立地條件

依種植基地的土地條件及氣象條件，擬定所採用苗木樹種、栽植型態，亦須考慮栽植方法及時期，提高苗木成活率，以期栽植後保持良好生育情況。

以崩塌地為例，須先做好坡面整理、階段設置、打樁編柵、坡腳安定及坡面排水等植生基礎工，再進行植生導入作業。惟植生基礎工所能改善的植生生長環境條件仍有所限制，如崩塌地土壤貧瘠、含石量多、上下端岩層露出程度不同、土質與裸地沖蝕之差異大等，須於栽植計畫內充分考量。施工時，應視其周邊環境條件差異、基地土質差異等決定每一區對應之栽植方法、樹種、栽植棵數等。

(二)客土與土壤改良

土壤之物理結構、化學性質等會影響植栽苗木之生長，應設法改良，以提供苗木良好生長的養分與水分條件。其措施簡述如下：

(1)以客土改良土壤：將不良之植穴土壤，以表土等良質土替換，如無法取得表土，可將附近較好的土壤做為基質，加入堆肥等有機質，作為客土用土。

(2)以土壤改良資材改善土壤：清除土壤之砂礫級配或雜物後，混入有機質添加物，如蛇木屑、稻穀、腐殖土、木炭、泥炭土等，或混加蛭石、高分子材料、無機類添加物等，以改善土壤團粒結構及物化特性。

(3)挖掘較大之栽植空間：挖掘較大的植穴，周圍種植草皮及地被植物，以使地面逕流水能流入苗木根群部位，使土壤之含水性及通氣性良好。

(4)設置入水口及通氣管：在植穴中預先埋設通氣管及預留入水口，以利土壤中氣體交換作用及地表水滲入，並可提供做灌溉及液態肥料之施用。

(5)其他特殊土壤之改良：重黏土層地區，植穴之寬度及深度，均應加倍之範圍挖掘，並予客土以減低植穴積水可能之影響。砂質土層地區，植穴之寬度及深度應略大於一般土層，掘穴後混以有機肥沃土，增加其保水功能。容易積水之土壤地區，如不透水層距離地面淺薄，將不透水層以圓鍬等破壞之，並視需要設置暗管或明溝以利排水。

(三)苗木混植配置

苗木栽植有別於一般大面積、單一樹種的方式進行栽植，於經濟上形成莫大損失。不僅增加環境棲地與生物多樣性，對景觀上來說也較豐富，並可減少病蟲害，不使蔓延迅速，造成樹種枯損。

苗木混植係將不同生活型之苗木進行混合栽植，混植時樹種之排列、間隔方式，原則上以主要樹種（主林木）為考量標的。如考慮到如肥料木等不需長期存在之樹木衰退後，存留之主林木間隔整體且呈均勻林相，則植穴之大小，應以苗木根系獲得適當成長的空間為準。（註：肥料木係指具有根瘤菌或菌根菌，可固定空氣中之 N_2，有助於增加氮肥及改良土壤效果者。）

常用苗木的混植類型有：

(1)木本植物栽植配合草類種子撒播、草苗栽植。
(2)針葉樹與闊葉樹種混植。
(3)深根性與淺根性樹種混植。
(4)主林木與肥料木混植。
(5)陽性樹種與陰性樹種混植。

(四)苗木栽植之規劃設計

詳如8.5節苗木栽植之內文說明。

chapter 8

植生工法各單元設計圖說

8.1 撒播

(一)定義與適用範圍

將種子做必要之預先處理後，直接播種於坡面上，以達到植生綠化之目的。適用於：

1. 坡度緩於土壤安息角，坡長小於10m之填方坡面。
2. 經加鋪客土，坡度緩於30°，坡長小於10m之挖方坡面。
3. 配合栽植法之種子撒播。
4. 立地條件較佳之一般坡面。

(二)設計與施工方法（例）

1. 除去地面雜物、危石、殘株及整平坡面。
2. 一般土壤每m²施堆肥1～1.5kg及台肥# 43複合肥料0.05kg，但得視其土壤肥力狀況增減20%。
3. 將每10～30g/m²之種子均勻撒播於坡面，或挖20～30cm深之植溝後進行撒播，如圖8-1。
4. 取鬆軟之表層土微量覆蓋於撒播種子後之坡面，以防止陽光曝曬及增加種子固著。
5. 撒播後視需要敷蓋稻草蓆，以防止種子飛散並保持土壤水分。鋪草蓆需重疊5cm，並以長25～30cm之#10鐵絲作成「∩」型鐵絲或竹籤固定。
6. 稻草蓆通常寬度1m，其單位乾重量約為150～300g/m²。
7. 在立地條件較佳之坡面，初期裸露後立即撒播種子，通常會有較佳之植生效果。

種子拌合材料

簡易條溝播植

挖植溝與條播施工情形

圖8-1 挖植溝後撒播種子施工照片例

8.2 噴植工法

　　為配合不同立地條件與施工便利性，在坡地植生常應用不同噴植技術及基材，但噴植施工地點之環境差異甚大，噴植應用資材與基材之配方，仍須依施工個案條件與預期成果調整設計。

一、直接噴植（薄層噴植）

(一)定義與適用範圍

直接將種子、肥料、黏著劑及其他少量之植生資材與適當之水分充分攪拌後，利用強力壓縮機噴植於坡面之植生方法，其適用範圍為：

1. 坡度緩於50°之一般土質坡面挖方、填方地區。
2. 礫石層、軟岩、破碎岩或陡坡土質坡面地區，可先行條狀肥束帶、土壤袋鋪置後進行噴植。
3. 開發地區之裸坡面、棄土區或土砂災害地區之臨時性防地表沖蝕目的之噴植。

(二)設計與施工方法（例）

1. 整地後沿著等高線每間隔40～60cm，挖掘寬10～15cm的植溝後施堆肥，每m^2約撒施有機肥料2kg。
2. 將草種子、肥料、黏著劑加水充分攪拌後，以噴植機噴植，其拌合比例應視所用草種而定，一般為每m^2，2～4種草種量合計用量約為0.025kg，複合肥料（如台肥43號）0.05kg，黏著劑0.1～0.25kg及水0.5～2.0kg，如與有機質土或堆肥混合噴植，黏著劑與水之使用量應於施工現場試驗並調整之。
3. 目前使用之黏著劑種類繁多，其使用量因黏著劑種類及立地條件而異，曾使用的黏著劑有柏油乳劑$0.25kg/m^2$；石化系列白色乳劑$0.06～0.12kg/m^2$或天然樹脂$1kg/m^2$等。
4. 施工坡面如過於乾燥，須充分灑水後再噴植，噴嘴原則上應與坡面保持直角，其前端保持與噴植面0.8～1.0m之距離。
5. 噴植後日照強之地區，須加蓋稻草蓆或其他材料敷蓋，以免基材流失及乾燥導致種子發芽障礙。稻草蓆通常寬度1m，單位乾重量約為$150～300g/m^2$。

6.噴植厚度通常小於1cm。

(三)施工時應注意事項

1.在填方坡面噴植材料並固著良好或礫石層之地區,可不必挖掘植溝。

2.噴植後4個月內坡面應禁止人為破壞與干擾。

3.噴植材料中可酌加固氮菌與緩衝劑後一次噴植。

4.施工地點以有水源(噴植用水)持續供應之地點(或水車載運可達地點)為宜。

圖8-2　臨時性防地表沖蝕目的直接噴植（日本）

圖8-3　噴植情形（日本）

圖8-4　直接噴植施工與成果案例（日本琉球團粒化劑噴植）

二、鋪網客土噴植

(一)定義與適用範圍

鋪網噴植方法乃是先於崩塌裸坡面上鋪設鐵絲網或被覆網材，增加坡面穩定性後再將種子、肥料、纖維材料、土壤、有機質材料、黏著劑、保水劑等與適當之水分充分攪拌混合後，利用強力壓縮機噴植於坡面上之植生方法，此法通常適用於：

1. 表土沖蝕嚴重之裸坡面地區。
2. 噴植機可到達之施工地點。
3. 道路邊坡或自然崩塌坡面。
4. 坡度緩於50°之一般挖方坡面。
5. 軟岩、破碎岩及較陡之岩盤坡面。

(二)設計與施工方法（例）

1. 整坡後，將菱形鐵絲網（#14網目50mm×50mm）拉緊，平鋪於坡面，然後每m²以一支鐵栓固定。其中坡腳與坡頭以∮13mm、L100cm鐵栓固定；坡面以∮13mm、L70cm鐵栓固定。
2. 客土材料依立地條件不同而異，可以砂質壤土或木屑等材料為基材，其每m³加30～100kg堆肥、台肥43號複合肥料（或等值肥料）4～10kg與適量的水均勻混合使用，先行以噴植機噴布形成3cm以上之客土層。再將每m²黏著劑0.2～0.5kg，2～4種草木本種子各0.01kg及適量的水混合後，噴植於客土上。
3. 於軟岩地區，坡面整坡後沿等高線每隔30～50cm，用鑽孔機或挖穴機鑽孔或挖穴，每孔（或穴）直徑6～10cm，深10～15cm，間距20～25cm，施放遲效性肥料0.05kg/m²。然後鋪網噴植，可增加植物根系之固著能力及達到綠化效果。
4. 為施工方便，可於鋪網後將有機質土、肥料、黏著劑、種子及

水按照一定比例混合，一次或分次噴植於坡面上。現行臺灣地區設計噴植厚度常為5cm。但依此法則下層之植物種子可能發芽率低，為確保發芽存活率，須斟酌增加種子數量。

5. 若為坡面條件較不佳之地區，可配合打樁編柵、鋼索固定或添加侵蝕防止材料、基盤營造材料等。

6. 土壤硬度大於25mm（山中式硬度計測值）以上之一般硬質土層坡面或泥岩地區，可配合用機械挖溝，於坡面上每隔50cm挖掘寬10～15cm，深10～20cm之小溝，以供客土及利於植物根系之伸展與防止客土層滑落。如使用鑽孔機鑽孔，可酌量減小孔徑，增加孔之密度，以確保植物成活生長。

7. 噴植機壓力不足或坡面太高時，可增加一組空氣壓縮機輔助之。

8. 噴植材料如含大量比例的樹皮纖維、鋸木屑、香菇堆肥，配合其他資材一次噴植時，應特別注意噴植基材的孔度、吸水性、pH值、C/N值，以確保植物發芽生長。

9. 噴植後須全面敷蓋稻草蓆。

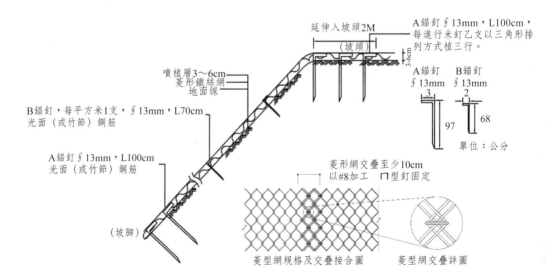

圖8-5　鋪網客土噴植工法設計示意圖

圖8-6　鋪網噴植（基材內含水泥，日本）圖8-7　掛菱形鐵網施工情形（石門水庫崩塌地）

（臺中市和平區雙崎部落）

（南投中寮鄉月桃巷）

圖8-8　鋪網噴植施工與成果案例

三、固定框配合噴植工法

(一)定義與適用範圍

以預鑄之水泥框條、鐵製圓形菱形框，現場施作之混凝土連續框型框（自由樑框）等固定框，安裝於坡面上以利噴植或客土植生。其適用範圍為：

1. 坡地社區或重要道路等之邊坡，經坡面整理後，植生條件較差者。（預鑄水泥框、鐵框）
2. 坡面凹凸較少，坡度緩於45°之邊坡。（混凝土固定框、鐵框）
3. 無土壤之岩石坡面。（混凝土固定框、鐵框）
4. 坡面起伏較大且不規則之邊坡。（型框）
5. 坡面表層呈現風化、崩落現象者。（型框）
6. 坡度45°～65°之邊坡，如在硬質岩面，則可在更陡之坡面進行。（型框）
7. 有湧水之風化岩或長期不安定之地方。（型框）
8. 岩錨坡面安定工法之配合處理方法。（型框）
   （固定框之相關規劃設計，可參見第六章第五節之說明）

(二)固定框配合植生之方法

1. 岩層地下水位高或有湧水之情形時，框內以鋪石為佳。
2. 直接客土時，其客土情形與填方坡面相同，僅能應用在緩坡（35°以下）之固定框內。
3. 大型植生袋或土壤袋使用時，避免袋體破壞後土壤溢出，其應用範圍之最大坡度為45°。
4. 下層岩面具不透水性時，須配合排水孔之設計。
5. 框內鋪鐵絲網配合噴植之施工方法，可應用至坡度60°。但在坡度較陡處，噴植基材易致滑落情形。

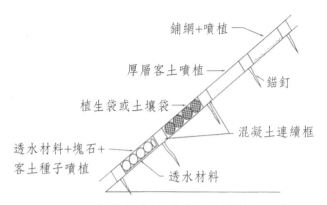

鋪網+噴植

厚層客土噴植

錨釘

植生袋或土壤袋

混凝土連續框

透水材料+塊石+
客土種子噴植

透水材料

圖8-9 混凝土固定（含型框）框配合植生示意圖

框內苗木栽植與噴植併用工法（日本）

框內噴植草種為主

框內噴植木本植物（半年後成果）

框內噴植木本植物（一年半後成果）

圖8-10 混凝土固定框（含型框）配合植生例

步驟一：人工坡面整理+掛網　　　　　步驟二：坡面鋪鐵絲網與岩筋固定

步驟三：型框中間鋪塑膠布以防水泥漿污染　　步驟四：型框噴混凝土過程

步驟五：植生基材過篩與拌和　　　　　步驟六：植生基材噴植情形

圖8-11　型框噴植施工例（石門水庫集水區復華崩塌地處理）

型框植生基材噴植後二個月　　　　　　　　型框植生基材噴植後六個月

圖8-11　　（續）

四、岩面噴植（厚層噴植）

(一)定義與適用範圍

於無土壤之岩面，陡坡之岩盤坡面，或配合植生基盤造成及植物種子導入作業之噴植技術，而達到快速植生綠化之方法。主要適用地點如下：

1. 表土沖蝕嚴重或無表土地區。
2. 一般硬岩坡面、採礦跡地等。
3. 破碎岩層、易崩塌落石之坡面，配合自由樑框、混凝土固定框構築後之噴植植生。
4. 期望木本植物種子發芽生長（快速森林化）之裸坡面或景觀考量之植生地點。

(二)設計與施工方法（例）

岩面噴植法之施工方法，因坡面立地特性、使用材料種類、綠化設計目的、不同施工單位、施工設備、施工習性等不同而有甚大之差異。茲以石灰石礦區曾進行之岩面噴植及連續纖維團粒噴植法（TG

綠化工法）說明之：

【案例一】石灰石礦區岩面噴植法：

1. 用鑽孔機在採掘殘壁均勻整平之坡面，每隔50cm，鑽深10cm之穴，加肥束帶或土壤袋包等後鋪設菱形鐵絲網（#14鐵絲，50×50mm）、並以錨釘固定，於雨季前使用噴植機噴播生育基材及目的種子。

2. 噴植基材因立地條件不同而異，曾經使用之實例為含樹皮堆肥60～90kg、過磷酸石灰3kg、泥炭苔30kg、水泥60～80kg、其餘砂質壤土約0.8m³。噴植厚度約5cm，每m³噴植基材可噴植面積為20m²，扣減損失量約可噴植16m²。

3. 若種子與噴植基材混合噴植時，每m³噴植基材設計種子量可為百慕達草種子0.3kg、百喜草0.5kg、相思樹0.5kg，但仍須依個案差異及植生目的而調整之。如先客土後再噴種子時，則種子用量可依一般直接噴植之用量設計之。

4. 覆蓋稻草蓆：噴植完成後之坡面，全面以稻草蓆覆蓋之，稻草蓆間須重疊。每m²至少用1支「∩」型#10鍍鋅鐵絲插入坡面固定之。

圖8-12　採掘跡（石材礦場）岩面噴植施工示範

【案例二】連續纖維團粒噴植法（TG綠化工法）：

將噴植基材連同種子材料置於攪拌機中，經充分攪拌後再以高壓泵浦將基材打入輸送帶及噴槍口，基材在噴槍口與空氣、團粒劑攪拌形成團粒反應，並於噴出槍中時結合連續纖維，形成具有團粒結構與纖維補強之基材土壤，噴布於坡面上。適用地點除一般砂土、黏土層外，亦適用在以林木複層植被為設計目標之施工地點，包括水庫保護帶、崩塌地處理等。

1. **植生基礎工**：包括平臺截水溝、鋪設鐵絲網等。
2. **噴植厚度**：一般平均噴植厚度3cm左右，如於硬岩地區期望快速森林植被之建立時，則需增加噴植厚度。
3. **材料配比**：為能充分產生團粒化反應，其材料配方建議，如下表8-1。

表8-1　TG綠化工法材料配方設計例　　　　　　　單位：約1m³

	品名	主成分	構成比例	數量	備註
客土材料	土壤 （40%）	粗砂及細砂（2~0.02mm）	50~58%	625ℓ	
		坋土或黏土（0.02mm以下）	42~50%		
	有機基材 （60%）	樹皮堆肥	60%		混合後pH值6.5±1.0
		樹皮	25%		
		草木灰	10%		
養生材料	細紙漿 土壤改良材	木質纖維	70%	240ℓ	特製紙漿，為細軟質纖維活性材
		海草	30%		
安定劑	聚脂 polyesters	脂肪酸鹽	80%	22.5ℓ	
		polyoye propylene	20%		
團粒劑	聚脂 polyesters	polyoxye-thylene	50%	150g	
		polyacry-lamid	50%		
連續纖維	聚脂無捻絲	植物纖維	100%	440g	

表8-1 （續）

品名	主成分	構成比例	數量	備註
種子	種子可視工程目的，施工時期及施工地條件等調配，每m²用量（含木本植物種子）約30～65g			
拌合水	水多在當地汲取，必須依流度試驗即坍塌試驗來控制水量、水質，一般1m³基材約拌合550ℓ			

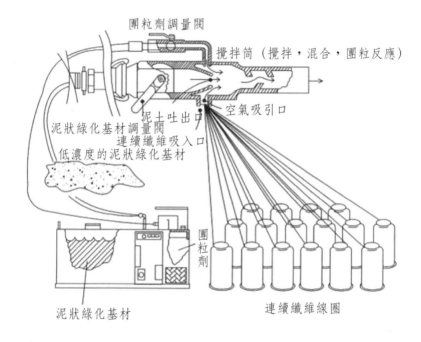

圖8-13 連續纖維團粒噴植施工情形

五、航空植生

(一)定義與適用範圍

1.廣義定義

航空植生係運用直昇機等航空機具，進行植生施工之工法。舉凡人員之運輸、空中勘查、配合之地面基礎工程（如截排水工程、打樁編柵、鋪肥料袋、肥料包等生育基盤營造，或簡易坡腳穩定工程等）、資材機具搬運，以及實際的植生資材撒佈作業等，均屬其範疇。

2.狹義定義

指利用航空器將種子、肥料、沖蝕防止劑、土壤改良材、植生基材等均勻撒佈或噴佈於坡面之工法。

(二)主要適用地區與時機

1. 深山或偏遠地區、地形陡峻等條件不佳之地點，使用其他植生工法較困難時。
2. 施工地點多、零星分布或面積廣大地區。
3. 崩塌地、火災跡地等急需快速植生綠化地區。
4. 勞力不足或偏遠地區施工地勞工不易取得時。
5. 依經費、施工地條件及預期植生結果之綜合判斷，以航空植生較有利時。
6. 依技術觀點，使用航空植生施工較為快速，可掌握季節與時效。但航空器之使用費可能占全部施工費用之40%～50%，施工時需具精準之專業技術與資材投擲效率，以及考慮可能受氣候影響。

(三)裝備與適用特性

1. **橫抱式：**植生基材裝料漏斗配置於直昇機兩側者。本型主要用

於藥劑與肥料「噴撒」，亦可行一般種子「撒佈」。適用於大面積之平原，河海灘地、沙洲及坡度緩於45°之坡面植生與養護。

2. **懸吊式**：植生基材裝料漏斗懸吊於機腹下方者。本型可將全部植生材料混合，進行濕式或乾式之植生「撒佈」，比橫抱式更容易進行植生材料混合，投擲與施工效率較高。為目前坡地航空植生之主要裝備，適用於坡度緩於30°之坡面植生。

3. **噴佈式**：在岩面或極陡坡地區，上述兩種方式撒佈植生材料固著困難時，航空植生工作不易進行。此法於機身裝置材料桶、壓縮機及噴槍等裝備，於空中施行高壓種子噴植、生育基盤營造工法。目前本法已有國內廠商自行開發研究並具成果，唯相關技術難度較高、具危險性，因此施工規範仍待建立。

4. **腹掛式**：裝料桶懸掛於機腹下方，可由下方投料。

(四)設計與施工方法（例）

1. 將種子、肥料、黏著劑、沖蝕防止劑、基盤營造材料及適量之水，依設計比率混合併放入攪拌器內均勻攪拌。
2. 於攪拌器內均勻攪拌後之噴植材料，經由輸送管注入灑播器。
3. 安置連接航空器與灑播器之間之掛鉤與鋼索，即將灑播器之掛鉤懸吊於機腹下方。
4. 以直昇機將灑播器帶至擬施工地點進行噴灑。在正常操作情形下，完成一次噴灑任務，以懸吊式為例，包含噴植材料之裝填、往返飛行及噴灑等，約需7～10分鐘。

(五)植生資材之種類與配方

1. **肥料**：使用上須依照土壤及植生導入條件來選擇成分含量及其種類，由於植生地點通常土壤貧瘠，因而必須盡量供給充分的肥料。肥料之選擇以肥效快、肥效期間長，不易流失且方便撒

佈者較為理想。

2. **沖蝕防止劑**：侵蝕防止劑之選擇係依照施作地之土壤性質、坡度、氣象條件、施工時期等為考量依據，尤其對植生種子發芽會產生暫時性抑制，須特別加以注意。以日本為例，常使用之材料如S-Fix、CMC等。

3. **基盤營造材料**：廣義而言，除了種子以外均屬之，如土壤改良劑、微生菌、黏著劑、鳥食忌避劑、保水劑、中和材料等，其中土壤改良劑與微生菌可促速坡地土壤團粒化、提高保水性、保肥性而改善生育基盤。

4. 有關臺灣航空植生之基材配方，目前仍無固定之規範，茲依民國八十八年日本植生專家來臺指導航空植生時，所擬定與推荐之基材配方，如表8-2供為參考。

表8-2　臺灣航空噴植配方例

材料	規格與品質	單位	數量
種子	種子種類、數量另計說明	kg	另計
沖蝕防止劑	合成樹脂類（S-Fix、CMC等）	kg	750
黏著劑	混合植生基材用粉劑（連結型）	kg	50
土壤改良材	木質纖維	kg	735
土壤改良材	有機質基材（樹皮堆肥）	kg	1,100
肥料	複合肥料N（15）P（15）K（15）	kg	400
	緩效性肥料100日（P.K.之比率較高者）	kg	300
	緩效性肥料200日（P.K.之比率較高者）	kg	700
著色劑	綠色或黑色，用以區別施工區位	kg	5
用水	清水	kg	10,500

備註：日本專家堀江保夫推薦資料，為1公頃施工面積之建議數量

(六)施工調查及需注意事項

1. 植生材料必須攪拌均勻，如使用基盤營造材料，吸水後易沉澱

於攪拌器底部,應注意避免連接管堵塞之情形,以免延誤撒播進度。

2. 水分運輸應配合工作進度,必要時,應增加水車趟次數量,避免應接不暇之情形,造成人力、時間、金錢之浪費。

3. 植生施工應慎選適合之季節,臺灣實施航空植生的最佳時機為每年三月。

4. 航空植生所使用之種子材料通常以草本(禾草或豆科)植物為主,依其施工立地條件之不同而酌量加添木本植物種子,亦即施工立地條件愈佳,則使用木本植物種子之比例愈多。

5. 除設計上特別提示者外,原則上攪拌需五分鐘以上。如要混合乾燥纖維類時,則須攪拌至甚充分吸水為止。

6. 航空器等因屬航空法規範,民用航空器租用申請及安全管制須符合相關規定,且施工時需特別注意飛航安全。

7. 因應現地坡度及坡面凹凸狀況,如發現撒播材料有大量堆積於坡面凹陷處或流失至坡腳之情況,可酌予增加黏著劑比例,促使植生材料之均勻撒佈貼附於坡面上。

(七)監測與驗收

1. 航空噴植施工地層通常屬偏遠地區、人車不易到達,相關驗收方式可依植生設計目標、現地條件規定之。

2. 航空植生除了應辦理材料驗收外,並需檢視承包商提供之施工前、中、後同角度植被狀況資料照片及錄影帶等作為佐證資料。

3. 種子品質(發芽率):辦理材料驗收時,需由承包商提出種子純淨度、發芽試驗與進口證明等資料,作為種子品質檢驗之參考。

4. 航空植生工成果監測可應用衛星影像估算植生成果,亦可藉由分析不同時期之衛星影像分析,探討植生復育之成效、環境變遷等。

噴植材料拌合設備

現場拌料裝填作業（懸吊式）

腹掛噴植機具

腹掛式噴植情形

懸吊式設備

航空植生施工狀況（懸吊式噴植）

圖8-14　航空植生之施工照片

8.3 植生帶（網、毯、束）鋪植

一、植生帶（毯）之定義與特性

植生帶係由不織布、成層狀之稻草植生毯或其他資材所形成，在兩層資材層間或在植生帶體上方黏附種子、肥料或視需要放置腐質土、植生資材等作成層狀。可以購入滾成圓筒狀不同規格之植生帶。其鋪植作業在已整地之濕潤土壤上進行，先鋪上一層土壤，即使在下層土體與未固結之岩盤上亦可以實施，地表不須整理均勻。在砂石與礫石土壤，最好在植生帶鋪植前，預先於坡面上鋪撒黏性土壤，作為中間界層後實施。

植生帶具有與現成草皮類似之保護作用，其優缺點如下：

1. 植生帶材料尺寸比較大，所以鋪設可以更迅速、便宜。
2. 當工程延遲與進行區間施工時，不會有實質災害，且較容易貯藏。
3. 植生帶可提供初期種子萌芽的生育養分、基盤，有助於確保種子發芽。
4. 當排水功能不充分時，植生帶內側會產生沖蝕的危險。
5. 覆土不均時，會有植生帶懸空與乾燥之問題。
6. 由於氣候條件不佳使發芽中斷，或未進行追肥，將產生植物生長危害。
7. 部分植生帶施工地區，對日後實施之植栽作業有障礙。

坊間曾應用植生帶（毯）之產品，包括稻草蓆植生帶、不織布植生帶、植生草蓆、植生毯、植生紙帶等。目前則以不織布植生帶為坡地最常使用之材料。

二、不織布植生帶鋪植

(一)定義與適用範圍

以未經編織過程之棉紗及化學纖維（約各50%）製成之植生帶，中間夾有種子。適用於坡度緩於45°，土壤硬度小於25mm（山中式硬度計測值）之一般土壤邊坡均適用。

(二)設計與施工方法

1. 整坡鋤鬆表土除去石塊，在填方邊坡每m²施放堆肥1～3kg及台肥43號複合肥料0.05kg，與土壤混合後整平。挖方邊坡之施肥量應為填方之兩倍。
2. 不織布植生帶一般幅寬1m，鋪設時，應5～10cm左右之重疊。
3. 鋪設後在每m²，以一支「∩」型鐵絲或竹片固定之，在陡坡地區，以長度25～30cm之鐵線固定於地面較具有效果。
4. 在坡長較短、坡度較緩且平整之處，植生帶可由上往下鋪設，因其鋪設效率較高。但應由上往下以鐵絲或竹片固定之，使其與土壤充分接合，防止植生帶懸空而致減低種子之發芽率及成活率。坡長大於3m時，則以橫鋪為宜。
5. 不織布植生帶鋪設後，應覆上稻草蓆，並微量覆土以利植物生長。稻蒿植生帶亦需微量覆土。
6. 植生帶應全面鋪設，加強其效果。
7. 不織布植生帶之貼地性及防沖效果優於稻蒿植生帶，但對大粒種子之發芽則有妨礙。稻蒿植生帶雖有利於大粒種子之發芽，但防沖效果較差。
8. 在坡度35°～45°之陡坡地或沖蝕較嚴重之地區，植生帶鋪植後，可被覆鐵絲網固定，以防施工坡面土石之崩落。

為了防止因發芽期肥料之鹽害，植生帶的無機肥料含量為微量；且當新芽由植生帶長出數公分時，即可進行追肥。

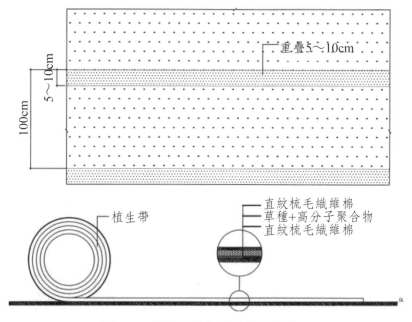

圖8-15 不織布植生帶鋪植示意圖

植生帶材料
（左：稻草蓆植生帶；右：不織布植生帶）

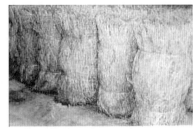

植生草蓆（內含草莖）

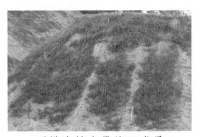

不織布植生帶施工成果

圖8-16 植生帶材料及施工狀況

三、植生網毯鋪植

　　植生網毯係由不織布、纖維、棉布、塑膠網等，編織而製成之產品化網毯，大多不含種子，僅加強網毯抗拉防沖能力；提供植生生育基盤，多適用於一般挖方邊坡綠化植生，以防止土壤遭沖刷流失，供為水土保持用途。

　　早期植生採用稻草蓆敷蓋具防沖、保水，但若遇特殊或稍陡地形，則施工不易；隨後發展於不織布中夾草籽之一次施工法，其作法係於疊棉或針軋前將草籽撒入棉網中，但因製程中草籽易損傷或儲存過久而壞死，造成存活率不高。另外，若儲存環境過溼亦可能發芽，所以存在許多問題。因此現今採用產品化的植生網毯鋪設後再噴草籽之方法，此法植生效果較好且均勻。

圖8-17　植生毯材料

四、肥束網帶鋪植

(一)定義與適用範圍

　　由纖維棉布、稻草、細尼龍及塑膠網或其他有機、無機之纖維質材料混合捲紮成束，纖維束中間包夾細粒狀緩效性肥料、保水劑等，鋪設於坡面之方法。其產品依材料種類與設計施工目的之不

同，而有肥束帶、防沖束、截流束等不同之產品名稱，適用於一般道路邊坡裸露地或崩塌地。

(二)設計與施工方法

1. 欲施工坡面須經整地，清除其上草木雜枝或鬆動石塊。

2. 材料規格長1m，直徑可依設計需要而彈性配合。依設計需要於坡面沿等高線，以每隔50cm或1m行距，鋪釘肥束帶。鋪釘前必須先微鏟挖出一淺溝，使肥束帶能更為緊密貼地，每行束與束間必須緊密相連。

3. 每束需釘3～4支長15cm之鐵釘或鋼釘，套襯Washer（華司墊片）後固定。

4. 依設計需要可配合草種噴植、厚層客土噴植及鋪蓋稻草蓆。

5. 如於泥岩或砂岩坡面施工時，沿坡面等高線設計以行距50cm或1m鋪釘一束之肥束帶（或防沖束）配合掛網鋪植後，配合施行厚層客土噴植。

6. 現行有產品化肥束網袋，採固定行距編製肥束袋，便於直接鋪植。

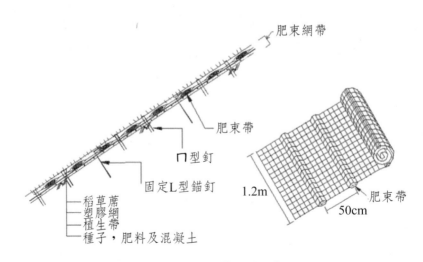

圖8-18　肥束網帶設計示意圖

圖8-19　肥束網帶近照（日本）　圖8-20　肥束網帶（或稱截流束）施工情形　圖8-21　肥束網帶可配合撒播或噴植（日本）

五、種子植生盤鋪植

(一)定義與適用範圍

將肥沃的土壤加入適量的堆肥和化學肥料後，與有纖維的稻草或麻草拌勻，於模型中壓成土盤後鋪植於坡面之方法。此法適用於無土、多石等植物不易生長的坡面、強酸性或強鹼性土壤，或沖蝕嚴重之惡地地區。

(二)設計與施工方法

1. 模型土盤約為25cm長、20cm寬、3cm厚，上有直徑2cm貫穿的孔5～8個，小凹洞120至150個，在小凹洞中填入混合種子的混土後，以稻草吸水性紙材等覆蓋之，每一塊植生盤中約含有4g的種子。

2. 鋪植前應先行整地，沿坡面等高線挖掘深3～5cm，寬約20cm與植生盤大小略同之栽植溝，溝之距離視地形與植草種類而定，約為植生盤寬的1～2倍，然後將植生盤嵌入成為條形，再以木樁或木籤插入貫穿的孔中，在空隙中填以泥土使其穩固。

3. 本工法最早應用於日本足尾銅礦山跡地（約1950年代），因

其煉銅廠造成二氧化硫污染及造成土壤酸化，致植物死亡及植生困難，使用此法漸之恢復植生。臺灣地區早期曾引進試驗，目前已不使用。

圖8-22　早期應用於日本足尾銅礦山跡地之植生盤植生作業情形

8.4　草藤苗栽（鋪）植

一、草苗栽植

(一)定義與適用範圍

在坡面上沿著等高線，每隔適當距離種植草苗，以覆蓋坡面、防止沖蝕之植生方法。其適用範圍如下：

1. 一般填方或挖方土壤，其坡度緩於45°者。

2. 土層深厚，施工容易之小面積坡面植生。

(二)設計與施工方法（以百喜草及百慕達草為例）

1. 坡面整平後，沿等高線每隔40～50cm挖掘深寬各約10～15cm

之植溝，植溝之溝底應稍內斜，以截蓄水分。

2. 於溝內施放基肥，並與原土壤拌合，基肥施用量可以每 m^2 施放有機肥 2kg 及台肥 43 號複合肥料 0.05kg，或添加緩效性肥料。

3. 植溝內每隔約 15cm 左右種植草苗一束，不同草種採隔行間植。苗高約 10～15cm，充分壓實並澆水，至少 2 節埋入土中。

4. 中、低海拔地區，邊坡基礎工程構造物周邊之裸露坡面種植百喜草，具覆蓋加固補強效果。百喜草種植時，要將其枯葉去除，以利根芽之生長。

5. 此法栽植宜儘量利用陰天或雨後土壤潮溼時種植，所採之草苗應放置陰涼處，但百喜草可加以澆水或適當浸水，並儘速種植。

6. 百喜草與百慕達草隔行栽植或混合栽植時，由於百慕達草生長快速，可達到初期覆蓋效果，但後期則百喜草生育良好。

7. 如以直接挖穴植草苗，則每 m^2 應多於 15 穴。

8. 植草完成後應視需要澆水及除雜草並適當追肥。

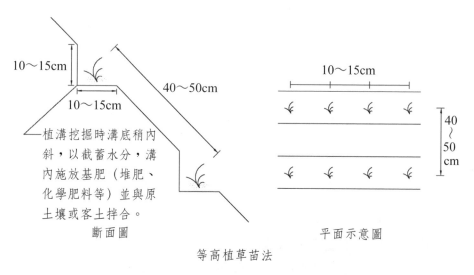

斷面圖　　　　　　　　　平面示意圖

等高植草苗法

圖8-23　草苗栽植（扦插法）設計示意圖

（左：百慕達草；右：小葉百喜草）

圖8-24　等高草苗栽植施工情形（1980年代中山高速公路）

二、草皮鋪植

(一)定義與適用範圍

使用育成之草皮材料或將現地之草皮掘取並移植於所需鋪設之處，或將選定之草類種子，放置於適當大小之土盤或苗床假植後，連根帶莖及部分土壤一併移植到邊坡上。如此可藉草類茂密植株及根系之保護地表盤結土壤，減低植生初期之土壤沖蝕，達到快速覆蓋之效果。其適用範圍如下：

1. 坡度緩於30°之挖方坡面。
2. 擬快速覆蓋之一般填方坡面。
3. 草溝溝面植草。
4. 景觀綠地及人為活動區域植草。

(二)草皮材料之培育方法、規格與保存

1.草皮材料之培育
(1)植生盤或植生介質培育
如為人工培育之草皮，亦可仿照植生盤之大小，先做好長

25cm、寬20cm、厚3cm之土盤，土盤內盛有機質土、複合肥料及具常綠匍匐性之草類種子，栽培1～2個月後移至坡面使用。或於平坦地面上，下鋪塑膠布，塑膠布通常含有細孔以利排水且兩層重疊鋪設，上覆過篩土壤、甘蔗渣及有機肥料等混合物約3cm厚後，撒播種子並栽培1～2個月。

(2)現地土壤培育

於一般農地土壤（壤土或黏質壤土）或鋪置砂土之地面上培育草皮材料，培成草皮後，可現場掘取寬1m左右之含土根草皮材料，並保留15～20cm寬之草皮於原地面上。地面上掘取草皮後可回鋪砂土或壤土，以促進其草皮之再生。掘取之草皮可將其切成30～45cm之塊狀草皮作為草皮材料。

2. 草皮之大小規格

草皮大小係切取厚度1.5cm～6cm之盤根附土之草皮，依切取方式可分為因應其草皮之尺寸之切片草皮、條狀草皮、捲狀草皮或草皮植生毯等。

(1)切片草皮：切片草皮常為大小30×30cm，厚度4～6cm規格之片狀草皮。

(2)條狀草皮：條狀草皮係在立地挖掘得到不同大小及厚度者，用以復原在採掘跡地或類似立地場所之植生綠化。

(3)捲狀草皮：捲狀草皮通常以處理之規格大小供給，以捲狀運搬。

(4)草皮植生毯：草皮植生毯具有抗拉力較強之補強材，又稱為強化草皮。草皮植生毯規格（長度與寬）有各式各樣，比捲狀草皮大，厚度最高為2.5cm。草皮植生毯一般以捲筒狀送到現場，常使用在坡度變化較大或較陡坡地區。

3. 草皮之購買

各式之現成草皮，必須充分符合現地之立地條件，最好不要混入

成長速度較高草類之草皮,因此購買草皮時,須確保草類之純度。判斷適性草類之前提為草類生長要緻密、草莖要強壯。

4.草皮之保存

現成草皮不適合長期的貯藏。切片草皮保存僅限於短期間,不會腐爛的草皮可以重疊堆放。而若無法避免暫時的放置,則必須將草皮張開,致使其不會盤根地面之上,並加以保濕。最好不要在表土上假植。一般來說,草皮之假植會喪失草皮莖部的強度,且較難施以管理作業應盡量避免。

(三)設計與施工方法(例)

1. 先將坡面深15～20cm處之雜草根株及石礫除去,耕鋤鬆軟及耙平,並注意排水。排水不良處宜設明渠或暗溝排水。
2. 鋪植方式分類,如圖8-15。
(1) 全面鋪植草皮:在坡面兩側、坡腳、階段面、截水溝、排水溝及低窪地等地表水集中之處,全面鋪設現成草皮。
(2) 帶狀鋪植草皮:捲式草皮或切片草皮,係採1～2m之間隔,單列或多條狀鋪設。
(3) 格子狀鋪設草皮:帶狀之草皮鋪設成格子狀,格子狀之鋪設草皮比較於帶(條)狀鋪設草皮,具有較大之效果。
(4) 棋盤式鋪植草皮:切片草皮鋪設成棋盤模樣。在低窪地、排水溝及坡面兩側處不能使用。
(5) 點狀鋪植草皮:在施工困難且地形變化較大地區,草皮僅點狀的鋪設於少數地區。該現成草皮工亦可以考慮使用在岩盤的裂縫、湧水處、廢棄堆積土上。
3. 若坡度在30°以下時,可使用間隔鋪植(品狀鋪植)或條狀鋪植。坡度大於30°時,宜用全面鋪植,擬達到快速綠化覆蓋之坡面或草溝溝面,可使用全面鋪植。
4. 條鋪時,可於坡面上沿等高線每隔40～80cm挖一條深寬各約

20cm之植溝，植溝內每m²施用堆肥1～3kg及台肥43號複合肥料0.05kg，而後將草皮平鋪於其上。

5. 鋪植時，可先將過篩之細土，適量的均勻撒於坡面上，使鋪植之草皮根部與表土緊密接觸，鋪植前須將草皮略微撕裂鬆開以利其根系生育。

6. 草皮鋪植前後應充分澆水，使草根和土壤密接。並以「∩」形#10鐵絲或竹片固定之，其數量依草皮不致滑落之需要決定之。

7. 草皮鋪植之季節以梅雨來臨前進行為佳，如坡面乾燥，須先澆灑適量的水。草皮採取後盡快鋪植，未鋪前宜先放置於陰濕處並加以敷蓋，以減少蒸發，提高草苗成活率。

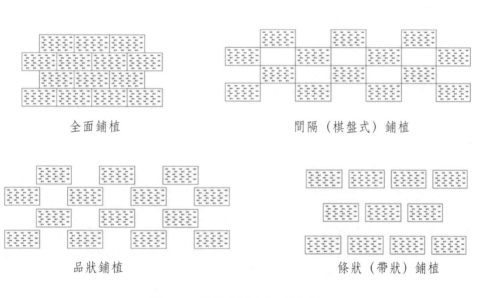

全面鋪植　　　　　　　　間隔（棋盤式）鋪植

品狀鋪植　　　　　　　　條狀（帶狀）鋪植

圖8-25　草皮之鋪植方式示意圖

百慕達草材料（植生介質培育）

百喜草草皮材料（育苗盆培育）

堤防坡面全面鋪植（臺北草）

條狀鋪植情形
（日本崩塌地）

臺北草草皮材料（現地土壤培育）

地毯草草皮培育情形

圖8-26　草皮材料與鋪植情形

三、草莖撒播

(一)定義與適用範圍

將草莖撒於整坡後之坡面，再利用機器輾壓、灑水及覆砂之步驟，2～3個月可達全面覆蓋。適用於：

1. 大面積之造園綠地廣場。
2. 高爾夫球場或特殊用途之運動場草皮。
3. 客土均勻之一般緩坡坡面。

(二)設計與施工方法（以改良品系百慕達草為例）

1. 將草類根莖切成3～5cm，均勻撒佈於經整地後之地表面。
2. 撒佈草莖之數量，即撒佈後草莖之覆蓋面積比，依草莖種類而異。其中百慕達草品系（tifton）因生長快速，用量可較少，約為1/15～1/20。芝草屬之草類生長較慢，其撒佈後之覆蓋面積約為1/5～1/10。
3. 草莖撒播後須淺層鋪砂或覆砂、土，並以滾筒式碾壓機碾壓。
4. 配合噴撒灌溉或水車灑水，以確保初期之發芽生長。

草莖近照

人工撒播草莖

圖8-27　草莖撒播施工實例照片

人工撒播草莖完工情形

改良百慕達草莖輾壓
（高爾夫球場球道植草）

狼尾草莖撒播
（海岸地區）

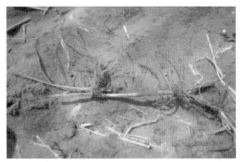

狼尾草莖節間發芽發根生長
（海岸地區）

圖8-27 （續）

四、容器草藤苗栽植

(一)定義與適用範圍

將植物材料於容器育苗袋內培育，或由小盆換至大盆培育後，再穴植於坡面上稱之。其中草苗穴植適用於：

1. 土層薄，保水力低、植物生長不易之坡面。
2. 含石率較高、地表沖蝕較嚴重之地區。
3. 需迅速綠化或補植之地區。

4.坡度緩於35°者。

(二)容器育苗穴植生施工（以塑膠袋草苗穴植為例）

1.將表土堆肥及台肥43號複合肥料等均勻混合，其比率以1m³土壤：100kg；堆肥：10kg複合肥料為原則，填裝於容器育苗容器內，供為栽培植物之用。

2.若採用容器育苗者時，容器應大於20cm×20cm，且容器底部應打孔5～10個，以供排水、透氣及根部生長。

3.將坡面危石清除並將沖蝕溝整平後，沿等高線挖植穴，其直徑深度需略大於育苗容器之大小，植穴配置法為等邊三角形。穴與穴之中心間距，視植物種類及立地條件而定。穴內酌量施放緩效性肥料。

4.將已培育完成之育苗袋，置於穴內，如使用容器育苗者並應割開或除去塑膠袋，周圍之空隙並須填實壓密。

5.育苗袋內可以草類或藤類等不同植物材料栽植，栽植後坡面再行點播或撒播草類種子，以加速覆蓋效果。

6.育苗：以直徑及高度各約25cm之育苗袋盛土壤及肥料等混合均勻成客土，並於底部鑽約5～10個孔種植草苗，集中放置澆水培養1個月至草苗成長為止。

7.以客土袋先行育苗再將育苗袋剪開放入穴內移植。除設計圖說另有規定外，種植時沿高線挖穴並以等邊三角形為原則配置，穴距（中心至中心約87cm）植穴深度及直徑與育苗袋相同，而後將育苗袋割開放入穴內並壓實，並於等邊三角形中心，挖直徑、深度各約5cm之穴，穴內客土拌以肥料及各種草類種子混合種植。

8.育苗袋底部四周應打孔，下端兩角剪成小缺口，作為排水及預留根系伸展之用，及避免袋內根系盤纏現象。

9.植草完成後需要澆水及拔除雜草，每約2個月施肥1次。

(三)其他應注意事項

1. 坡面挖穴前，可先於坡頂及坡面構築簡易式V型或U型溝。
2. 栽植時，育苗袋之草苗長度需10cm以上，藤苗需25cm以上。
3. 部分植生不易地區，可使用土壤客土包，內附植物種子後穴植，或裸根苗植物穴植。

圖8-28　草藤苗栽植照片例：草種栽植材料（克育草）

圖8-29　草藤苗栽植照片例：採石礦區捨石場施工例

8.5　苗木栽植

一、苗木栽植之定義與適用範圍

將苗圃培育之容器苗、土球苗、假植苗等苗木，移植至需植生處理之地區進行苗木栽植。苗木栽植適用於：

1. 一般造林地區。
2. 崩塌堆積區或綠帶植生地區。
3. 砌石、箱籠或原木擋土牆上方填土之平坦區域（通常為小徑苗木）。

4.挖方坡面之階段平台區域。

二、苗木栽植之規劃設計

1.栽植時期

植物是有生命的自然材料，栽植作業時應選對時機並力求保持植物的活性，於最適溫度及易獲得水分的時期栽植，才能促進植栽成活。栽植時期視苗木生理作用而定，通常苗木生理作用轉趨活化前（即春季萌芽前）種植，有利於成活及之後的成長。

一般而言，常綠樹之栽植季節，以早春萌芽前約一個月期間最適宜，尤以春雨期最佳，約1～4月；落葉樹種以落葉後至萌發新芽前的休眠期間最適當，約11月至翌年3月；棕櫚科植物為春夏萌芽與夏季生長旺季，約6月～10月；針葉樹為冬季低溫的休眠期間，約12月至翌年2月。

2.栽植樹種

栽植樹種以選擇適合環境條件者最重要，如另具有防災、促進生態演替、景觀調和等功能者更佳。適合環境條件之樹種，一般指具有下列條件者：

(1)選定通用樹種，栽植後可形成符合植生設計目標之植被類型。

(2)能適應當地氣象條件及土壤條件與環境之差異性。

(3)應用分布在現場及其周邊生育之植物種類，須特別注意基地土壤條件及水分條件，是否與栽植地點周邊條件一致。

(4)一般而言，崩塌地區土壤條件較為不良，形成森林植被的主體樹種之外，須配合種植肥料木等，改善樹木生育環境之樹種。一般所用的肥料木，以具根瘤菌之豆科樹種為主；或具根瘤菌、內生根菌之其他非豆科植物，如臺灣赤楊、楊梅、羅氏鹽膚木等。

(5)成長力旺盛、枝葉繁茂、根系擴展、固結土壤強者。

(6)對貧瘠地、乾旱、寒害、蟲害適應性大且抗力性強者，有改良土壤功效者。

(7)臺灣坡地容器苗木栽植之常用樹種包括印度紫檀、光臘樹、臺灣肖楠、青剛櫟、香楠、烏心石、臺灣櫸、茄苳、大葉山欖、大葉桃花心木等。行政院環保署也在2016年核定50種空氣品質淨化區及環境綠化育苗喬木樹種，如表8-3，以作為相關綠化植栽應用之參考。

表8-3　常用環境綠化育苗樹種一覽表

大花紫薇	光臘樹	苦楝	黃槿	臺灣海棗
大葉山欖	印度紫檀	茄苳	櫸榆	銀葉樹
大葉桃花心木	竹柏	香楠	落羽松	鳳凰木
小葉南洋杉	杜英	烏心石	臺灣土肉桂	樟樹
小葉欖仁	沉香	烏桕	臺灣五葉松	錫蘭橄欖
木麻黃	肯氏南洋杉	喜樹	臺灣肖楠	穗花棋盤腳
毛柿	阿勃勒	森氏紅淡比	臺灣赤楠	檸檬桉
水柳	青楓	無患子	臺灣海桐	藍花楹
水黃皮	青剛櫟	黃花風鈴木	臺灣櫸	瓊崖海棠
火焰木	紅花風鈴木	黃連木	臺灣欒樹	羅漢松

（資料來源：空氣品質淨化區及環境綠化育苗計畫，2016）

3. 苗木大小

苗木之大小，會影響栽植作業效率、成長速度及成活率等，因此須依適宜基地條件、植生目標等，選定適宜苗木大小。有關苗木大小之選擇依據，分述如下：

(1)使用的苗木以地上部與地下部的發育平衡者為佳，尤其細根多主根粗大者更佳。坡地植栽苗木大小的尺寸規格大致如下：

　　A.小苗木：高約0.3～0.8m。

　　B.中小苗木：高約0.8～1.5m。

　　C.中大苗木：高約1.5～3.0m以上。

(2)一般荒地造林或崩塌地坡面植生，以採用小苗木為主。因其種植作業簡易，地上部較小者易成活，著床成活後根系發育良好，但達到森林成形的時間較長。惟在噴植草種後，二次苗木栽植施工或坡緣較平坦部位作為緩衝綠帶功能時，可使用中小苗木。

(3)中、大苗木通常使用在較寬廣之平坦地點、配合區域環境功能設計、保護樹幹先端不受折損、期望快速形成目標之樹木林帶、避免獸類啃食樹葉等地區。

(4)樹木地上部重量與地下部重量比（T/R）具有樹木對立地條件反應之指標，通常小苗時之T/R率較小，以利於樹木成活生長。苗木栽植數年後，氣候土壤條件不良者其值約在4以下，氣候土壤條件較佳者，值約6以下視為良苗。

4. 栽植株數

　　苗木栽植株數左右成林之林木密度及影響森林保育功能，因此栽植株數之設計，須考量樹種的成長特性、土地條件及預期成果等。

　　在一般坡地保育工程施工較一般造林地的立地條件複雜，栽植苗木的生育環境條件亦較差。在屬基地土壤條件較佳之地區，可參考周邊一般造林地種植株數，不必刻意增加株數，如臺灣肖楠等針葉樹種約在2000～2500株／ha；臺灣櫸、烏心石等闊葉樹種，約在1600～2000株／ha。以防災保育等為目的的植生造林，栽植木多處在不良生育環境，加上迅速要求森林化，故苗木栽植可能包括改善環境的肥料木或灌木在內，可約3000～4000株／ha左右。

　　一般喬木栽植時，株行距如在2×2m以下者均屬密植，但為營造特殊效用或景觀之栽植，株行距可依需要加以調整。貧瘠地或乾燥地，苗木成長速度慢，為希望種植後迅速達到預期目標，植被覆蓋量

須加以密植，因在肥沃地成長較快，可採用較為疏植方法。

5. 苗木植栽配置

苗木栽植之定型配置型式，可概分為單株等距栽植、帶狀栽植與群狀栽植等型式。單株栽植之配置型式，有正方形、長方形、三角形及千鳥形（交叉形）等，帶狀栽植因地區環境特性與植栽設計目的而異，配置方式如圖8-30及圖8-31所示。景觀植栽目的之植栽配置較常採用帶狀或群狀植栽方式。

(1)苗木植栽之配置，若屬種植下冠層林木時，須考慮其與上冠層林木之相關位置後決定。裸坡地或幾近裸地狀態的林地，以一定形式之定型等距種植較有效率。裸坡地已有殘株或殘根萌芽時，可參考其林木株數而減少種植株數。

(2)長方形種植，在陡坡地上下行間距拉大，為抑制樹冠而用之；正方形種植，一般是地形條件良好且無須考慮氣象條件者採用之；三角形種植係在有風害或小量土砂移動發生之地區；群狀種植則在一個地點2～5株種在一起，規則或不規則配置。

(3)灌木或地被植物類的栽植可以30～100cm的株行距施行。喬木與灌木、地被植物搭配混植時，樹種的排列、間隔與配置，原則上以喬木為準。

(4)如屬中大苗木之栽植，特別是在緩坡之綠地栽植地區，樹木正常生長所需之間距應為4～10公尺，但得視樹種、苗木的大小、性狀、栽植地狀況及為害因子而異。另外，樹種根系類型、枝條分布情形、生長速率、樹木的抗旱能力等亦影響栽植距離。

(5)不同緩衝綠帶之植栽配置設計例，如表8-4所述。

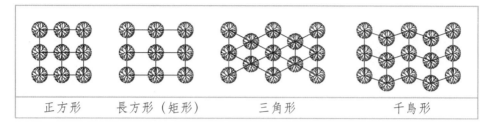

|正方形|長方形（矩形）|三角形|千鳥形|

圖8-30 單植等距植栽配置方法示意圖

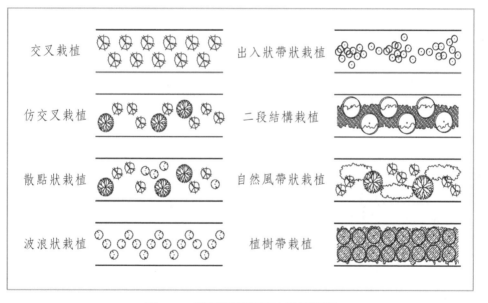

圖8-31 帶狀植栽配置方法示意圖
（資料來源：仿中島宏（1992），植栽設計施工管理）

表8-4　緩衝綠帶植栽配置設計（例）

植生類型	植栽方法		群植或帶狀栽植配置形式
	規格、形狀	單株栽植密度	
緩衝綠帶（喬木為主）	栽植時喬木採高1～1.5m植物材料以採用容器苗為主	喬木約每15～30棵/100m²左右	1.陽性樹種與耐蔭性樹種混合栽植，各樹種間配置可依地形條件，以線狀或3、5、7株群植 2.帶狀或線狀栽植，以與坡向垂直或等高栽植為宜
緩衝綠帶（喬灌木混交栽植）	栽植時喬木苗採高1.2～1.5m、灌木苗高（0.8～1m）以採用容器苗為宜	1.喬木栽植密度約15～20棵/100m² 2.灌木則依混植配置之需求設計	1.栽植斷面以中間喬木、兩側灌木之拋物線形配置為宜 2.地形坡度變化比較大地區、陡坡地，以灌木栽植，平坦地則以苗木栽植較佳
防風林帶	栽植時喬木苗採用高1～2m之植物材料，灌木苗高採用0.5～1.0m為宜	1.邊緣部位高密度種植灌木50～100株/100m² 2.喬木約30～40株/100 m²	1.植栽斷面以拋物線形配植為宜 2.從向風處以地被植物、灌木、中小喬木、大喬木順序種植
樹籬	種植時採高0.5～1m左右	以高密度種植50～100株/100m²	1.栽植樹籬帶寬約3m 2.配合擋土構造物外側列植

三、苗木栽植施工作業

　　為使種植苗木之成活及生長良好，須注意取得健全且適宜之苗木、應使苗木不受乾燥、種植深度適宜及根系與土壤密切接觸等。從苗圃取苗至現地栽植施工作業，茲分述如下：

1. 容器苗斷根與修剪

容器苗木培養多年後，軟盆苗根系發達易於竄出盆缽生長，若突然移植將會使根系受到傷害，而影響植物正常生理作用與成活率。因此，移植前一個月須先行斷根作業，斷根時要同時配合枝葉的修剪，防止水分過度蒸散，經過恢復生長才可栽植。

2. 土球苗掘苗

現地栽植之苗木須於移植前1個月先行斷根，且應避免讓斷根長出之細根受傷。挖掘苗木前，應使泥土潮濕，必要時在兩天前灌水，以保持土球之黏性及完整。土球苗掘取後應包以草蓆或粗麻布。

3. 搬運

苗木掘苗後，根球、枝葉及樹皮應妥善保護，避免遭受損害及陽光直接曝曬，立刻運搬到栽植地點後隨即栽植。如一時無法栽植或因數量較大需分批進行，則必須予以假植，以備定植之用（如圖8-32）。方法有根部埋在土中的「土假植法」及泡在流水中的「水假植法」。

4. 栽植穴挖掘及施用基肥

依照設計圖於現場標示預定種植位置，挖掘植穴。植穴大小以根球的兩倍為宜，植穴的深度應比根球厚度略深。挖掘的時候，表土與心土應分開放置在植穴的兩側，植穴底部放入腐熟堆肥或其他肥料，以利栽植後根部生長發育。

5. 栽植

苗木定植時應調整樹形方向及拆除不易分解之根球包裹物，將苗木埋入土中。種植太深會妨礙根系之呼吸作用。栽植時土壤應分層埋入壓實，避免傷及根系及土球，且同時灌水。栽植妥後應作適當的淺凹窪地減少水分流失，如圖8-33。

(1)鬆方或填土地區，苗木初放入植穴時，根球上部應略高於地

面3～5cm，以免填土搗實及灌水時，樹木下陷。但植穴太小或底部土質堅硬時，為防止土壤沖蝕及灌溉保水效果，栽植時根球上部（根頸部）稍略低於地面2～3cm為原則。

(2)回填土壤時，最好能在根球附近放置保水劑或土壤改良劑。

(3)裸根苗木（即未帶土球苗木）時，以土壤放至植穴1/3～1/2時，注入水用木棒攪和成泥漿，如此反覆2～3次，至填土加到地表高度為止，以提高成活率。

(4)為了能在灌水或下雨時能截留貯存水分，則須在地面幹徑5～6倍外圍地面用土築──「土圍」，或掘──「貯水槽」（高或深10～20cm）。

6. 修剪

栽植後應略再行修剪，除整理樹姿外，並能促進成活，減少過多葉片水分蒸散。修剪之程度視根系受損之情形而定，如不須再修剪即能成活之苗木最為理想。

圖8-32　假植袋苗木

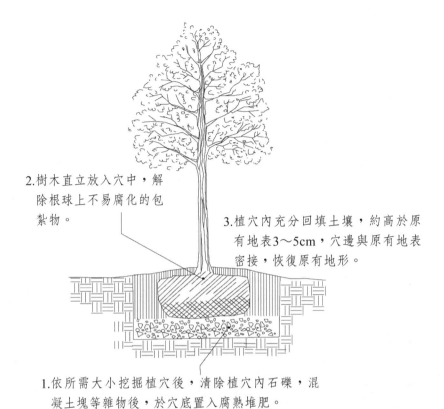

2.樹木直立放入穴中，解除根球上不易腐化的包紮物。

3.植穴內充分回填土壤，約高於原有地表3～5cm，穴邊與原有地表密接，恢復原有地形。

1.依所需大小挖掘植穴後，清除植穴內石礫，混凝土塊等雜物後，於穴底置入腐熟堆肥。

圖8-33　苗木栽植示意圖

7. 支柱與樹木保護

在風衝地帶，利用中、大苗木種植時，需保護苗木不受風作用之影響。栽植後不久之苗木，根系尚未充分發展，容易受風影響倒伏，或造成根系切斷面伸長受阻礙。支柱為苗木栽植至正常成活期間，減輕外力影響、增加抗風力、保持苗木正常生長狀態。

支柱架設有單柱式（用於較小樹木）、雙柱式（用於中等幹莖的樹木，柱頂間用橫桿相連）、三柱式、四柱式（用於較大樹木3m以上）等，通常小苗木用單柱式，中、大苗木用雙柱式（如圖8-34所示）。支柱的粗細或橫桿的位置，視風或坡度之大小、方向等外力條

件而定。

　　支柱的材料一般多為經過防腐處理的杉木柱或桂竹柱，末端直徑約為5公分以上。或採用鋁製品及鐵製品為材料，支柱與植物樹幹接觸的地方應襯以柔軟的材料，如杉皮、麻布等，再利用麻繩、布繩、草繩、棕櫚繩固定之，以防止新植樹木搖晃（如圖8-35）。另外；利用麻布、草繩包裹樹幹減少水分散失，稱為幹卷。樹木經過移植，吸收能力減弱，幹卷可以減少樹體水分的散失，有助於水分的平衡，同時又可避免機械損傷和害蟲。一般幹卷為從主幹基部向上層層緊密纏繞至主幹2/3高，並於植栽成活後第二年內拆除，以免影響植物莖幹生長。

單柱式

雙柱式

三柱式

四柱式

支架木樁材料（經裁剪與防腐處理）

圖8-34　支柱架設形式

圖8-35 樹幹以軟墊包裹及固定情形

四、其他相關應注意事項（容器苗木穴植之應用）

(一)容器苗木穴植之優點

容器苗木穴植為目前植生綠化育苗作業廣泛採用的方式，先將植物材料於容器育苗袋中培育，或由小盆換至大盆培育後在穴植於地面上之植生方法，其優點如下：

1. 以容器栽培之植物，其土壤基材較田間栽培之苗木的土球不易鬆散，而可搬運容易。
2. 因容器苗含帶土壤基材出圃植栽，苗木樹冠及根系可保持完整，幼苗恢復期短，成活率及成林率高。
3. 育苗時不受場地的限制，可因地制宜育苗，亦可工廠化大量生產。
4. 無移植衝擊問題，因而全年均可出售，種植較不受季節限制。
5. 可發展為自動化生產、管理的方式。

(二)容器苗木穴植之缺點

儘管容器育苗穴植的方式廣泛被採用，但根據近年來苗圃業者之反應，其仍有下列之缺失：

1. 容器育苗易盤根，易造成植物生長衰退或死亡。為了避免盤根，必須週期性移位或換盆，亦即由小盆種起，再不斷的更換大盆，但換盆的費用高。

2. 容器栽植的苗木生長速度較慢，延長了培育管理之時間，增加了成本。

山櫻花容器苗木栽植
(泰平溪土石災害復育工程)

臺灣櫸容器苗木栽植
(下文光土石災害復育工程)

大葉桃花心木容器苗木栽植
(平地造林)

臺灣欒樹容器苗木栽植
(平地造林)

圖8-36 苗木栽植成果

3. 容器育苗集中培育，因密度高而改變使植株較細長，苗木栽植後易被風吹倒造成傷害，故須立支柱，因而提高了生產成本。

4. 如使用較大型木箱栽植，成本高且搬運笨重。

5. 澆水、施肥及雜草控制等管理不易，影響栽植成本。

8.6　其他配合坡面保護工程之植生（土壤袋植草、栽植槽植生）

一、土壤袋植草

土壤袋係使用不妨礙發芽之網目，且具有1年以上未破損之實際應用成效，內填客土係使用噴植用客土程度之肥沃者。應使用有明確效果之土壤活性劑。著色劑係作為染料或顏料，應使用未包含阻礙種子的發芽、生長之成分。

(一)定義與適用範圍

於硬質土、強酸性土、強鹼性土，礫石層或構築固定框基礎工程等坡面上，以土壤袋客土並藉以改善生育地條件後栽植植物之方法。土壤袋可分為裝填式土袋與注入式土袋，其適用範圍如下：

1.裝填式土袋

(1)土壤袋內裝填有機質、土壤後，固定於坡面上。

(2)硬岩之挖土邊坡其坡度在35°以下者。

(3)礫石填土邊坡或含強酸或強鹼性之土壤者。

2.注入式土袋

(1)先將土壤袋固定於坡面上，用壓縮機注入充分攪拌之有機質土。

(2)大面積硬岩之挖土邊坡，其坡度在35°以下者。

(二)設計與施工方法（例）

1. 裝填式土壤袋可分為大型土壤袋與小型土壤袋兩種。土壤袋係利用遮光率約50%之麻布、棉紗、塑膠網或網袋縫製而成。其大小為60cm×40cm。填有機質土後之大小約為45cm×30m×10cm。

2. 小型土壤袋係利用不織布或棉紙縫製而成，其大小為40cm×25cm，裝填有機質土後之大小為30cm×20cm×6cm。小型土壤袋若其內有機質土內含種子或袋體內層貼附含種子之不織布，則通常稱為植生袋。

3. 土壤袋內客土可取2/3之表層壤土、1/3樹皮堆肥與少量台肥43號複合肥料，或以$1m^3$：50kg：5kg比例之土壤、堆肥、化學肥料充分攪拌後，裝入土壤袋內封口，以防土壤之漏出。

4. 於設置固定框之岩質坡面上，放入土壤袋，以鐵絲網固定。礫石填土邊坡，用打樁編柵安定坡面，全面鋪設土壤袋。陡坡地加鋪鐵絲網及長鐵釘固定，緩坡可不加鐵絲網。岩質邊坡土壤袋客土後，用長鐵釘固定。

5. 坡面上之土壤袋宜以鐵線繫之由下往上施工，以防掉落。

6. 土壤袋上可行扦插草苗或播種繁殖。較緩的坡面採用隔區鋪設土袋方式施工，可節省植生費用。

7. 水泥預鑄框或鐵框內客土，可直接將有機質土填入框內壓實後植生，不必經過土壤袋裝填過程。

8. 如於水庫、湖岸高低水位間，可使用不織布材質之特殊連續性土壤袋（或稱連續性護網袋），貼緊坡面，以壓力注入植生基材與植物種子，以達到坡面保護及快速綠化效果。

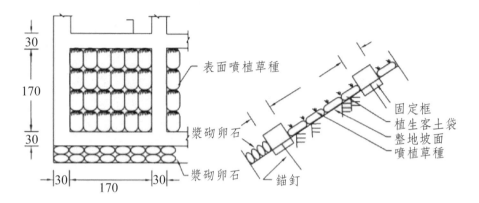

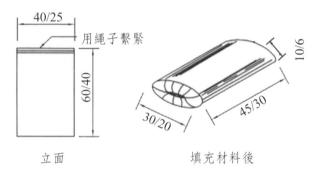

圖8-37 土壤袋植生設計圖例（以固定框內土壤袋植草為例）

圖8-38 土壤袋或植生袋配合播種（白色小袋內含種子，黑色大袋內不含種子，日本足尾銅礦跡地）

圖8-39　土壤袋條播植生（可配合挖植溝 　圖8-40　固定框配合土壤袋包植生（黑色
　　　　或土壤袋施工－日本崩塌地植 　　　　　　　袋為土壤袋包）
　　　　生）

二、栽植槽植生

(一)定義與適用範圍

　　沿坡面每隔適當距離，或於坡面之上方或下方，構築一長方形或連續之栽植槽，以利客土及植生綠化之目的者。適用於：

1. 破碎岩層且無土壤之挖方坡面或階段平臺。
2. 礫石含量甚多之一般挖方坡面。
3. 實施水泥噴漿後之道路邊坡。

(二)設計與施工方法（以一般道路邊坡之栽植槽為例）

1. 先將坡面上之危石或雜物清除，其坡面並略加整平。
2. 以沿基腳做寬高60cm之連續混凝土栽植槽為宜，以增加植物根系之伸展空間，如區分為各獨立栽植槽平行排列，目前常用之栽植槽間隔2m。
3. 栽植槽內客土，建議以$1m^3$良質土壤與100kg堆肥及適量緩效性肥料混合使用。

4.若坡面較安定處，可沿邊坡基腳構築L型栽植槽，內側與原坡面土層接觸，以保蓄坡面上之流水，增加植生之效果。

5.栽植槽內栽植藤類植物時，於坡面上鋪設網或鐵絲網，以協助藤類初期生長。藤類植物材料可選擇攀援性藤類和懸垂性藤類，如火炭母草、絡石、臺灣葛藤等，皆是適宜的材料之一。

單體型

單體型

預鑄型

連續型

圖8-41　栽植槽類型照片

chapter *9*

植生調查與植生成果分析

9.1　植生調查之內涵

一、植生調查之目的

植生調查工作依區域環境特性、季節差異及調查項目而異。其目的在求得某區域內植物社會之所有群集及其屬性，研析此植物群落之組成個體、大小、數量、排列等特性及相互間關係。進而推估物種的競爭情形、植物社會可能的演替發展，而後將調查結果製作成植生分布圖、剖面圖或植生示意圖加以說明。為了節省時間、人力、經費等，植生調查常以樣區資料來推估母體之屬性，以較少的調查資料推測植生群落之整體特性，做為參考依據。

二、植生調查之相關條文

1.植生調查（水土保持技術規範第41條）

植生調查應包括定性描述及定量分析。調查區內如具有保育、景觀及學術研究上之重要植物群落，應特別記錄並加以保護。

2.植生調查方法與項目（水土保持技術規範第42條）

植生調查方法項目如下：

(1)植生調查之量化計算，以重要值指數及生物量為主要評量依據。植生群落之定性描述，得依其均質程度，以優勢種植物為植群代表，特殊地區應進行潛在植被調查。

(2)水土保持計畫有關植生工程之完工調查，應依植生工程施工範圍、工法配置、施工規範及植生覆蓋率、成活率及其他合約之相關規定，進行現地調查與核對。

3.植生定性調查（水土保持技術規範第43條）

植生調查方法項目如下：

(1)植物個體之群集程度：可分為單獨生長、成群生長、成片生

長、成小群生長、成大群生長等。

(2)植生層次：可分為蘚苔層、草本植物層、灌木植物層、喬木植物層。

(3)植物週期變化：植物隨季節性變化之情形有萌芽、開花、結實、落葉及休眠等。

(4)生活型：可分為喬木類、灌木類、藤本類、地表植物及地中植物等。

4. 植生定量調查（水土保持技術規範第44條）

植生定量調查項目如下：

(1)豐多度：植物存在數量之表示法。可分為稀少、偶爾出現、時常出現、豐多、很豐多。

(2)密度：單位面積內植物之個體數。

(3)頻度：某種植物在所調查的樣區中，被記錄到的樣區數。可區分為五級：A（1～20%）、B（21～40%）、C（41～60%）、D（61～80%）、E（81～100%）。

(4)優勢度：用以表示某種植物在該植物社會中所佔的重要性。可以覆蓋面積與所佔空間表示之。可分為五等級：A（少於5%）、B（5～25%）、C（26～50%）、D（51～75%）、E（76～100%）。

5. 植生定量分析（水土保持技術規範第45條）

植生定量分析，係以植生定量調查結果之參數加以組合，或以不同解析方法計算群落指數，藉以探討植物社會之特性。其分析項目如下：

(1)基本定量計算：以密度、頻度及優勢度（或覆蓋度）等轉換成相對值，以為計算重要值指數之依據。

相對密度＝某種植物之株數／所有植物之株數×100

相對頻度＝某種植物之頻度／所有植物之頻度×100

相對優勢度 = 某種植物之覆蓋率 / 所有植物之覆蓋率×100

(2)重要值指數：用以表示一植物社會中所有植物種類之重要性，其計算方法為：相對密度、相對頻度及相對優勢度之總合。

6.植生工程之檢查（水土保持技術規範第61條）

植生工程檢查方法如下：

(1)植生工程應依施工地區之立地條件、應用植物種類及植生方法等設計覆蓋率。一般土質坡面噴植或水土保持植生施工後並經維護管理之覆蓋率應達百分之九十以上。地被植物栽植施工後並經維護管理之覆蓋率應達百分之八十以上。崩塌地、泥岩惡地、砂礫岩或其他立地條件不佳的地區，覆蓋率之設計標準得依實際現地狀況調整之。

(2)一般坡面或緩衝帶之苗木栽植成活率須達百分之九十以上。

(3)植株成活之判定，應符合原規劃設計之植株尺寸、正常生長且無病蟲害及枯萎現象。

(4)山坡地違規使用，經主管機關處分並限期恢復裸露地植生之地區，其恢復植生之認定，依本條前三款之規定辦理。

三、其他植生調查與植生群落相關名詞

1.林分（stand）

林分是指森林的內部結構特徵。即樹種組成、林層或林相、林型、林齡、鬱閉度、地位級、出材量等大體相似，而與周圍森林有明顯區別的一片具體森林。林分常作為確定森林經營措施的依據，不同的林分須要採取不同的經營措施。在森林經理工作中，是劃分小班的基礎，在集約經營的森林中，一個小班包含一個林分。

2.植物相（flora）

植物相一詞，字面上之意義為某一地區所有植物呈現之表相，通

常會顯現優勢種植物之特性（如相思樹林相）。實質上，植物相意指區域內所有植物之種類，就實質內容上植物相應包括區域棲地內所有植物共同作用之結果，植物相與動物相合稱為生物相。Flora亦可譯為植物誌或植物區系。目前臺灣已將所有調查記錄之植物種類資料彙編成臺灣植物誌（維管束植物以上之高等植物），植生工程施工地區之既存植物調查、植生演替調查等植物之名稱（學名、中名）、科屬別等大致以臺灣植物誌第二版（Flora of Taiwan, 2003）為參據。

3. 植物族群（plant population）

某一區域範圍內所生長之同種植物群體。

4. 植物社會（plant community）

生長在同一生育地之相同或不同之植物群落，彼此營運著不同功能，相互依存、影響及協調，達到一有系統規律而穩定的社會。植物社會之結構與功能會因棲地環境因子之變化而改變，造成植生群落取代之消長現象。

5. 植物群落（plant association）

生長於同一生育地，且種類組成及形相統一之植物社會。植物群落分類之最小單位亦稱為植物群叢。

6. 植生演替（plant succession）

一特定地區，植物種類、數量等隨時間系列改變之過程，稱為植生演替或植物消長。

植物社會之組成（composition）與構造（structure）並非一成不變的，而是具有動態之性質（dynamic nature）。為一個植物社會被另一個植物社會取代之現象。

7. 優勢度指數（index of dominance）（Simpson, 1949）

某一植物社會中，組成植物之優勢度的集中情形。

$$C = \Sigma \left(\frac{n_i}{N} \right)^2$$

$\frac{n_i}{N}$：表某一植物介量之可能率（可以高度、乾重、覆蓋面積），C值介於0與1之間，此值表示植物優勢度之集中程度，故亦稱為優勢度集中度。若C = 1表僅一種植物；C = 1/n表n種植物一樣多。

8.綠資源（green resources）

廣義綠資源，係指存在實質環境中之各式綠色空間（green space），依其自然條件保持著植物穩定成長之土地與水域，或指陸域環境中綠資源（包含森林、草地、紅樹林等區域）佔全面積的比例。

9.綠地（greenland）

含有土地利用型態之概念，泛指環境中存在之各式綠地，或可提供生態、景觀、防災、遊憩等功能之開放空間。

10.綠覆率（ratio of green coverage）

指綠色植物面積與空間面積之百分比值；或指被覆一定土地的樹林地、草地、公園綠地等「綠」所占的比率。通常以百分比（%）表示。指地面上占有一定空間的「綠色植物量」的尺度，植物生態學上被覆一定面積的植生比率，亦稱為植覆率。

11.綠資源保育指標（conservation indicator of green resources）

陸域環境中綠資源（包含森林、草地、紅樹林等區域）佔全面積的比例。

12.葉面積指數（leaf area index, LAI）

係指植生群落總葉面積對地表面積的比值。

13.自然度（naturalness）

(1)林學專有名詞：自然度或稱自然性。自然性可作為對林分生態評價的互補觀念。林分生態評價值為9，相當於自然的；評價值為1，相當於人工的。

(2)環境影響評估－植物生態評估技術規範：開發區之土地利用程度差異較大時，首先繪製自然度圖。自然度圖的製作可依土地利用現況及植物社會組成分布，區分為五級：

自然度5－天然林地區：包括未經破壞之樹林，以及曾受破壞，然已演替成天然狀態之森林；即植物景觀、植物社會之組成，結構均頗穩定，如不受干擾其組成及結構在未來改變不大。

自然度4－原始草生地：在當地大氣條件下，應可發育為森林，但受立地因子如土壤、水分、養分及重複干擾等因子之限制，使其演替終止於草生地階段，長期維持草生地之形相。

自然度3－造林地：包含伐木跡地之造林地、草生地及火災跡地之造林地，以及竹林地。其植被雖為人工種植，但其收穫期長，恒定性較高，不似農耕地經常翻耕、改變作物種類。

自然度2－農耕地：植被為人工種植之農作物，包括果樹、稻田、雜糧、特用作物等，以及暫時廢耕之草生地等，其地被可能隨時更換。

自然度1－裸露地：由於天然因素造成之無植被區，如河川水域、礁岩、天然崩塌所造成之裸地等。

自然度0－由於人類活動所造成之無植被區，如都市、房舍、道路、機場等。

9.2 植生調查之項目內容

一、植物相調查

(一)種類調查

植物相之調查是以某一地區所有植物物種為對象，進行植物之採集及記錄工作，可參照Flora of Taiwan（2003）、圖鑑及標本館等資料，逐一鑑定核對，以確定種類無誤，並製作植物清單或植物種類一覽表。並包括植物之科別、中名、學名、生長習性、原生/外來、分布（豐多度）等，以瞭解整體植物相狀況，如表9-1所述。

表9-1 植物名錄（例）

Family	科別	中名	學名	生長習性	屬性 原生/特稀有/外來	分布 （豐多度）
Adiantaceae	鐵線蕨科	粉葉蕨	*Pityrogramma calomelanos*	草本	歸化	普遍
Blechnaceae	烏毛蕨科	烏毛蕨	*Blechnum orientale*	草本	原生	普遍
Dennstaedtiaceae	碗蕨科	熱帶鱗蓋蕨	*Microlepia speluncae*	草本	原生	普遍

(二)稀有植物及大樹調查

根據調查所得之名錄資料，將其詳細核對環境影響評估作業準則之附件——臺灣特稀有植物名錄或臺灣的稀有及瀕危植物資料庫（行政院農委會），檢查有無特稀有植物種類。並評估及建立稀有植物名錄及稀有植物、大樹或老樹之分布位置，以供工程規劃、施工地點、施工方法及施工中植物社會維護與施工後復舊之參考。（一般所

調老樹係指胸高直徑大於1m以上，樹齡100年生以上；大樹係指胸高直徑30cm以上，樹齡20年生以上）。

(三)植物相調查方法

於野外常用的植物相調查方法，包括穿越線法、沿線調查法及目視記錄法，茲分述如下：

A.穿越線法

於調查樣區內先進行勘查並選設若干穿越線，穿越線數可依調查樣區面積之大小、植物社會之多樣性、環境變化幅度或人力資源的充足與否等條件增減。穿越線之長度可為100m、500m或1,000m不等，其可依現有之步道、等高線或沿稜線、溪谷等設置；設置後由調查者沿所設置之穿越線將兩旁5m內可見到之植物一一記錄，無法判識但可取得標本者，攜回鑑定。

B.沿線調查法

於調查區內沿著現有的公路、林道、產業道路、登山步道、步行小徑等，選定若干調查路線，此路線長度可為1km、2km或3km等或某兩處明顯地標物之間現有的路徑。路線選定後，由調查者沿所設置之路線將兩旁可見到之植物一一記錄。

以上兩種方法皆應將沿途所記錄之物種，儘量採一份引證標本，而此引證標本除特殊之物種（如好幾年才開花一次或結果一次之植物之外），最好是具繁殖器官（花、果實或種子）者。此外；同一路線需每季進行一次調查。

C.目視記錄法

凡出現在調查區內之植物經調查者判釋之物種皆一一記錄，調查者依經驗直接記錄所見之物種，不需採標本，但須注意哪些是優勢種、哪些是稀有種、哪些是較特殊的物種等。

二、植生群落調查

以植生群落為調查對象,在均質環境之植生群落設置樣區,並記錄調查樣區內植物種類、組成結構、分布,並依需要調查主要優勢植物的樹高、胸高直徑等資料,供植生群落型態分析、植生圖及植生群落剖面圖之製作參考及推測植生演替、族群間之相互關係。植生群落調查可區分為植生定量調查與植生定性調查,詳述如下。

9.3 植生定量調查方法

植生定量調查方法係依調查地區之環境,植物之生活型、冠層結構分布及調查目的等條件,選取適宜之樣區,進行植物種類數量及生長情形之調查,再依調查所得之相關參數加以組合分析,作為計算植生群落特性之方法。

一、樣區取樣調查法

(一)樣區設置之考量要點

應用樣區取樣調查方法,其先決條件為確認欲調查區之等質性,惟有等質之調查區,才能以一小樣區調查結果來詳估全區之植被特性,此外樹種重現性及優勢度指數等亦是取樣前應考量因子。

有關植生調查樣區之設置,需考量的樣區特徵因子有:樣區形狀、樣區走向、樣區分布方式、最小樣區面積、最低樣區數目,如表9-2所示。

表9-2　植生調查樣區設置之考量要點

樣區特徵	考量要點
樣區形狀	環境梯度小（均質）：以等徑樣區效率高 環境梯度大：長形樣區效率高
樣區走向	單樣區取樣：順著環境梯度變化 多樣區取樣：與環境梯度變化垂直
樣區分布	逢機取樣、系統取樣、分層取樣
樣區面積	以最小的樣區面積達所需的調查精度， 可以「種數－面積」曲線求得
樣區數目	以最小的樣區數目達所需的調查精度， 可以「種數－樣區數量」曲線求得

1.樣區形狀之選定

樣區之選定可依地形及調查之便利性而有所不同，一般常用的有正方形、圓形等等徑樣區、長方形、帶截樣區或線狀樣區（線截法）。

(1)等徑樣區

包含正方形、圓形等樣區。方形樣區每邊均相等，設置較方便，為目前針對臺灣森林植生群落調查多採用；圓形樣區之設置，以一定半徑之測繩或皮尺拉直並圍繞一圈即可，適用於較單純之植生群落，如草原或幼苗區等。

(2)長方形或帶狀橫截樣區

當樣區之長度及寬度不相等時，即成長方形樣區；若長度遠大於寬度，樣區呈長帶狀，即稱為帶狀橫截樣區。此兩類樣區常用具明顯環境梯度變化之區域，若樣區之長軸橫跨其變異方向，則所得資料變異最小，特別是崩塌地、陡坡地帶或有明顯土壤類型帶狀變化之地點。若採取帶狀橫截樣區取樣時，可將許多方形區緊靠排成一線，或在一定方向上，每隔一定距離設一方形區，惟此方向亦須橫跨植生群落或環境之梯度，此種方式亦稱為直線排列樣區（line plots）。

(3)直線橫截樣區

將帶狀樣區之寬度縮小為零,則樣區呈一直線,稱為直線橫截樣區或稱線截法(line transect)。此種線形樣區僅有長度,沒有寬度,適用於調查歧異度低之植生群落或地形變化大之地區。植物之介量,由截取線上之長度表示之,可作為優勢度之計算依據,而在所有測線上出現之次數百分率可計為頻度。但本法不能測計株數或密度,其在測線上之截取物,為枝葉之覆蓋,故主要對象為灌木或草本。

圖9-1　坡地利用線截法進行植生調查

(4)點狀樣品

若將取樣面積極端縮小,即沒有長度及寬度,僅有點的位置者,稱為點狀樣品法。在調查區內設立許多測點,僅有位置,沒有面積及邊界,故亦可算是無樣區取樣法之一種。點狀樣品以點框法(point frame method)較常用,因其取樣最簡單,調查最迅速,故建議推廣為下層植物及草原之取樣調查法。

2.樣區之走向與分布

除等徑樣區之外,其他各種樣區之設置,尚須考慮其走向(orientation),即長軸或短軸之配列方向。若植物社會為等質性,則走向較無影響,但一般山區植群因地形起伏而稍有變化梯度,故選定樣

區之長軸應跨越變化梯度，以求得準確（變方較小）之資料。但若所調查地區為大規模植生群落，非單一植物社會，則常用客觀之合成法設置樣區，再將所得樣區資料分類，以求出鑲嵌體構造。即將每一林分設置一大樣區，令其足以單獨代表該林分，以便與其他樣區比較，此時則帶狀橫截樣區或長方形區之長邊，應沿著等高線或植生群落帶狀分化之平行方向，以避免與其他樣區重疊。

　　樣區的配列，可分成主觀的選擇及客觀取樣；早期依調查之便利性，海拔每升高100m設置一樣區，概屬於主觀的選擇。客觀的取樣可分成逢機取樣、系統取樣及分層逢機取樣，前二者在臺灣地形陡峭的狀況下，有時地圖上仍可以作業，但部分地區可到達度低，一般會影響取樣之效率，有時會漏掉一些面積較少的植群型，至於分層逢機取樣，雖能獲得較好的效果，但仍必須靠確實的勘查作業才能確保取樣上的成功。

3. 樣區之面積

　　在取樣調查時，首要決定為設置樣區面積應採多大，一般而言，選取樣區面積除考慮植物社會之組成是否為均質外，其與植生群落生活型態息息相關，選取樣區大小時，可依定性、定量分析再依經驗法則，選擇適宜方法求取樣區大小。

(1)最小樣區面積決定

　　在植生群落調查時，樣區面積所需之最小面積為依植物社會種類之豐富度而定，其最小樣區面積之決定如表9-3所示。

　　此法為依不同植生群落類別直接選取最小樣區面積，故條件受限大，除考慮現地植物社會組成是否具均質性，且不為零星分布再加上選取時多仰賴經驗判定，故使用上較無客觀性。

表9-3　各類植生群落調查之最小樣區面積

植生群落類別	最小樣區面積（m²）
草本樣區	1（1×1）
低灌木及高莖草本樣區	4（2×2）
高灌木樣區	16（4×4）
喬木樣區	100（10×10）

圖9-2　低莖草本樣區取樣調查　　　圖9-3　高莖草本樣區取樣調查

(2)種數－面積曲線法

　　此法利用樣區逐次增加方式進行樣區內植物種類調查，依序記錄所有出現於此一樣區中之植物種類。再逐次將樣區面積放大兩倍，調查其所出現新的植物種類，直至所新增之植物種類減少為止。

　　增加樣區選定方式一般分為：Ⅰ築巢法；Ⅱ半徑增加法；Ⅲ長方形增加法。而後將調查所得結果，進行繪圖分析決定樣區面積。

A.築巢法

　　採用正方形樣區自最小單位如1m²開始，測計植物之種數，而後加倍設立一緊鄰之正方形，則新樣區成2：1之長方形，再加倍之後，又恢復4倍大之正方形，依此類推，將面積逐漸增大，最終繪製植物種數與樣區面積之關係圖，求得種數-面積曲線。

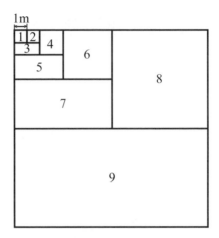

圖9-4　築巢法

B.半徑增加法

　　此法多應用於低矮之植生群落，以半徑一倍方式增加圓面積，並逐一記錄圓內所出現新植物之種數，最終繪製植物種數與樣區面積之關係圖，求得種數-面積曲線。

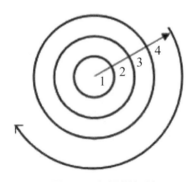

圖9-5　半徑增加法

C.長方形增加法

　　此法多應用於長帶狀鑲嵌體構造之調查區如臺灣闊葉林，先於調查區等質方向上設立基線，再於基線兩側，逐一設置長方形樣區，沿

基線AB前進，整個樣區逐成帶狀橫截樣區。

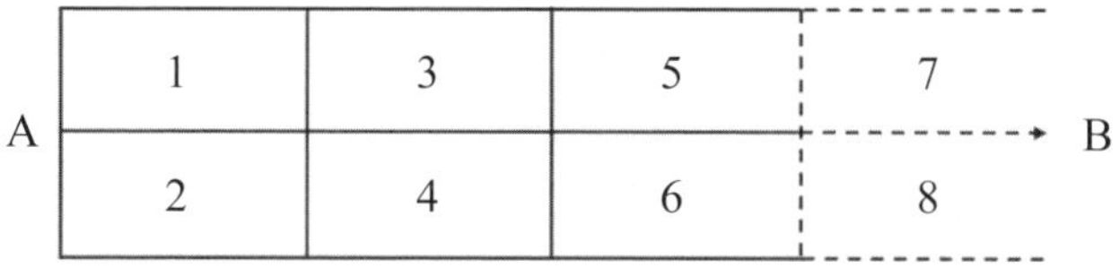

A	1	3	5	7
	2	4	6	8

圖9-6　長方形增加法

　　將調查的樣區面積設置為X軸，所出現植物種數為Y軸，繪成「種數-面積曲線」圖，而所需之最小面積，即為此一曲線斜率變小，取線近乎水平之點所對應之面積。

　　Cain（1938）指出此種圖形所代表之最小面積，易受縱座標與橫座標之比例影響。若將縱座標對橫座標之比例予以縮小，則表面看起來，所需之最小面積亦縮小。為克服此缺點，Cain便為最小面積圖定了一個不會影響Y/X比值的標準，當樣區面積增加10%，而種數也僅增加10%，這時沿著曲線上的點所對下來的面積，即為所需的最小樣區面積。由於此方法所得最小面積，亦僅為近似值，因此一般均採四捨五入至平方公尺為止。

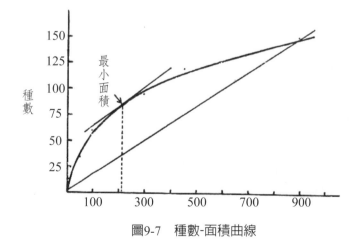

圖9-7　種數-面積曲線

4.樣區之數量

樣區的數目一般須由植生群落之變化、後勤時間、經費及人力等因素決定。然而在精密之植生群落調查，應先確定樣區佔研究地區面積之百分率，同時在勘查時看出有幾種植群型，並於取樣時每一種植群型不僅皆需涵蓋，同時應有所重複。因樣區之數目會影響調查之精度，而在決定適當之樣區數時大多採用「種數-樣區數曲線」法，此法與種數-面積數曲線法相似，即以植物種數與樣區數目之關係進行繪圖研析。

(二)取樣調查項目與方法

1.植生群落之定量介質

可用來定量植生群落較為常用的為密度（density）、頻度（frequency）、覆蓋度（cover）或優勢度（dominance）。此外，尚有許多可使用的介量，如生物量，此乃經由收割獲得，常以每單位面積之重量來表示。另葉面積指數（leaf area index），亦為常用之介量。

2.密度測定

密度之計算通常以每m^2或ha上之株數來表示。但在應用上常引起困難，原因如下：

(1)個體確認之困難

樹木及單幹的一年生植物於辨識上較為容易，其他生活型（life form）的植物則技術上會發生困難，如叢生竹木、匍匐狀灌木或草皮等。

(2)樣區之邊界效應（marginal effect）

樣區的邊界可能跨過一個植物個體，對此一被穿過的個體是否該計算，或加以排除，便須做一決定。

(3)時間之花費

於計算草本植物或灌木植物時,常須花費大量時間。但數量在研究演替的改變上,有其特殊價值;此外在相似植物社會中,個體之計算亦可表示重要訊息。

3.頻度測定

頻度乃為一植物在依序列重複設置的樣區或樣點中出現的次數。通常以出現的樣區數,對總設置的樣區數之比值來加以表示。在頻度的調查中並不需要計算植物的個體數,而僅計算出現與否,因此頻度測量遠較密度容易。

頻度雖然可用密度及覆蓋度等介量提供較客觀的調查方法,但頻度並非絕對的量值,其受樣區大小及形狀影響甚大。在植物種類豐富之地區,樣區的面積稍微增加一點,將會使頻度增加很多。因此,依不同植生群落之區別設置頻度調查之最小樣區面積較為合理,最小樣區面積之設置如前述表9-3所示。

4.覆蓋度測定

密度表示一族群的大小,頻度則表示植物在該社會中的分布情形,但植物對於生育地的適應情形則不易由前二者表達出來,通常以優勢度表示,而不以覆蓋度或生物量來計算。

覆蓋度可定義為依植物種類之樹冠或枝條面積,對地表面積之比值,以分數或百分比率表示。覆蓋面積通常用樣區面積之百分率表示,為方便統計以百分率予以分級如表9-4所示。

表9-4 覆蓋度等級區分

X級	覆蓋面積小於1%
第1級	1～5%
第2級	6～25%
第3級	26～50%
第4級	51～75%
第5級	76～100%

(三)植生取樣調查相關注意事項

1.植群型與取樣的條件（取樣之均質性）

取樣時應注意植生群落過去歷史及環境之均質性，其考慮重點在於植生群落社會均質性之大小及程度、植生群落中優勢種樹木之分布及環境是否為逢機等。

2.研究目的及分析方法

取樣時應針對調查之目的與分析的方法加以考量，若僅是表達植物社會之組成，在調查上僅需簡單的取樣與分析方法。反之若需要表達植物社會在環境梯度上量的變化，則需精細的調查與分析方法。

3.取樣時必須客觀且有同一標準

若分析取樣法所得之資料，將來準備用於合成法或大規模之植生群落分析，則受調查員之分析及分類觀點所影響。如：樹種的鑑定上必須各種類一致，同時覆蓋度與胸徑的量測方法都應相同，最好在種類的判識上都經由同一調查員來做度量。

4.調查的效率

調查取樣前應先決定路線、基地位置並考量水源、食物補給等，並於出外調查前，考慮人數及調查所需時間，以估計工作時數，提昇效率。進行植生群落調查時，航空照片、照片基本圖的使用及調查員取樣技術的熟練度，都將影響調查的效率。

5.面積樣品法

進行植生群落取樣分析時，一般皆以特定面積為基礎，其通稱為面積樣品法（area sample method），基本之取樣單位為二維的參考區域。進行面積樣品法時，須於調查區內設立樣區之邊界，以測繩或皮尺將邊界圍繞，其步驟較費時且易受地形、植生群落分布或邊界效應之影響。有鑑於面積樣品法之缺失，可藉由無樣區取樣法進行取樣。

6.半徑-面積簡易調查法

若僅調查區域內立木之密度或單位面積樹林之株數，可使用半徑-面積簡易調查法，即以長5.64m之釣竿為半徑，或5m之釣竿斟酌增加手臂之長度至半徑為5.64m，測定圓面積內之株樹，所得資料即為株/5.64m×5.64m×π（≒株/100m^2）。

二、無樣區取樣法

無樣區取樣依其意為不須畫分樣區面積即可取樣，因量測方式不同分為威斯康辛距離法、點框法及比特利西變徑法等，相關無樣區取樣調查法概述如下：

(一)威斯康辛距離法（Wisconsin distance method）

威斯康辛距離法由1950年開始使用，可用於一般林分調查分析，其藉由若干測點，量取出鄰近樹木間之平均距離，而後計算兩者間關係。於量測之同時鑑定樹種及量取胸高直徑，亦可算出頻度、密度、優勢度等其他介量。若單株間之距離平均為d，則單株之平均佔有面積為d²，如此可計算區域內該種林木之密度。

1.最近個體法（closest individual method）
(1)隨機於調查範圍內選取調查測點位置。

(2)量測測點位置與最接近植株之距離（D_1、D_2、D_3、……、D_n）。

(3)就多次隨機量測之資料，計算平均值，$\overline{D} = \dfrac{\Sigma D_n}{n}$。

(4)d＝$f_1\overline{D}$，式中f_1為校正係數，通常為2。

2.最近鄰木法（nearest neighbour method）
(1)調查範圍內隨機選取一株林木。

(2)量測選定林木與其距離最近之一株林木之距離（D_1、D_2、D_3、……、D_n）。

(3)計算量測資料之平均值，$\overline{D} = \dfrac{\Sigma D_n}{n}$。

(4)所量測之距離皆與實際有所差異，故必須給予一校正係數 f_2。$d = f_2\overline{D}$，f_2約為1.67。

3.逢機配對法（random pair method）

(1)用逢機或系統（如沿著一線的定間距）的方法決定調查樣點。

(2)找出距一樣點最近之林木，以此樹為第一株。

(3)調查者於此樣點上，面對此林木，張開雙臂，找出距此樹180°（兩側各90°）以外之最近林木。

(4)量測此樹與第一株之間的距離，並記錄其樹種名稱等相關資料，逢機配對法之調查表同最近鄰木法。

(5)逢機配對法亦需以其所量測出之距離乘以一校正係數0.8，才可得實際之單株間之平均距離（d）。

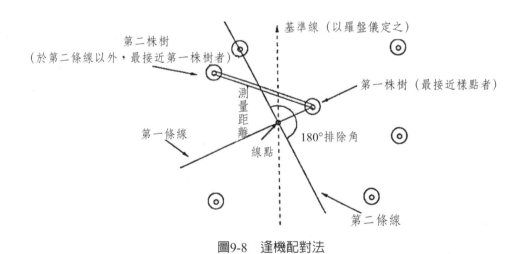

圖9-8　逢機配對法

(二)點中心四分法（point-centered quarter method）

本法亦稱為四象限法其效率較威斯康辛距離法高，且不須乘以一校正係數。於此法中每一個樣點需量測四個距離，其步驟如下：

1. 先以羅盤儀定出一基準線，於此線上訂出一些樣點。
2. 於每一樣點上，以一線垂直於基準線，將之劃分成四象限，如圖9-9。
3. 量測每一象限中，距此樣點最近之林木與此樣點間之距離，並計算其平均值。
4. 參考表9-5記錄每一樹種名稱與胸徑，以供分析使用。
5. 多次樣點測值之平均值略等於單株之平均距離d。

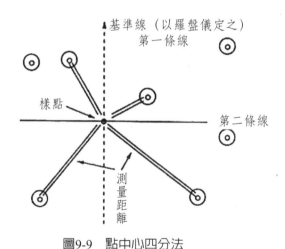

圖9-9 點中心四分法

表9-5 點中心四分法調查表

測點	象限號碼	林木種類	胸高直徑（cm）	距離（cm）
1				
2				
3				

(三)點框法（point-frame method）

本法亦稱點截法（The point-intercept method）或點樣區法（point-quadrat method）。其原理為估測植物覆蓋度時，將植物覆蓋的輪廓描繪至方格紙上，然後計算其所佔方格數，所得加以計算即為此植物之覆蓋度。量測時，所適用器具為點頻度框（point-frequency frame），如圖9-10。此框架通常由木材所製，高與長均為1 m，具有十根與支架等長之線針，從孔中穿插而過。此框因高度受限，故只適用於一般高度（20～50 cm）之草本植物或低矮灌木群等。取樣時，因沒有邊界及面積之限制，僅需考慮位置因子，故其為最簡單、迅速之調查方法，但一般以調查下層植物為宜。點頻度框之尺寸、孔數多寡或線針間隔可視草本植群情形調整，亦可以貼地面板框降行調查如圖9-11。

用此種調查方法，各植物種類之覆蓋度計算方法如下：

$$種 A 之覆蓋度 = \frac{種 A 被線針接觸到的點數}{所調查的線針總點數}$$

$$種 A 之相對覆蓋度 = \frac{種 A 的覆蓋度}{所有被調查到的植物之覆蓋度總合}$$

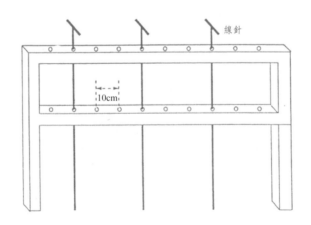

圖9-10　點頻度框構造示意圖

圖9-11 點截法使用之板框

(四)比特利西變徑法（Bitterlich variable radius method, 1948）

比特利西變徑法主要調查對象為喬木，就使用比特利西角度尺所看到範圍內之株數，利用點頻度原理（point-frequency）可換算單位面積之材積量，此法具有省時、省工、設備簡便等優點，如圖9-12。

圖9-12 比特利西角度尺

使用時將角度尺平坦一端持近眼睛，有橫板的一端則水平指向每一株林木，在一定點上繞一圈，若林木的直徑大於角度尺所挾的角度則予計數，並記錄其種類；若林木的直徑比角度尺所挾的角度為小，則不予計算。因繞著樣點的圓形樣區並沒有一定的直徑，其直徑係隨著每一被計算林木的直徑而定，故名為變徑法，同時因沒有固定的樣區範圍，故亦屬於無樣區法。以角度尺來計算林木，林木能被計算到的株數，與其直徑的大小，或與每單位地表面積上

的林木斷面積成正比。角度尺之長度若為33cm時，測定所得之值 $\left(\dfrac{0.5 \times 0.5 \times \pi}{33 \times 33 \times \pi}\right) = \dfrac{10\,\text{ft}^2}{43{,}560\,\text{ft}^2} = 10\ \text{ft}^2/\text{acre}$（1 acre = 43,560 ft^2）。若計算所得之株數為100，則其材積（樹幹斷面積）為1000 ft^2/acre；若角度尺長度為50 cm時，測定所得之值$\left(\dfrac{0.5 \times 0.5 \times \pi}{50 \times 50 \times \pi}\right)$單位為m^2/ha。

此法主要目的為計算林木株數與材積，無法估算頻度等相關介量僅能滿足莖覆蓋資料取得，於實際應用上並不適宜，主要原因為地形、植群型態等限制因子不易克服，或亦可能是對於此調查方法之生疏。

9-4　植生定性調查方法

植物定性調查為依均質程度，以優勢種植物為植生群落代表，於特殊地區進行潛在植生群落調查。定性植物社會特徵，通常藉由主觀觀察，就一植物社會所組成之植物，賦予依特性描述以表此植物之性狀，往後可藉由植物性狀間接瞭解當地環境特性。

一、植物之生活型

依照浪氏之理論，一地區植物主要之生活型與當地氣候有關，故可將植相中之各植物，分別歸入其所屬之生活型，然後統計各型所佔之種數百分率。如此形成之數列，稱為生活型譜（life-form spectrum）。浪氏有系統地從世界各地選出1000種植物，並分析其生活型，建立所謂常態譜（normal spectrum），以此作為評估各地生活型譜之一般根據，並顯示各地氣候及植相之分化情形。

臺灣各地森林之植生群落分析，為數甚多，對生活型譜之分析亦不在少數。分析方法大多採用浪氏之系統，計分成10群，其沿用代

號如下所述。

S：肉質莖植物	Ch：地表植物
E：著生植物	H：半地中植物
MM：大喬木及中喬木植物	G：土中植物
M：小喬木植物	HH：水中植物（hydrophytes）及喜水植物（heliophytes）
N：灌木植物	Th：一年生種子植物

二、植物之群集性

(一)不同植物族群之集結與功能

植物族群的社會度（sociability）係指植物族群個體聚集之程度，即群族個體之相對群居性或集結度（relative gregariousness or clumping），社會度可分為五級，詳細說明如下表9-6所示。

表9-6　植物族群社會度分級表

級序	生長型態
第一級（soc.1）	單株生長 （growing solitary, single）
第二級（soc.2）	形成集團或密生之群體 （forming clumps or dense groups）
第三級（soc.3）	形成小塊群體或被覆情形 （forming small patches or cushions）
第四級（soc.4）	生育成小塊聚落或形成較大面積之被覆情形 （growing in small colonies or forming larger carpets）
第五級（soc.5）	生育成大塊群體，幾乎成為純林植物相分 （growing in larger, alomst pure population stands）

(二)植物群落結構特性

植物之群落一般具有一定的生物組成，生物分布上有分層現象，在時間上有晝夜節律、季節變化和消長等現象，且各種生物互相依賴、相互影響，並與其所屬環境及生物族群存有緊密相互影響關係。植物群落中的優勢生物種類，將會影響植物群落的演變。

1. 族群之物種結構

在某些族群中，有少數樹種的數量或活動可以產生控制或主導族群的作用，稱為優勢種。例如臺灣針葉林中的鐵杉和冷杉，它們不只是生產者，也是動物生活的庇護所，它們的發展對整個族群結構會產生一定的影響，是臺灣針葉林中的優勢分子。而陸地生物群集中，通常會以該地優勢植物命名如「五節芒族群」中的五節芒為優勢種；高山地區「箭竹林」中的箭竹為優勢種。以不同優勢種所形成的植物群落，其物種結構不同，族群外貌也就不同。如落葉林植物群落、高山針葉林植物群落、珊瑚植物群落、海岸防風林植物群落等。

2. 空間結構

生物族群的空間結構，係指某種生物的各族群在空間上的配置狀況，包含各植生群落之層次（垂直結構）和水平結構。

(1)植物植生群落之層次（垂直結構）

森林植物植生群落社會有高度之層次分化（stratification），其森林垂直層次可分為樹冠層、喬木層、灌木層、草本層、地被層。

有些植物固定生育在某一層次（layer），且層次高低可顯示整個植物社會優勢度之控制程度，故進行植生調查之時應分別依植物層次予以分類，於每株植物賦予記號，以便記錄各層次之植物。

(2)水平結構

在水平結構上，會因為地理位置、地質、地形、光照的明暗、濕度等因素，使植物呈現成群的分布。如水域周邊或濕度較大的區域常見巴拉草、開卡蘆及象草成群的生長，而陽光充足的貧瘠地或崩塌跡

則遍生五節芒。裸露岩層或林地外緣常見臺灣蘆竹、杜虹花等陸域地
區（根系不受水位影響之範圍）則常見相思樹、構樹、桂竹、山黃麻
等，如圖9-13及圖9-14所示。

圖9-13　明德水庫濱水帶植生結構（剖面圖例）

圖9-14　明德水庫濱水帶（海棠島）植生結構（含優勢物種標示）

三、植物之物候性

物候現象（或稱生物氣候學，phenology）主要是受到遺傳因子及環境因子影響，不同的植物有不同的物候現象。同一種植物在不同的生育地，物候現象亦可能不同，甚至不同的單株也會呈現不同的物候現象。臺灣對於物候的調查大多是針對一個地區的所有植物來做觀察記錄，而藉由瞭解植物之物候現象可作為氣候指標，亦可反映植物生育地外在環境之差異，以及每年四季之提早、遲延及異常等，因此對於植物物候學之瞭解是不可或缺的一環，其可作為調查區環境因子變化之指標。

生態系在自然氣候、環境或人為干擾狀態下形成一個動態的生物共同體，其所組成的各種生物可能有其消長變化，亦即在單一時段觀察時，可能無法掌握當地所有植物種類或生長週期，而無法對該地植物生態環境描繪完全。故應考量調查野生種及當地栽植種，是否有季節性之變化。

(一)植物物候週期期區

一般植物物候期區約可分為八個時期，而各種物候期之植物生長型態如下表9-7所述。

表9-7　植物之物候期區及其生長型態

物候期	型態
抽芽期（budding phase）	芽苞膨大開始抽長至芽伸出嫩葉的尖端
幼葉期（tender leaf phase）	可以明顯地看出綠色葉芽起至葉展開且葉未完全變色
展葉期（leafing phase）	葉片展開至葉完全平展並轉變為成熟葉色為止
落葉期（leaf falling phase）	針對落葉樹種而言，在秋冬時葉開始掉落至葉片完全掉落
開花期（flowering phase）	花苞開始膨大或花序抽長至花落
結果期（fruiting phase）	雌花柱頭變黑為幼果期之開始到果實長大至成熟時之大小

表9-7 （續）

物候期	型態
熟果期（mature fruiting phase）	果實開始由綠轉為褐色
落果期（fruit falling phase）	果實開始掉落至全部掉落止

(二)植物物候性觀測

1.觀測植物的選擇

若欲取得完整物候性之資料，則所觀測的植物要有分布的廣泛性，群落中物候觀測的物種可為優勢種。在觀測時，應選擇生長發育正常並已開花結實的植株作為觀測植物，觀測植物選擇好以後，應作好標記，並記錄其基本特性。

2.觀測地點選擇

以研究目的為依據設立一定樣區面積，且此樣區地形因子變化差異小並按照取樣規則確立一定數量的觀測植物。

3.觀測日期的確定

觀測日期隨研究目的而定，而研究樣地則按統一規定的觀測日期進行，一般約3天左右觀測一次。而在開花期和結實期觀測次數可多些，最好每天觀測一次。每天觀測的時間在中午或下午為宜。

(三)物候觀測指標的確定

1.木本植物之物候指標

對於木本植物，所觀測的物候期可細分為7個時期，各時期之觀測記錄之項目如下：

(1)萌動期。

(2)展葉期。

(3)開花期。

(4)果實或種子成熟期。

(5)新梢生長期。

(6)葉變色期。

(7)落葉期。

2.草本植物之物候指標

對於草本植物，所觀測的物候期可細分為5個時期，各時期之觀測記錄之項目如下：

(1)萌動期。

(2)展葉期。

(3)開花期。

(4)果實或種子成熟期。

(5)枯黃期。

(四)觀測與記錄

植物物候觀測的種類和數量可能很多，但均可根據不同的生活型（喬木、灌木、草本等）分別詳細記錄在不同表格上。必須在觀測時隨看隨記，不要憑記憶事後補記，如遇到高大喬木肉眼難辨時，可借助望遠鏡，必要時用高枝剪切取相關部位進行觀察。由於對各物候期的理解和把握程度不一，因此在物候描述時文字要力求精練、規範，並最好附有標準圖，以利於觀測範圍內各地的觀測者掌握並取得統一標準。這樣的物候觀測資料如持之以恆則是頗有科學價值的。

對於一項完整的研究，為闡明在不同環境條件下物候期更替的差異，必須同時對其他環境條件加以並行觀測，例如微氣候、土壤化學成分與水分、以及植物本身的生理過程如光合、呼吸作用等。同時還需採集不同物候期的標本等。

表9-8 喬木、灌木植物物候觀測記錄表（例）

物候觀測單位：　　　　　觀測人：　　　　觀測日期：
編號：＿＿＿＿；中名：＿＿＿＿；學名：＿＿＿＿；樹齡或種植年代：＿＿＿＿
觀測地點：＿＿＿＿縣（市）＿＿＿＿鄉鎮＿＿＿　X：＿＿＿　Y：＿＿＿；海拔＿＿＿m
生態環境： 地形及坡度：＿＿＿＿土壤類型及酸鹼度：＿＿＿＿伴生植物：＿＿＿＿
Ⅰ.萌動期 1.葉芽開始膨大期：＿＿＿＿＿　2.葉芽開放期：＿＿＿＿＿ 3.花芽開始膨大期：＿＿＿＿＿　4.花芽開放期：＿＿＿＿＿
Ⅱ.展葉期 1.開始展葉期：＿＿＿＿＿　2.展葉盛期：＿＿＿＿＿
Ⅲ.開花期 1.花蕾或花序出現期：＿＿＿＿　2.開花始期：＿＿＿＿＿ 3.開花盛期：＿＿＿＿＿　　4.開花末期：＿＿＿＿＿ 5.第二次開花期：＿＿＿＿＿＿
Ⅳ.果實或種子成熟期 1.果實或種子成熟期：＿＿＿＿＿＿　2.果實或種子脫落開始期：＿＿＿＿＿ 3.果實或種子脫落末期：＿＿＿＿＿
Ⅴ.新梢生長期 1.一次梢開始生長期：＿＿＿＿　2.一次梢停止生長期：＿＿＿＿ 3.二次梢開始生長期：＿＿＿＿　4.二次梢停止生長期：＿＿＿＿ 5.三次梢開始生長期：＿＿＿＿　6.三次梢停止生長期：＿＿＿＿
Ⅵ.葉變色期 1.秋季或冬季葉開始變色期：＿＿＿＿＿ 2.秋季或冬季葉完全變色期：＿＿＿＿＿
Ⅶ.落葉期 1.落葉開始期：＿＿＿＿＿　2.落葉末期：＿＿＿＿＿

表9-9　草本植物物候觀測記錄表（例）

物候觀測單位：　　　　　觀測人：　　　　　觀測日期：		
編號：＿＿＿；中名：＿＿＿；學名：＿＿＿；樹齡或種植年代：＿＿＿		
觀測地點：＿＿＿縣（市）＿＿＿鄉鎮＿＿＿；X：＿＿＿Y：＿＿＿；海拔＿＿＿m		
生態環境：		
地形及坡度：＿＿＿＿土壤類型及酸鹼度：＿＿＿＿伴生植物：＿＿＿		
Ⅰ.萌動期		
1.地下芽出土期：＿＿＿　　　2.地上芽變綠期：＿＿＿		
Ⅱ.展葉期		
1.開始展葉期：＿＿＿　　　2.展葉盛期：＿＿＿		
Ⅲ.開花期		
1.花蕾或花序出現期：＿＿＿　　　2.開花始期：＿＿＿		
3.開花盛期：＿＿＿＿＿＿　　　4.開花末期：＿＿＿		
5.第二次開花期：＿＿＿＿		
Ⅳ.果實或種子成熟期		
1.果實或種子開始成熟期：＿＿＿　　　2.果實或種子全熟期：＿＿＿		
3.果實脫落期：＿＿＿　　　4.種子散佈期：＿＿＿		
Ⅴ.枯黃期		
1.開始枯黃期：＿＿＿　　　2.普遍枯黃期：＿＿＿		
3.全部枯黃期：＿＿＿		

9.5　集水區植生群落特性分析

一、調查分析規模與等級

　　集水區植生群落特性分析之主要目標，在探討植物社會分布之法則，藉以研析其與環境等因子之相關，探討某種植物之棲地範圍或耐性極限等，以供往後集水區植生導入作業之參考使用。植生群落分析之工作，視其所允許之時間、經費、人力等因素而有所不同

之規模。Cain與Castro（1959）曾將調查之精細等級分為三級，勘查
（Reconnaissance）、初級調查（Primary survey）及精細調查（intensive survey）三種。

1.勘查

勘查即前往調查區域做初步之觀察，先準備適宜比例尺之地
圖，並參閱有關該地之植物誌，到現場注意植物社會之變遷，觀察主
要之優勢種、植生群落與地形或土壤之大致關係，是否為天然植物社
會或有無近期之干擾發生。對於不認識之植物，亦宜採回標本，進行
鑑定，以利往後調查之進行。若時間有限或經費及人力不足，僅勘查
一趟即可作成報告。於早期，大多植生群落分析即屬此種調查，但此
種研究調查，偏於主觀，不易發現微小而有意義之生態資料，且少有
量化的數據可供參考。

2.初步調查

初步調查之工作，主要列出植物之組成，並主觀認出群叢之分
化，以推測其相互關係並繪製分布圖。包括調查一地區所有植生群落
之分化及專門研究某一種群系（Formation）或一系列相關之群叢或
林型。

3.精細調查

所謂精細調查，係調查一地區所有之植生群落或某一特殊社
會，通常面積雖不大，但要作強度詳細調查，對植物組成及構造，須
採用計量標準，故要設立樣區測計各植物之社會介量，如測量樹木之
胸高直徑、樹高或覆蓋度等，所得資料亦須經統計方法分析。

二、重要值指數之計算

首先對野外調查原始資料之植物種類進行編碼，於文書處理軟體
中輸入樣區、植物種類代碼、各株之胸徑或覆蓋度後，再轉換成資料
庫格式，作為植生群落分析之基本資料。

　　植物社會介量以重要值指數值（important value index, IVI）表示。將植物社會分成上下兩層（喬木層和地被層），計算各種植物在各樣區中之密度、頻度及優勢度，再轉換成相對值，上層植物社會重要值即三者相對值之總和，下層植物社會重要值即相對頻度和相對優勢度之總和，其意義代表某植物在林分樣區中所佔有之重要性。各計算式如下：

$$頻度(frequency) = \frac{某種植物出現之樣區數}{所有調查之總樣區數}$$

$$喬木層優勢度(dominance) = \frac{某種植物胸高斷面積之總和}{所有調查樣區面積總和}$$

$$地被層優勢度(dominance) = \frac{某種植物覆蓋面積總和}{所有調查樣區面積總和}$$

$$相對頻度（relative frequency）\% = \frac{某種植物之頻度}{所有植物頻度之總和} \times 100\%$$

$$相對優勢度（relative dominance）\% = \frac{某種植物之優勢度}{所有植物優勢度之總和} \times 100\%$$

喬木層IVI＝相對密度＋相對頻度＋相對優勢度（總和為300）

地被層IVI＝相對頻度＋相對優勢度（總和為200）

三、種歧異度指數之應用

　　一個植物社會，若其組成分子愈複雜，則其愈能夠承受外力的干擾。反言之，若這個植物社會的物種相當單純，一旦植物社會的優勢植物種類遭受干擾，則對於整個植物社會的影響，將極為嚴重。例如當一植物社會遭受病蟲害的干擾時，若此一植物社會之組成甚為單純，且此一病蟲嗜食其優勢種，由於食物供應極為充足，此一病蟲將大量的繁殖，終至釀成災禍。由此可見一個植物社會組成的複雜程度，常可代表其安定的程度。而植物社會的複雜程度係以種歧異度

（species diversity index）來表示。其表示方法有下列四項：

1. **種豐富度**（Species richness, R）

$$R = \frac{S}{N}$$

S：在所調查的植物社會中，總共出現的種類。

N：在所調查的植物社會中，總共出現的個體數（株數）。

2. **辛浦森氏歧異度指數**（Simpson index of diversity, D_{si}）

$$D_{si} = 1 - \Sigma(n_i/N)^2 = 1 - \Sigma(P_i)^2$$

n_i：第i種植物個體數。

N：整個植物社會所有植物種類個體數之和。

$P_i = n_i/N$：各物種出現之可能率。

3. **Shannon歧異度指數**（Shannon index of diversity, D_{sh}）

$$D_{sh} = -\Sigma(n_i/N) \times \ln(n_i/N) = -\Sigma(P_i) \times \ln P_i$$

n_i：第i種植物個體數。

N：整個植物社會所有植物種類個體數之和。

4. **均勻度指數**（Evenness index, E）

$$E = \frac{D_{sh}}{\ln S}$$

S：在所調查的植物社會中，總共出現的種類。

D_{sh}：Shannon歧異度指數。

四、植生群落相似性與群團分析

為比較兩植物群落之相似度，可將所調查之結果依不同植物群落進行分類歸群成群叢（association），分類依定性及定量而不同。定性以所出現的共同種和單獨出現的植物種類名錄做為基礎；而定量以

個別種類出現之數量資料加以解釋，可以運用相似度指數進行相似度評估，主要的相似度指數有Jaccard、Sorensen及Motyka指數。

(一)Jaccard相似度指數（S_j）

Jaccard（1902）之相似度指數常用於群團分析（cluster analysis），其值介於0～1之間，當兩植群中無共同物種（c = 0）的時候，則相似度指數為0，若兩植群中物種種類完全相同，則相似度指數為1。

$$S_j = \frac{C}{A+B-C} \times 100$$

式中：A = A植群中的物種數

B = B植群中的物種數

C = A、B兩植群中共有的物種數

(二)Sorensen相似度指數（S_o）

Sorensen（1948）所創之計算方法與Jaccard之相似度指數相較，其對於共同出現之種，給予較大之權重，表示實際上重複出現種數與理論期望值之比，計算結果在統計學上S_o會比S_j較為合理（Spellerberg, 1991）。

$$S_o = \frac{C}{0.5(A+B)} \times 100$$

(三)Motyka相似度指數（S_{mo}）

上述兩種公式並沒有加入物種介量到公式中，因此Motyka等人（1950）以物種優勢度等為介量，來計算S_{mo}相似度指數。

$$S_{mo} = \frac{2Mw}{Ma+Mb} \times 100$$

式中：Ma = A樣區所有物種介量的總和

Mb = B樣區所有物種介量的總和

Mw = 兩樣區共同物種最小介量的總和

(四)矩陣群團分析

依上述不同相似性指數之計算,進行矩陣群團分析。可將調查區域之植生群落加以歸群,最終以樹形圖方式表達此調查區植生群落分布情形。一般而言,計算出任意兩樣區或林分間之相似性係數,排成矩陣而後依相似性水準,將兩相似之樣區,依相似性之高低次序,先後合併,逐次分群。此分類法稱為矩陣群團分析(Matrix cluster analysis),又稱為樹形圖圖解法(Dendrogram)。現今多利用此方法探討各樣區植生群落之關係和植群的分類及組成。建立樹形圖之計算步驟如下:

1. 選擇一群落相似性指數公式,來計算所有樣區兩兩之間的相似性指數,製成一相似性指數矩陣。
2. 從相似性指數之矩陣中,找出相似性指數最大者,挑出此二樣區,在圖上將其連結在一起。
3. 將此面積區合併為一樣區後,再計算所有族群樣區之相似性指數矩陣。
4. 指出重新計算所得之相似性指數最大者,將其再合併為一族群樣區。
5. 重複3.4之步驟,到最後剩兩樣區為止,如此可依相似性指數之大小連結,即為一樹形圖,如下圖9-15所示。

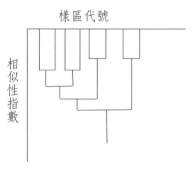

圖9-15　樹形圖之雛形

【矩陣群團分析案例】石門水庫集水區崩塌地植群調查

　　於石門水庫集水區崩塌地設置50個調查樣區（樣區編號1～50），崩塌地樣區均為崩塌後2～3年之地點，包括自然演替與崩塌地噴植草種之地點調查樣區內主要的優勢植物照片如圖9-16。50個崩塌地樣區依矩陣群團分析所繪製的連結樹形圖結果，若選擇訊息維持度（information remaining）38.5%作為臨界值水準，可將崩塌地樣區之植物畫分為下列12個植群型（圖9-17）。各樣區植物重要值表經由分群後進行重新排列，可藉由比對植群型間的植物物種組成找出特徵種。調查分析結果，12個植群型概述如下：

1. 火炭母草－大扁雀麥優勢型（*Polygonum chinense-Bromus catharticus* dominant type）

　　本型樣區調查地點之海拔約1,500m，坡向面向略北方。坡度約達45度，由於坡度甚大，土壤堆積不易，易形成裸露之開闊基地。主要優勢種為火炭母草與大扁雀麥，其餘臺灣澤蘭（Eupatorium formosanum）、五節芒等為次優勢種。

2. 水麻優勢型（*Debregeasia orientalis* dominant type）

　　本型樣區調查地點之海拔約1,600m，坡向40度面向略北方，是

屬較潮濕地區。主要優勢種為水麻，其餘為加拿大蓬與臺灣澤蘭伴隨在內。

3. 木芋麻（山水柳）優勢型（*Boehmeria densiflora* dominant type）

本型樣區調查地點之海拔約550m，坡向略向南方，坡度約46度，水分梯度3，是屬較乾燥地區。主要優勢種為木芋麻，其下植物為五節芒、臺灣葛藤及槭葉牽牛等。由於坡度大，土壤不易固著，常呈現裸露之開闊跡地。

4. 賽芻豆優勢型（*Macroptilium atropurpureus* dominant type）

本型為人工植生處理後之崩塌地區，主要優勢種為賽芻豆，特別在硬岩基地或噴漿坡面，其他植物無法入侵演替之地點。

5. 羅滋草優勢型（*Chloris gayana* dominant type）

本型為人工植生處理之崩塌地區，特別基地貧瘠、缺乏植生基材之地區，其他植物不易入侵演替或演替緩慢之地點。主要優勢種為羅滋草與次優勢種賽芻豆，另加拿大蓬、五節芒與臺灣葛藤等已有穩定族群出現。

6. 博落迴－百喜草優勢型（*Macleaya cordata - Paspalum notatum* dominant type）

本型為人工植生處理後之崩塌地區，屬坡面噴植草種後植生演替之中間系列，其中百喜草為原噴植草種，博落迴為本區之特殊外來入侵種植物。其他地被植物數量較多有昭和草等，水分梯度值為2，是為較乾燥之地區。

7. 臺灣楤木優勢型（*Aralia decaisneana* dominant type）

本型樣區調查地點之海拔約960m，由於坡度甚大，土壤堆積不易，易形成裸露之開闊基地。坡向約33度面於略北方，水分梯度值為16，是較為潮濕之環境地區。主要優勢植物為臺灣楤木，此區可

看出為演替之初期，除了主要優勢植物為陽性樹種，另有亦為陽性樹種之山黃麻與羅氏鹽膚木於樣區內有穩定數量。

8.野桐優勢型（*Mallotus japonicus* dominant type）

本型樣區調查地點之海拔約800m，坡面約略向東北方，水分梯度值為15，為較潮濕之地區。本型優勢植物以野桐為代表，五節芒為次優勢種。

9.山黃麻優勢型（*Trema orientalis* dominant type）

本型樣區調查地點之海拔高約760m，坡度42.5度，為較陡之崩塌地，土壤堆積不易，有持續性小面積崩塌之情形。主要優勢樹種為山黃麻外，羅氏鹽膚木與揚波次之，皆是演替初期之先驅樹種。

10.五節芒優勢型（*Miscanthus floridulus* dominant type）

本型為崩塌地主要代表的植群，其組成分為五節芒最為優勢，演替之初期亦有野桐、揚波等先驅植物出現，另外加拿大蓬也有穩定之數量。

11.揚波優勢型（*Buddleia asiatica* dominant type）

本型主要是揚波為優勢種，較多存在於礫石堆積地區或混凝土構造物之邊緣地。水雞油、昭和草與五節芒等為次優勢之植物。

12.加拿大蓬優勢型（*Erigeron canadensis* dominant type）

本型樣區調查地點之海拔約1,250m，水分梯度值為2，為較乾燥之環境樣區。主要優勢植物為加拿大蓬，波葉山螞蝗、早熟禾、臭杏及耳葉鴨跖草為次優勢種。

火炭母草

水麻

木苧麻（山水柳）

賽芻豆

羅滋草

博落迴

圖9-16 石門水庫集水區崩塌地植群樣區優勢種

臺灣櫟木

野桐

山黃麻

五節芒

揚波

加拿大蓬

圖9-16　（續）

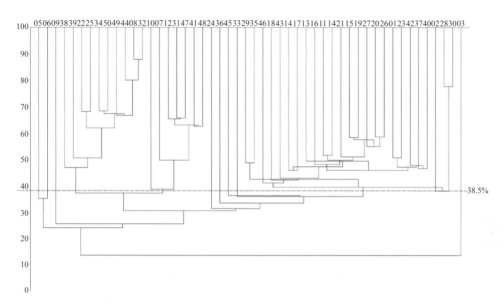

圖9-17　石門水庫集水區崩塌地植群樣區之矩陣群團分析連結樹形圖

五、演替度與演替速率分析

1. 演替度

將調查區域內的植群組成植物之存在量與各物種生活年限的長短加以量化，估算植群演替程度。生育基地內植物會隨著植物適應能力之時間差異，進而被其他植物所取代，因此於生育地內選定優勢植物，依其生活年限設定加權值，來表示演替序列之地位。

$$DS = \sum_{i=1}^{n} \frac{d_i y_i}{n} v$$

d_i：試區內優勢植物之生長優勢度

y_i：生活年限設定值（加權值）

n：調查區域內之植物種數（通常以優勢植物之種數為主）

v：植物覆蓋地面之比率（生育地內之植物）

(1)植物生長優勢度計算

植物生長優勢度（summed dominance ratio, SDR）可視為植物之社會地位程度，常以重要值（IVI）指數之總和100為基準值，做為植物生長優勢度之計算依據。以草本植物而言，其生長優勢度為相對頻度與相對覆蓋度之和平均值，而木本植物則考慮其植物相對密度。因此，各植物生長優勢度計算公式如下。

（草本植物）SDR＝（相對頻度+相對覆蓋度）/2 ＝ IVI/2

（木本植物）SDR ＝（相對密度+相對頻度+相對優勢度）/3 ＝ IVI/3

(2)優勢植物之種數（n）

植物族群中優勢植物種類之選定，常以計算所得植物生長優勢度為1以上之植物種類為主（各植物種類生長優勢度之總和為100）。

(3)生活年限設定值

Ranukiaer（1934）依植物於不良環境之適應性與抵抗性作為分類，主要以芽之高低與保護器官決定生活型關鍵，Molish（1938）以Ranukiaer氏生活型分別賦予每一生活年限之設定值（加權數），如表9-10所示。

表9-10　生活年限之加權數

生活年限之加權數	生活型
1	一年生種子植物
10	地表植物、半地中植物及土中植物等多年生草本
50	灌木植物
100	小喬木植物及中、大喬木及藤本植物

備註：1.藤本植物依Ranukiaer休眠芽受保護的程度所訂定之年限。
　　　2.各生活型之説明，可參考本文P.16～19資料。

上表所列為依生活型設定之生活年限之加權數，僅供參考，實際調查區域內優勢植物之生活年限，特別是先驅木本植物與演替後期

之木本植物有甚大之差異。如先驅木本植物中，依經驗之判斷，山芙蓉之生活年限約（5～10年），山鹽菁（約20年）、山芙麻（約30年）、相思樹（約50年）。由於相關資料不足及生育地條件不同亦可能造成生活年限之差異，此部分仍須進一步探討之。

(4)植物覆蓋地面之比率

植物覆蓋率為100%時，則v為1，以此類推之。

2.演替速率（RS）

於相同樣區不同時期之植生調查與演替度分析資料，可計算演替速率。即目前演替度大於原先演替度，則演替速率顯示為正值，表示樣區植群生物量呈增加之趨勢，即為正向演替；反之，則為演替遲滯或退化演替。藉由演替速率推測植群演替情形，其演替速率值愈大，反應植群之演替階段之情形。

$$RS = [DS(y) - DS(x)]/(y - x)$$

DS(x)：第x年的演替度
DS(y)：第y年的演替度
y － x：所經過的期間（年）

六、植生圖之製作與應用

將植生群落的分布情形以平面表示稱之為植生圖。植生圖有助於瞭解某一地域植生的大概分配情形，可配合地形圖、地質圖、土壤圖等環境基本圖使用，在利用地理資訊系統（GIS）管理地域計畫時等必須利用植生圖之重要性更高。

(一)植生圖之種類

現存植生圖視其表現方法可分為二類，其一為依據植生相製作之植相圖，另一是採用植物社會分類製成之植生圖。而河川植生圖製作時兩者都可使用。

1.植相圖

係依植物群系或優勢種所區分的植物群落（優勢群落）當圖例使用。根據群落最上層的優勢植物的生活型態而區分，如落葉闊葉樹林或草原、灌木林等，或相思樹優勢群落、紅樹林，銀合歡優勢群落、象草優勢群落等。

2.植物社會分類之植生圖

依據構成植物群落的植物種組成，區分植生單位，作為圖例的植生圖稱之。其植生單位一般採用群集，惟群團或亞族群、變族群等亦使用之。

(二)植生圖之製作步驟

植物社會分類之植生圖其圖化作業步驟如下：

1.瞭解現場

事先瞭解群落種類及其分布情形。決定植生圖之比例尺及其精確度。

2.基本圖資之準備

準備航空照片或含地形圖之航照基本圖，或實測地形圖。

3.由照片判讀植生圖例

由航空照片上判別較為均質的範圍，以顏色別記載於基圖上。但於集水區優勢群落自航照圖上難於判別時，先把它歸納為同一圖例。

4.植生圖圖例之先期植生調查

就可能作為圖例之植生群落進行植生調查。

5.決定植生單元

將植生群落調查資料加以處理、解析，製作群落單元識別表或參考資料。

6.依據現場勘查群落分布與補充植生調查

採用植生群落圖化指導手冊,與預先作好植相之植生圖在現場實際對照各植生群落單元之分布,將圖例予以整合或分開圖示之。如果現場發現有不屬於原設定之群落植相存在時,將該植相分布予以圖示之,再進行植生群落補充調查。

7.植生圖之總整理

將補充調查資料予以檢討並劃定植生圖界線,各圖例分別以不同顏色標示之。圖例的顏色彼此需能清楚分辨。圖例顏色一般草原採用黃色系統,森林即綠色系統,使植生群落全體的分布狀況一目瞭然。

(三)植生圖之應用

將植生調查結果,依植生群落之分布標示於地形上,可做為參考之依據。

1. 植生圖之植物群落分布,可視植群均質程度,以優勢種植物為群叢(association)之代表,或依其定性或形相性質標示之。
2. 在擬開發之土地內,自然度較高、對人為干擾具敏感反應之植生群落,已確定列為保護區之植生群落,需製作植生圖。
3. 特殊必要地區需製成潛在植生圖,說明其立地之潛在能力,供進行植生復育、綠地環境創造等之參考。
4. 就植生工程而言,植生調查之目的,在於篩選適合植生施工地點之植物材料,以及評估人為栽植或噴植植生工程之效果,作為工程品質驗收之依據。
5. 植生圖之圖例,必要時亦可就主要植物或優勢物種之個體型態示意圖標示或輔助說明之。

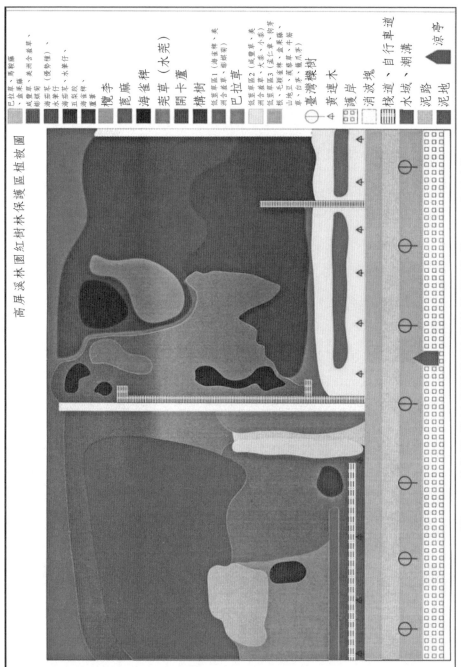

高屏溪林園紅樹林保護區植被圖

巴拉草、馬鞍藤、
成束草、美洲合萼草、
楊梅菊（優勢種）、
海茄苳（優勢種）、
海梨梭、海臺草、
蔓臺
欖李
蘆廂
海雀稗
莞草（水莞）
開卡蘆
構樹
低莖草層1（海雀稗、美
洲合萼草、楊梅菊）
巴拉草
低莖草層2（咸豐草、大茶、小茶）美
洲合萼草層3（聖仁草、狗牙
根、毛稷雀稗、盒東麻、
山地豆、英蓉蔡草、牛筋
草、白茅、龍爪茅）
臺灣櫟樹
黃連木
護岸
消波塊
棧道、自行車道
水域、潮溝
泥路
泥地
涼亭

圖9-18　植生圖（以高屏溪林園紅樹林保護區為例，2005年資料）

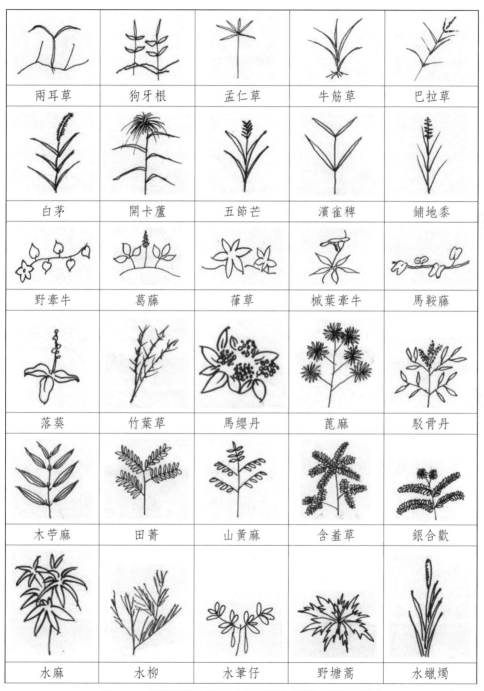

兩耳草	狗牙根	孟仁草	牛筋草	巴拉草
白茅	開卡蘆	五節芒	濱雀稗	鋪地黍
野牽牛	葛藤	菫草	槭葉牽牛	馬鞍藤
落葵	竹葉草	馬纓丹	蓖麻	駁骨丹
木芋麻	田菁	山黃麻	含羞草	銀合歡
水麻	水柳	水筆仔	野塘蒿	水蠟燭

圖9-19　低海拔河岸地區主要植物個體形態示意圖

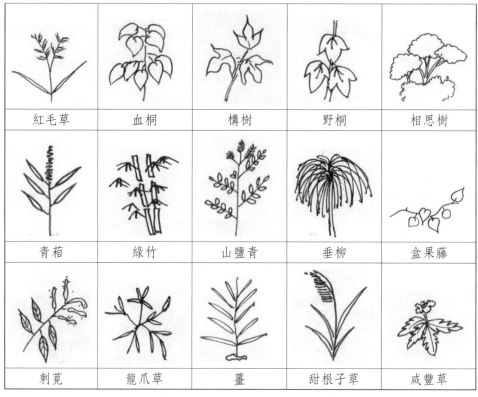

圖9-19　低海拔河岸地區主要植物個體形態示意圖

七、運用遙感探測之植生效益評估

　　遙感探測係經由使用不同之感測器系統，通常為空載或太空承載系統來蒐集地球表面之資料和接近地表之環境資料，經過資料處理過程，這些資料便能被轉換成我們用於瞭解和管理自然環境之資訊。

　　遙感探測之感測器，一般可歸類為被動式感測器及主動式感測器兩種。

(一)被動式感測器

係指感測器本身無法提供檢測地表物體所需之電磁波，必須經由接收地表物體反射或散射太陽輻射能之能量強度，以亮度值型式，記錄地表資訊，現階段大部分資源衛星所攜帶之感測器及航空攝影飛機所攜帶之多光譜影像感測器或高光譜影像感測器，均屬於此種被動式之感測器系統。

(二)主動式感測器

係指由感測器本身放射檢測地表物體之電磁輻射能，而部分電磁輻射能之能量會被大氣散射，其餘之能量可穿透大氣，並於接觸地表物體時，被地表物體反射，感測器再藉由接收此反射之能量強度，以提供地表之環境資訊，目前雷達感測器即屬於此種類型之系統。此外，遙測影像若依感測器之載臺則可分為空載之遙測影像與衛星影像兩類，二者飛行高度不同，故具有不同之地面解析力及涵蓋範圍。

在植物資源方面，因遙測資料具有空間、時間及光譜等三類特性，在空間特性方面，其適用於大範圍之資源監測或植生群落調查；在時間特性方面，可以定期通過同一地區並記錄分析以作為變遷偵測；在光譜特性方面，光譜區域涵蓋了可見光與非可見光，故可計算植生指標。因此在不同時間、空間與頻譜條件下之遙測資料，其萃取之植生指標常被用於植生群落與變遷之相關分析。

綠色植物有吸收藍光、紅光及強烈反射近紅外光之特性，故應用多頻譜資訊於植物資源之探測，多使用可見光與近紅外光之比值或差值，即所謂之植生指標。植生指標依其計算方式，大略可分成三類，其包括：

1. 多頻譜資訊之單波段（Individual MSS channel），如使用MSS之CH4（綠波段）、CH5（紅波段）。
2. 多頻譜資訊之各波譜比值（Band ratios），如R75＝CH7/CH5。

3. 多頻譜資訊之波譜直線式組合（Linear combination bands），如常態化差異植生指標（Normalized Difference Vegetation Index, NDVI）。

常態化差異植生指標（NDVI）係為近紅外光波段與紅光波段之差與這兩波段之和的比值，可以用來判別植生反射量之多寡及監測植生變化。常態化差異植生指標之計算原理，係採用健康的綠色植生在近紅外光有強烈反射且因光合作用對紅光有強烈吸收的特性，其公式一般表為：

$$NDVI = \frac{NIR - R}{NIR + R}$$

式中NIR：近紅外光反射值

R：紅光反射值

常態化差異植生指標值域介於−1～1之間，NDVI值小於零之像元，通常屬於非植生群落之雲層、水域、道路及建築物等，而指數愈大，代表綠色生物量愈多。NDVI較一般植被比（Vegetation Index, VI＝NIR/R）來得嚴謹，VI可測定某地區之相對綠度，但對地區間及季節間則會產生頗大之差異，而NDVI則改善了此種情形，此乃因該指標具有常態化效果，可減低地區間及季節間因光能量不同所造成之波譜反射差異，故為植物生長狀態及植被空間分布密度之最佳指標之一，其已被廣泛應用於測定綠色植物之光合作用、植物之覆蓋率及生物量等。例如許多學者常以法國SPOT衛星影像分析，以推求葉面積指數（Leaf Area Index, LAI）或評估其綠色植生量之變遷情形及植物含水量之變化。另臺灣之華衛二號具有更高之遙測對地解析度：全色態（黑白）影像2m、多頻譜（彩色）影像8m，更可以定期針對地表植物生長狀況、健康情形與環境變遷提供最新資料，供監測與評估分析之用。

chapter 10

植生檢驗與維護管理

10.1 一般水土保持植生工程維護管理要項

一、播種法與地被植物施工後之維護管理

1.灌溉

新鋪植草皮或植物種子導入坡面後，植物生長初期，應適量灌溉。灌溉時須注意氣候狀況、水溫、水質及水量，灌溉用水之水源不得使用工業廢水或含有毒之污水。一般而言，當植物根域（root zone）土壤的有效水分少於50%時便需灌溉。灌溉的方法有三種，即地面灌溉、地下灌溉及葉面噴灑，得視實際情況而調整。定植後為使客土與根球密接，第一次澆水時必須均勻濕透，夏季炎熱天候下，澆水時間最好選擇晨間6～8時及傍晚地溫下降時為佳。種植後澆水量及頻率應配合天候及植物特性，以免因水分過多或過少而影響植物生長。

如以地面灑水灌溉為例，原則以植生播種或栽植後30天內，須每天澆水（雨天除外），每次澆水量依植栽植物密度及大小而定。澆水時可配合追肥（尿素或複合肥料）及植物生長激素之使用。然在水源困難之處，植生工程須配合雨季進行，並儘量採用高耐旱植物或特殊材料施工法，並可以植物殘株直接置於植栽植物之周邊，以減少水分之蒸發，確保植生綠化效果。

2.施肥與追肥

肥料施用量及施用時期因栽植之植物種類而異。地被植物之施肥，須平均散布，否則會產生生育不均之現象，施肥後立即灑水，以免肥料附著在葉片上產生肥傷，導致焦葉的症狀。植穴施放基肥時，應儘量避免與植物根群直接接觸，宜於基肥上方客土5～10cm厚，以防肥傷，亦可施用有機質肥料與土壤分層填入植穴內。定植後1～2個月開始施撒，以後每隔約2個月施撒一次，休眠期的植物應停

止施肥。若經檢視發現應增施肥料，承包商應配合施加。

3.追播、補植、除伐

種子播種後，如發現種子不發芽，或發芽後枯萎、生長不良、草苗消失、病蟲害等現象，無法達到預期成活率時，須進行追播。追播應於播種後兩個月養護查驗前辦理，使播種後四個月達到預期覆蓋之效果。特殊地區為要求景觀調合、觀光區美化、休憩區綠化、防火之設計及地被植物之正常生長，須除伐部分植物。

4.病蟲害防治

為防治病蟲害的發生，可採取以下幾項措施：

(1)採用適合當地環境的植物材料。

(2)採用不同種之植物，進行混播。

(3)選擇健康的種苗。

(4)提供適當的生育基地，如良好的排水、通風及適時的施肥。植物發生病蟲害時，為維護其成活及生長，須加以防治。

(5)植物若受到菌類或昆蟲等危害時，經核可後，依公告說明施用殺蟲劑或殺菌劑，否則任何因藥劑造成之傷害，承包商應負責補償。

(6)施用殺蟲劑或殺菌劑時，應選擇合宜的天候及時間，並應以臨時樁及繩子圍出噴灑範圍，再將標示噴灑時間等警語之防水標籤掛於範圍繩上，俟危險期過後即拆除該臨時性警告設施。任何因未標示或標示不明所造成之傷害，承包商應負責賠償。

5.除草

當使用表層土或生育基盤為混入家畜堆肥時，因其中含有多量雜草種子之故，應施行足夠厚度的地面覆蓋，以抑制雜草之發生。若雜草繁茂，則會影響栽植苗之成長或目的種子發芽生長障礙，則有除草之必要。如使用除草劑其產品、用量應經核可，並依使用說明施

用，注意過度使用會造成土壤結構破壞和土質破壞影響，且對人體產生不良症狀。若因除草劑造成相關傷害，承包商應負責補償。

二、苗木栽植後之維護管理

1. 灌溉

新栽植之樹木在生長期間不可缺水。灌溉時的氣候狀況、水溫、水質及水量等均需加以注意。常用灌溉方法分為三種：地面灌溉、地下灌溉和葉面噴灑，可視情況而調整使用。

2. 施肥

崩塌地或土砂災害地區之土壤條件通常較為惡劣，因此無法期待樹木有旺盛的生育機能，栽植林木時一般都需加以施肥。但在原土壤貧瘠或有土壤流失之虞地區，植栽初期即可能發生缺養分現象，可藉施肥改善土質、提升地力，以恢復植物之活力。有關施肥時需考量與注意事項，略述如下：

(1) 一般貧瘠土壤，不僅缺少養分且土質堅硬，缺細粒之成分亦容易乾燥等，需用客土或施用有機質資材改良、改善土壤條件。

(2) 栽植地應注意清除植穴內之雜草，耙鬆表土5～10公分深，並清除其中之雜草根及其他雜物後，再行施肥。

(3) 施肥方式有植穴底施放、3點點狀施放、半圓形溝狀施放、撒放在地表面等。栽植時施肥目的在促進苗木初期成長，故施放位置最有利於樹木吸收地點，稱謂基肥。一般常採用植穴底施放及3點點狀施放方式。

(4) 施肥量應視土壤狀態、苗木種類而異。施用量過多引起過度成長而植株個體弱化；若施肥量太少或特定肥料之缺乏，則有礙成長。樹木對氮素的需求特別敏感，其他養分元素之施用效果較不明顯。若只施氮肥會造成氮之過量危害或磷酸及

鈣之缺乏症。因此樹木之施肥量，以不產生氮之過量危害為原則，決定氮之施肥量，同時施用其半量或同量之磷酸及鈣。

(5)土壤改良目的在改善土壤物理性、化學性、微生物性質。土壤改良材可分為有機質類、無機質類及合成高分子類。有機質肥料之肥料成分含有率低、施用量多，但因其有較多種類之肥料成分，較不會產生微量要素欠缺症，連年施用則土壤改良之效果佳。無機肥料包括化學肥料及石灰等。對樹木而言，化學肥料以使用三要素之複合肥料為宜。化學肥料之肥料成分含有率高，施用簡便且經濟。

(6)通常選用有長期肥效的遲效性肥料或複合性肥料（如台肥2號、43號等），惟有時適量混合速效性肥料。若現場的土壤不良，欠缺保肥、保水功能者，則應考慮客土或使用土壤改良劑改善之。

(7)施肥位置：植物吸收水分、養分之根系，主要分布於土壤表層約30～50公分之範圍，降雨時土壤水自地表面向下方移動，因此，施肥宜施於土壤表層。但栽植時之基肥，應施於苗木土球之底下，可促使根系向地中深處發展。栽植後之追肥無法施於土壤之深層，可施於樹木之根系周圍約10公分之處。

3. 枯株清除與補植

苗木種植後因枯損而致林木密度低或部分地點產生空隙而影響整體植生演替或植被功能時，須進行補植苗木。補植時需先調查苗木枯損原因及樹種之適宜性等，避免補植後再度發生枯損情形。補植方法及栽植時期等，原則上和原栽植方法林木相同，若需要先行整地，則依一般造林方法進行。

在新植地的補植，勿間隔過久，否則補植的苗木成長追不上原種植者，可能不易形成原預期之植被類型。原則上，種植後1～2年內進行補植，補植所用的苗木，較新植當時的樹齡大1～2年，且形狀

較大者為宜。

4.林下刈草

一般林地或土壤條件略佳之植生基地，苗木栽植前先進行剷除雜草，以利新植樹木成長所需要的陽光，通常雜草生長較栽植木迅速，因而林木受壓抑造成生長受阻。但保育工程施工後之基地，或砂石含量較高之施工基地，其雜草的存在可縮小地溫、氣溫晝夜間差異，緩和地表面的日照量或風速，抑止降雨時地表的有機物或表土的流失。林下刈草需較多次，惟受水土保持、經費等考量，以一年一次為原則。但生長緩慢之陽性樹種，因易受壓抑之害，必要時一年刈草2次以上。林下刈草季節，以刈除對象雜草木植物營養貯藏量減少之夏季為宜，但也需考慮栽植樹種的成長特性而決定。

林下刈草區可分為全刈、條刈、坪刈，詳如下表10-1之說明。

表10-1　林下刈草之分類

方法	內容	適用標準
全刈	剷除全面雜草木	1.所栽植樹木之競爭性低或抗壓抑性弱者。 2.五節芒等有地下莖或深根性草類多時，較少有土壤流失之虞者。 3.有抑制野鼠棲息之必要者。
條刈	沿栽植行列，剷除一定寬幅之雜草木	1.栽植樹種競爭性、抗壓抑較強之樹種。 2.雜草、雜木之數量較少者。 3.有必要考慮寒風、氣象及土壤流失時。
坪刈	只刈割栽植木周圍，方形或圓形	1.有必要保護栽植木或林地，不受乾旱、風衝、寒風危害時。 2.有必要阻止土壤流失時。 3.雜草、雜木量不多，樹木抗壓抑性強時。

5.除伐（植栽密度之調整）

除伐係栽植木或天然下種之稚樹，已生長至高於雜草階段，將其

部分稚樹除去，以助於基地林木發育成預期林型之樹木。

(1)除伐時須選定砍伐對象，但樹種、伐採量，依現況林分的構成樹種、地形、氣象條件等而異。嶺線或陡坡等區域，為防止發生風害及地表之乾燥，除伐時程度宜輕。

(2)除伐對象之樹木，如果只由栽植樹種或天然下種的樹種成林，或以此為目標的林分，將入侵樹、萌芽木以及形質不良且妨礙他樹生育的栽植木砍除，除種植樹種之外，對保安林功能有益的入侵木、殘存木、萌芽木，除非對種植木成長有妨礙者否則予以保留為宜。

(3)進行除伐的時期，以周邊樹木和栽植木發生競存時期為宜。除伐季節，以能減弱被砍伐後樹木之萌芽力、保存下來的樹木枝葉能充分擴張的夏季為宜。

(4)株數調整時的伐採作業，以留存立木平衡配置為重點考量。雖相對生長劣勢的立木個體，砍伐後可能配置上失去平衡而較其他地點產生較大空間即予保留不伐。此外，優勢木呈集團存在，若引起相互間生育上有妨礙時亦得予砍除。

(5)「相對照度」在株數調整除伐之際，是決定標準伐採量的有效指標。一般為增加林床植生，最低要有5%左右的相對照度。

(6)陡坡地植生覆蓋較低的地區，地表若因施行強度的株數調整伐採而有遭沖蝕或風倒之危險，則應分多次施行，逐漸增加日照量促進下草或低木的生長。若下層長有陰性樹，一時增加太多的日照量可能引起陰性樹枯死。

6.除藤蔓

係將纏繞樹枝或覆蓋在樹木冠層，妨礙其生育的藤蔓砍除。被藤類纏繞的樹木，會造成樹幹扭曲，同化物質往下輸送受阻；藤類覆蓋在樹木冠層，樹木頂芽彎曲或下垂而致側枝不正常發育或枝葉無法得到充分陽光而成長受阻，甚至枯死。因此除藤蔓工作，在保障樹木健

全生育上相當重要。

除藤蔓之方法有：刀刃切斷、注入藥劑、塗佈、撒佈和掘除等，但在坡地上一般採用刀刃切斷法。如葛藤類植物，在刀刃切割後，其殘株可能長出根系而繼續成長，可於刀刃切斷後，順勢拔除纏繞莖，或在切口播絲狀菌等特殊植物種子的生物防除法。

坡地苗木栽植後常見危害苗木生長之藤蔓植物主要包括小花蔓澤蘭、賽芻豆、爪哇大豆、臺灣葛藤、槭葉牽牛等。

7.打枝（修枝）

為維持樹木的生長空間，保持健康的生長勢與美觀的樹型，栽植後之植株可施行砍掉部分枝條，以讓適量的陽光照進林內、地床，促進林床植生的發育及預防地表遭受沖蝕。

(1)打枝或修枝作業視樹木之種類、形狀、枝條擴張情形、林內的光照度等，施行最有效、且有效率地改善林內的光照環境。一般以修剪成各兩叉分枝之情況，可維持較好的生長勢與光照環境。一年四季都可以修枝，但為了預防風害，每年6～7月颱風季節來臨前必須修剪。如在春天修枝則傷口較容易癒合，但樹液流動旺盛的樹木，則留至夏秋之際打枝。林分鬱閉時樹木下枝開始枯萎，一般該時段即為施行第一次打枝的時期。這時施行打枝不但可改善光照環境及通風，且可避免火燒山的危險性，有助於林內作業性。

(2)修枝應從樹枝的上部向下部修剪，把樹冠修剪成適當的樹型，也容易清理落下的殘枝。修枝的切口，必須緊貼於樹幹或大樹枝上，而不應留下突出之殘枝。因為留下的殘枝會妨害癒合，並且會產生積留水分，而促使木材腐朽。

(3)斷截較粗枝條時，為保障斷截安全，不撕裂樹皮，應在枝條靠近樹幹5～10公分處的下方先做切口，再自上方截鋸，最後在貼緊樹幹處鋸平或用鋒利齒刀將鋸口修整光滑，並塗以防腐劑。

(4)樹木產生傷口後會自行痊癒，唯如屬大傷口，應於傷口處除去其殘枝及樹皮。在傷口塗上塗料，並促使癒合組織的形成。常用之傷口塗料，橙色假漆、土瀝青塗料、接枝蠟、油漆、羊毛脂油漆、波爾多液樹漆等。

(5)造林林木撫育上的打枝，有助於主幹高生長、切口上癒合及造成圓滿通直之良材。

造林樹種之打枝情形　　　　　一般樹木修枝可使其健全生長

圖10-1　打枝、修枝照片

8. 病蟲害防治

(1)病害之種類原因有黴菌、細菌、濾過性病毒。蟲害起因於昆蟲類，啃食、吸取樹液等屬於直接為害，間接危害指媒介病毒或帶進其他害蟲類，擴散病菌或蟲害的範圍。

(2)病蟲害視種類不同而罹害情形殊異，一旦發現危害情形，迅速調查原因並個別剔除，以採取適當的處置。又一般病蟲害種類和罹害樹種間，有某種密接關係，因此特定的病蟲害發

生在特定樹種上的頻率相當高。

(3)罹患病蟲害時之防治方法，有捕殺、包稻草蓆、燒毀、撒佈殺菌劑、殺蟲劑、殺線蟲劑等。預防方法為採用耐病蟲害性樹種，增強抵抗力的肥培管理等。撒佈農藥，有時波及棲息在林內的無害昆蟲或小動物，甚至影響周邊人、畜、水質等安全，須充分檢討考慮撒佈方法、範圍、實施時期、時間、風向等問題。

9.獸害防治

為害樹木可能性較大的獸類有，老鼠、野兔、野豬、松鼠等。罹獸害樹多為稚樹至幼齡樹，樹皮或枝葉被啃食害最多。此外，尚有樹幹部樹皮剝離、損傷、種子或枝條的切斷、挖鑽地面等。

獸害防治方法有物理防護法、藥劑（忌避劑）防護法、利用植物誘導法、忌避防護法等。物理的防護法係指設置防護柵或在樹木上罩防護網等；藥劑防護法係指在樹木上塗上忌避劑，或將泡過藥劑的膠帶纏繞在樹木上降低其味覺，利用其效果達到防治目的；利用植物誘導法係播種嗜好度高的牧草類，提供飼料以減輕為害栽植木；忌避防護法係指種植動物厭惡的樹類（忌避木）讓其遠離。

10.2　植生養護之相關規定

一、植草養護

1. 種植完成後應即充分澆水，並繼續保持濕潤狀態，至坡面完全覆蓋後，可視天候等實際狀況再適時澆水。設計澆水量為20公升 / m^2（草類播種與栽植）。

2. 養護期間開始後之第60天及第110天應各施追肥一次，施用量每m^2施用複合肥料（如台肥43號）0.05kg。

3. 如發現草苗不萌芽、枯萎、生長不良、草苗滑失、發生病蟲害等情事，需隨時進行噴農藥或作補植等工作。

二、地被植物及草花之養護

1. 植株種植後應即澆水，養護期間亦應視天候澆水。

2. 養護期間開始後之第60天及第110天應各施追肥一次，每m²基肥用量為有機質肥料2kg及台肥43號複合肥料0.05kg。追肥應視需要施用，每次約使用台肥43號0.05kg或相等用量之化學肥料。

3. 肥料可溶入水中時，於澆水時一併施用，但應注意不得傷及植株之花、葉。

4. 地被植物或草花，若有缺株，應行補植，發現病蟲害應適時防治。

三、灌木及喬木之養護

1. 養護期間承包商應負責培養管理，經常澆水、清除雜草、防治病蟲害，並視需要適度修剪，維持樹勢的旺盛，保護植物免受行人侵害或風雨之傷害。

2. 灌木施用基肥每株可使用堆肥2kg，喬木施用基肥每株使用堆肥4kg，追肥應於栽植後60天及110天左右，視需要每株施用約為台肥43號0.05kg或等量代用品，或依設計圖說所示施用之。

3. 符合規格之苗木栽植妥當後，為減少植物因蒸散作用而喪失水分，承包商可酌予修剪枝葉，但養護期滿驗收時，植株不得小於規定之規格。

4. 苗木種植後應立即澆水，養護期間並應視天候情況澆水，每株每次澆水量視苗木及植穴而定，每株約可設計為10公升。

5. 養護期間應隨時注意植物的生長發育狀況，保持樹勢的旺盛，

如發現植物在苗圃培育及種植期間有潛伏之傷害，或替植時因操作不慎引起之損傷，或管理不佳導致之受傷，或發生嚴重之病蟲害，或已呈現枯萎、死亡者，承包商均應無條件換植補種，所需費用由承包商負責。

6. 養護期滿60天前，如發現植物不能成活時應進行補植。承包商應通知主管機關派員會同查驗補植情形。

四、養護期滿之驗收

一般養護工作應於栽植後即日開始，正式養護期於完成驗收日起，為期120天。養護期滿檢驗所有植物種植均應符合契約規定。

1. 所有植物生長良好，無病蟲害及枯萎現象。
2. 植株尺寸應符合合約之規格。
3. 草地及種植地被植物之區域，皆須生長良好，無病蟲害及枯萎現象，其覆蓋率應達80%以上。
4. 景觀造景栽植之草花、灌木、喬木成活率須達100%，而景觀造景以外者其成活率須達90%以上。
5. 混播時，於養護期滿檢驗，各類混播之植物均應出現。

五、天然及人為災害之處置

因天然災害及非承包商所能控制之人為意外災害而受損之植株，承包商應於災害發生後24小時內報請有關單位會同勘驗，並於拍照留證後清理現場。而有關喬木及灌木植物之處理方式說明如下：

1. 喬木部分

半傾倒、傾倒及折斷植株，均應於有關單位會勘後48小時內扶正。除折斷植株其剩餘高度低於原移植、補植高度1/2者，准依成活計價外，其餘植株承包商仍應依契約繼續養護。

2.灌木部分

除因天然災害而損失或經有關單位會勘後認定無法成活之植株准依成活計價，其餘之植株應於有關單位會勘後48小時內扶正，並繼續養護。

10.3　噴植工法之維護管理

一、噴植基材之檢定

(一)種子檢測

為控制噴植之植生效果，有必要實施種子品質控制檢測，選用之種子須依據國際種子檢查協會（ISTA）規則及臺灣CNS2166N4014農業類種子檢測法之規定，檢測種子品種或品系、種源、採種期間、千粒重、單位重粒數、顏色、純度、飽實度、均勻度、鮮度、活力、含水率、發芽率及純潔度分析（雜質）。

(二)黏著劑

黏著劑一般多屬濃縮劑，可分為粉末及液體兩種；成分又可分為單一配方及複合配方兩種，施工時常須加水稀釋至規定倍數濃度後再混合其他基材噴植使用，其檢測項目應區分為濃縮液與稀釋之濃度分析，檢測設備採用濃度計。因黏著劑產品繁多，可依據產品之特性與屬性選擇CNS適用之檢測項目與標準。黏著劑除主成分分析外，另需再檢測單位體積重量、黏度、pH酸鹼值、含水率測定等項目。

1. **主成分分析**：依出廠商品標示之成分、種類、規格、數量檢測是否相符。
2. **單位體積重量（容積）**：依出廠商品之單位容積計算重量。
3. **含水率**：測定粉末及液體黏著劑之單位體積含水重量比率。

4.pH酸鹼值：採用pH-Meter測定酸鹼值。

5.黏度：黏度是流體分子間引力大小的指標，為液體流動時內部摩擦力，及流滯阻力，一般以牛頓黏度定律來定義，及流體剪應力和速度梯度成正比。最常用的單位是泊（poise, P）或厘泊（centi-poise, cP），黏度單位為Pa・s=kg/ms。常溫下水的黏度約1.0cP（1.0m Pa・s）。液體黏度隨溫度升高而減少，反之溫度降低則黏度會增加。黏度使用迴轉式黏度計或音波式手持黏度計，採用低溫黏度測定（ASTMD2602）、透明與不透明黏度測定法（CNS3390）、黏著劑黏度測定法（CNS5607）、柏油動黏度試驗法（CNS14249）測定其黏度。

(三)有機肥料

測定包裝容重、內容物之成分、乾重含水率、濕重含水率、全氮量、混合有機質肥料（CNS11928）之檢測項目與標準。

(四)化學肥料

分為單質與複合肥料，分別測定包裝容重、內容物之成分、含水率（CNS6501）、氮肥（CNS8449）、磷肥（CNS8450）、鉀肥（CNS8451）、生石灰（CNS11845）。

(五)噴植基材總稠度試驗

混合噴植基材檢測採用稠度試驗法（CNS3590）、紙漿濃度試驗法（CNS10863）檢測噴植基材總稠度。

(六)噴植機材坍度試驗

氣壓式噴植方法，混合基材拌合後之坍度為20～25mm為基準，視岩面坡度坡長調整坍度。

(七)保水劑

保水劑因滲透壓而具強大之吸水能力，在常溫下純水的吸水能力為100～1000倍（Certificate of Analysis NO.9401檢測標準>310g/g）。

(八)堆肥

有機堆肥通常使用C/N比高之材料（如稻殼、蔗渣、樹皮、椰纖等堆肥），若直接或未經由腐熟就施用在土壤中，將使這些廢棄物在土壤中分解，造成微生物繁殖生長，將與目標物種（噴植植物）間產生養分的競爭（尤其是氮素的攝取、爭奪），對植生造成不利的影響。有機材料經堆積後，有機物會隨時間分解，C/N比逐漸降低，至穩定後始達腐熟階段，此時施用對作物影響已無妨礙。而堆肥腐熟判斷方法（以菇類堆肥為例）：

1. C/N比低於20。
2. 有機質含量50%以上（以乾基計）
3. 水含量40%以下（乾基）。
4. 堆肥愈腐熟，種發芽率會愈高，發根情形育良好。
5. 由堆肥之外觀、氣味判斷。通常腐熟良好之堆肥是中等鬆軟、黑褐色、有泥土味、pH檢測值為中性或微酸性。
6. 其他相關規定可參考行政院農委會公告之肥料品目（編號5-11）資料。

(九)其他纖維類之檢測

使用材料樣品應送往工程司同意之公立機關、學術機構或通過CNLA、TAF認證之試驗機構檢測。噴植資材包括纖維、肥料及化學乳劑之混合物，於加水及草種拌合後，噴播於坡面形成植生層。基盤係以含有植物纖維、人造纖維、保水劑、根瘤菌、肥料、壤土及黏著

劑等材料之纖維土，噴播於岩盤坡面上，作為草種生長用之養分，其配合比例及草種種類由承包商提出，經試噴良好及工程司認可後使用。

噴植工法常用纖維類資材之檢測主要內容與方法說明如下：

1. 纖維混用率試驗法（CNS-2339-L3050）：處理纖維樣本，將合成纖維部分予以溶解，收集不溶物以SEM-EDX或顯微拉曼光譜儀觀測，可檢出含碳元素。

2. 泥炭苔：全氮含量多數在0.7～0.2%，最高為2.49%；磷素含量偏低，全磷含量最高1.03%；全鉀含量0.6～2%，最高含量2.70%。

3. 菇類堆肥：以菇類栽培後之木屑或製糖後之蔗渣為主原料，依現行農委會92年3月14日公告之肥料品目，歸屬於雜項堆肥（品目編號5-11），其中有機質含量應在50%以上（以乾基計），水分應在40%以下，碳氮比（C/N）應在20以下，同時不得混入化學肥料、礦物等。在養分規定上，全氮化鉀含量應在0.3%以上。在有害成分規定上，重金屬銅含量不得超過0.01%，鋅含量不得超過0.08%，砷含量不得超過0.005%，汞含量不得超過0.0002%，鎘含量不得超過0.0005%，鉛含量不得超過0.015%，鎳含量不得超過0.0025%，鉻含量不得超過0.015%。

4. 樹皮堆肥：全碳量40～50%、碳氮比20～40%、陽離子交換容量60毫當量/100g、電導度4.0毫姆歐/cm以下、含水量35以下。

5. 電導度值（EC）：堆肥種類不一樣，電導度的測值（堆肥樣品與純水以1：5混合均勻）差異很大。一般而言，純樹皮堆肥的電導度<1dS/m，純香菇木屑堆肥的電導度<2.8dS/m。

6. pH值：酸鹼值在5.5～8.0較為適宜。

二、噴植施工基地維護管理作業原則

(一)撒水灌溉

植物種子導入坡面後，植物生長初期，應適量灌溉或撒水。灌溉時須注意氣候狀況、水溫、水質及水量，用水之水源不得使用工業廢水或含有毒素之污水。如以地面撒水灌溉為例，原則上在植生播種後30天內，須每天澆水（雨天除外）。澆水時可配合追肥（尿素或複合肥料）、植物生長激素之使用，然在水源困難之處，植生工程需配合雨季進行，並儘量採用高耐旱植物或特殊添加基材材料施工，以確保噴植植生效果。

(二)追播與除伐

種子播種後，如發現種子發芽或發芽後枯萎、生長不良、草苗滑失、病蟲害等現象，無法達到預期成活率時，需進行追播。追播應於播種後兩個月養護查驗前辦理，使於播種後四個月達到預期覆蓋之效果。

特殊地區為要求景觀調合、觀光區美化、休憩區綠化、防火之設計及地被植物之正常生長，需除伐部分植物。

(三)維護管理期限

噴植工法施工時，如採用之種子以喬、灌木為主，其養護期需較以草本植物為主之植生工法長。一般以草本植物綠化之工法，其養護期為三至四個月，而噴植工法之養護期則需約六至十二個月。

(四)其他相關應注意事項（以鋪網噴植工法為例）

1. 水土保持計畫有關植生工程之完工調查，應依植生工程施工範圍、工法配置、植生覆蓋率、成活率、施工規範及其他契約之相關規定，進行現地調查與核對。

2. 植生成效之判定係由使用植物、施工時期、施工目的等，在經過一定時間後進行確認（如：木本類植物之發芽確認，必須經過最少3個月）。

3. 施工標的植物種子之發芽成長數目不足時，經確認其原因後，再進行追播等工程；若施工後不確定是否因氣象因子而影響時，必須觀察一段時間。

4. 鐵網鋪設時應緊密貼附原地面。針對噴植厚度設計於6cm以下時，可依坡面均勻程度容許鐵網表面部分露出之情形，但以露出部分<10%為宜。

5. 若施工基地部分流失、或崩塌時，可能致坡面排水功能喪失，應詳加檢查。

10.4 植生成果調查分析

一、播種法植生工程成果調查分析

(一)噴植法植生成果簡易判定

噴植法施工地區，植物生長狀態因施工區域、施工時期、氣象因素而有不同，於施工2個月後現地勘察之簡易判定基準（以鋪網噴植施工地區為例），如表10-2所述。

(二)植生覆蓋率調查

1. **植生覆蓋率調查**：覆蓋率或綠覆率判定應以自坡面垂直上方之植株投影面積比率為準。由於坡面的方位、地形、地質、土壤水分條件不同，植物生長初期會產生不均勻情形，因此植生成果須以坡面全體狀態來判斷。植生工程應依施工地區之立地條件、應用植物種類及植生方法，設計覆蓋率。一般土質坡

表10-2 鋪網噴植施工二個月後之全區簡易判定基準（例）

優	1. 從坡面10 m外之距離，看起來全面「綠」。 2. 如屬草本植物種子混合噴植，可看到木本植物存在，達到確認之效果。
良	1. 從坡面10 m外之距離，看起來大略為「綠」，部分具有裸露地。 2. 如屬草本植物種子混合噴植，稀疏的可以辨認出木本植物。
尚可	1. 平均1 m²雖有10株左右之發芽，但生長緩慢。或全坡面中有大比率不發芽之情形。 2. 如屬草本植物種子混合噴植，在草本類植物間可見少量木本植物之發芽。
不良	1. 植生基材流失，植物的成長已無希望，此時需再施工。 2. 植生被覆網材滑落或坡面破壞而致植生基材流失情形。

面噴植或水土保持植生施工後並經維護管理之覆蓋率應達90%
以上。地被植物栽植施工後並經維護管理之覆蓋率應達80%以
上（水土保持技術規範第61條，2014年9月）。經人工整坡之
土層坡面或均勻厚客土之坡面，一般施播草種並予妥善之維護
4個月後，其覆蓋率應達90%。但自然開採或局部客土之坡面
導入植物後，其平均覆蓋率應達75%。

2. **非目標植物覆蓋率之調查**：植物種子播種後，無法期待其全部
發芽、生長，但植生驗收時必須確認植生目標植物群落之比
率。原則上，目標植物種以外之植物若超過10%時，須檢討
目標植物與入侵植物彼此間競爭作用與相互影響，若帶來不良
影響時，需加以因應處理。一般而言，景觀草皮之非目標植物
之允許比率，應少於5%或需加以拔除（依合約規定）。而經
整地施工或坡地保育目的之植生工程，非目標植物之允許覆蓋
率可提高至20%。崩塌地、泥岩惡地、砂礫岩或其他立地、氣
象條件不佳的地區，非目標植物覆蓋率之設計標準得依實際調
查時期與現地狀況而調整至40%（依合約規定辦理）。而如為
草本類與木本類植物混播時，若草本類植物過度生長則木本類
就無法生存。

(三)種子發芽數調查

一般而言，調查種子發芽數之調查宜採用逢機樣區取樣方區調查
法，樣區大小以1m×1m為原則，但單播草本植物時得以20cm×20
cm樣區換算之。施工面積小於1,000m²時，至少應有3個調查樣區；
大於1,000m²時，每增加1,000～5,000m²應增加一個樣區。坡面全面
撒播或噴播草類種子，一個月後之平均發芽數應為1,000株／m²以
上；混合木本植物種子播種時，四個月後木本植物發芽生長數應為3
株／m²以上。

二、栽植法植生成果調查分析

(一)栽植法植生成果調查原則

1. 植株成活之判定，應符合原規劃設計之植株尺寸、正常生長且無病蟲害及枯萎現象。

2. 為確保植栽工程能如期完工，須盡可能於工程執行中，將苗木視為「工程材料」，如設計苗木為容器苗（袋植苗），須考量臺灣現有苗木市場之供應狀況，進行袋苗培育，袋苗之培育期可設定為3個月。其植物生理基礎在這段時間內，已足以使斷根、修剪之傷口癒合，且植物因傷害產生之短暫性休眠期已過，植物已開始恢復生長。

3. 種植前最後之檢查，其標準以設計所訂之標準苗木為準，並確定搬運過程中未受損傷，或其他不合理之人為傷害。進場檢驗之重點為：主幹、枝條有無損傷；缽土是否潰散、乾燥及有無嚴重之病蟲害。苗圃苗木檢驗與注意事項如下說明：

   (1) 由於容器育苗期間不足致根系發育不全，或容器育苗期過長致根系纏繞，或遭受病蟲為害、瘦弱徒長苗、種類不符者等，均視為不合格，應予淘汰。

   (2) 苗木出栽之時機，必須配合整體工程之進度，以及各樹種栽植之適期，出栽之數量需依據栽植之工作能量估算。

   (3) 出栽前應先行灌水，水量以能使容器內土壤不鬆散，並使容器內不積水為度。

   (4) 若晴天乾旱季節栽植，則需容器浸水後再去袋栽植以保成活。

   (5) 塑膠袋苗之主根若已穿透膠袋而伸入苗床者，宜予適當修剪以促進鬆根之發育。

   (6) 容器苗木搬運時應注意勿傷及頂芽，裝載時不宜重疊並須妥為固定。

(7)苗木包裝後因故未能立即運至工地時，需移至陰涼處放置。放置時以站立之姿態為宜，並間歇施以噴霧或澆水。

5. 植生基地樹木品質優劣之判斷，可由樹型、根系、枝幹等判斷，說明如下：

(1)樹木的形狀及尺寸之判斷是否符合設計規格。

(2)根系的判斷：根系擴張良好，細根發育極良好、無腐根及受傷者、無二段根、偏側根者、根系和土壤充分密接者。

(3)樹形樹冠的判斷：側枝之冠幅與側枝之有無、無樹冠空隙，保持樹種固有樹形者。

(4)樹幹與樹枝的判斷：下枝無枯損者（枝下高適度者）、應注意側枝寬度與節間長短、無徒長枝、樹幹無寄生植物、幹先端無膨大者、幹無受傷者、幹無彎曲者。

(二)苗木材料檢驗項目

苗木材料品質直接影響植生綠化效果的速度及成效，所有苗木在種植前，應均為生長勢旺、樹形良好、無病蟲害等。為達植生綠化效果，苗木的檢驗工作成為決定植生綠化效果的重要因素。苗木檢驗可分為標準苗木檢驗與進場檢驗，試分述於下：

主要目的在檢驗苗木之樣品，以確定苗木之品質，一般依苗木之高度、樹冠幅、幹徑、根球及枝下高等為基準，予以檢定，如表10-3所述。

1. 植株高度（H）：指植株頂梢至地面（G.L.）的高度。

2. 樹冠幅（W）：指植株枝葉冠水平方向直徑尺寸之平均值。

3. 米徑（ϕ）：指樹幹離地面1m處直徑平均值。雙幹、多幹或分枝樹則以斷面積推算。

4. 根球（B_r）：指栽植前植株根部周圍根球。根球直徑以其平均值計之。

5. 枝下高（BH）：由根際之主幹至第一分枝之高度。

表10-3　植物材料規格檢驗表

檢驗項目	細目	內容	檢驗基準
樹木地上部	喬木	植株高	植株高度之差距，不得超過設計規格高度之10%。
		樹冠幅	較標準規格小者，其差距不得小於設計規格之10%，但大於標準規格者，經同意後准予代用。
		米徑	植株1m高之直徑值差距，不得超過設計規格直徑之10%。
		枝下高	枝下高之差距，不得超過設計規格高度之10%。
	灌木	植株高	植株高度之差距，不得超過設計規格高度10%。
		樹冠幅	較設計規格小者，其差距不得小於設計規格之10%，但大於設計規格者，經同意後准予代用。
	樹種	樹種、品種、變種	符合所指定之樹種，若須以其他品種或變種替代，應徵求甲方及原設計規劃監造同意。
	樹形	樹枝分布	符合樹木原來的基本樹形，樹枝分布均衡而無殘缺不全情形
		樹幹直立性	樹幹通直無歪斜情形
枝葉	葉色	葉色	葉色為原有之葉色，無病蟲害或營養不良情形
		修剪痕	修枝切口癒合良好，無腐朽情形
		樹皮	樹皮無折傷情形
	病蟲害	病蟲害的發生	無下列病徵：變色、壞疽、凋萎、矮化、萎縮、肥大、簇葉、黑穗、潰瘍、捲葉、流膠、腐敗及蟲體或害蟲所造成的傷口
	移植及運搬	枝幹保護	按指定材料將樹幹及主枝包捲
		葉	維持必要之葉片數量、葉無嚴重受損情形
		枝幹	枝幹無裂傷受損及歪斜情形
		運搬狀況	苗木運搬時，對根群、枝葉及樹皮均能妥善保護，且無損傷情形

(三)植栽工程之苗木驗收

苗木栽植後之驗苗，除點收樹種株數規格及栽植位置等項目外，

亦應注意栽植的深度是否符合原有之根際線，根株是否直立扶正、客土回填面是否平整等細項。

承包商應依規定期限前提出驗苗之申請，屆時所有契約樹種苗木均已植入容器，苗木數量應不少於設計數量，承包商可自行評估再予酌增數量以備補植所需。驗苗項目包括植物之種類、規格及品質，如因種類不對、規格不符、外觀比例不當、部分枯萎、過於瘦弱、生長於擁塞、不良之苗圃中，或由大量修剪以適應規格者，均可認定為不合格之苗木。

1. 植栽工程估驗

苗木栽植或移植完成時，可由承包商提出申請估驗，估驗時應附竣工圖，圖內應包含植株位置、編號、規格等資料。

2. 養護期間之檢查

養護期間開始後之第60天、第110天，各施肥一次，在養護期間發現植物不能成活時，即應立即補植。若養護期滿屆時未達合格標準，得延長2個月養護期，屆時若未達標準則依規定予以扣款。

3. 養護期滿檢驗

承包商於養護期滿後可報請工程司辦理養護期滿檢驗，合格後無息退還養護保證金。養護期滿檢驗時，承包商應檢附養護工程竣工圖與查驗資料，圖內應包含植株位置、編號、規格，補植者且應加列補植日期。

4. 歷次檢驗之標準除應符合施工規範前述之規定外，且應達下列標準：

(1)各樹種均應生長良好、無病蟲害及枯萎現象。

(2)一般坡面或緩衝帶之苗木栽植成活率需達90%以上。

(3)景觀樹種在養護期滿驗收存活率應達100%（或依契約規定辦理）。

5. 補植規定

歷次檢查估驗及養護期滿檢驗之植栽存活數量,若低於既定之存活率時,其不足部分承包商必須進行補植。補植完成後,承包商應會同工程司對所有補植植栽做檢驗並決定核准與否。補植植栽之所有採買、種植、養護等費用,須由承包商自行負擔。

6. 栽植區如因栽種作業而受損,應將該區復原至近乎其原有狀況,並應清除區內之雜物、損壞之木樁及剪下之枝葉。

三、植生問題之診斷與對策

(一)植生工程施工地區之問題評估與因應對策

植生工程施工地區常會發生植物生長不良、倒伏、死亡等情形,其發生原因各有不同,分別受植栽基地特性、環境物理逆境及生物間相互作用所共同影響,如表10-4及表10-5所述。

表10-4　植生問題評估與因應對策

植生問題	原因推測	診斷與評估依據	因應對策
草生地、生長不良或垂死	養分缺乏	萃取性養分含量、陽離子交換能力低	施肥,應用豆科植物加有機改良劑
	酸性土壤	土壤pH<5.5	加石灰並使用耐酸性植物
	乾旱	土壤有效水分低,質地粗糙	加有機改良劑,增加灌溉設施
	植物體含氮量低	有機肥C/N>25	施用氮肥
草生地、生長過密或旺盛	土壤太肥沃	入侵雜草出現	定期除草或去除部分草皮
喬木與灌木植栽失敗	苗木不健壯、栽植或處理不當	立地條件良好	補植
		立地條件惡劣	土壤改良
	土壤過度壓密	壓密度>1.75	空壓打洞
	排水不良	植穴不透水	補植並加強排水
		地下水位高	排水

表10-4 （續）

植生問題	原因推測	診斷與評估依據	因應對策
生長不良	養分缺乏	葉片或土壤分析	施肥
	酸性土壤	土壤分析	加石灰改良
	乾旱	土壤水勢測定	敷蓋、灌溉
	地被植物競爭	喬木周圍植被密度過高	有機質改良、敷蓋或除草
植物器官受損	病害	病毒、菌類或昆蟲危害症狀	病蟲害防治、修剪或砍除隔離感染樹木

表10-5 植生坡面檢查之注意事項與維護管理方法

植生管理目標	植生狀況	原因及注意事項	維護管理方法
草本植物型之維持	覆蓋率低裸露地多	施工時期，氣溫條件不佳	觀察至氣溫條件適宜時期，若未發芽再施工
		持續乾旱狀態（有時僅在坡肩或崩塌源頭附近乾旱）	觀察至降雨條件變佳時期，若未發芽再施工，撒水
		幼芽期時即死亡	再施工
		以未適合土質條件之工法施工（有時僅坡肩或崩塌地上緣附近之土質不同）	檢討工法，再施工
	草類無法伸長生長	容易乾旱之場所或土質	灑水、草蓆覆蓋、客土增厚土層
		葉色較淡（缺乏肥料）	進行追肥
	衰退、枯死	使用會於冬季枯死之植物	坡面安定若沒有問題，則觀察狀況至春天為止
		使用1年生植物	部分割取，改變種子材料再施工
		因乾旱原因	以草蓆等敷蓋、撒水
		有病蟲害	散布藥劑
		成長數目過多（群聚效應）	割取後，檢討種子粒數再施工
		以不適合該地土質條件之工法施工	檢討工法，再施工

表10-5　（續）

植生管理目標	植生狀況	原因及注意事項	維護管理方法
草本植物型之維持	有不希望之植物侵入	被爬藤類植物等被壓覆蓋，景觀上不佳	拔取、散布殺草劑、割除
	草生長過快過長	視距管理上之問題，景觀上不佳	刈草、撒佈生長抑制劑
希望由草本型群落演替至木本型群落	裸露地多	溫度不足、乾旱、工法不適，在裸露地之處有較多入侵植物	裸露地坡面不安定情況時，以灑水、追肥、再施工等可達植被覆蓋
	草類無法伸長生長	乾旱、肥料缺乏、工法不適，預期會有植物侵入	坡面安定若沒有問題，可再觀察其後續生長情形
	衰退、枯死	乾旱、使用一年生草類、冬季枯萎之植物	坡面安定若沒有問題，可再觀察後續生長情形
		成長數目過多，工法不適	刈草、觀察狀況
	非目的植物繁茂生長	因藤類植物等被壓	除去、撒佈殺草劑，觀察狀況
	過度繁茂生長	入侵植物之生長較難	刈草後，播種或植栽希望之植物，撒佈生長抑制劑，觀察後續生長情形
		希望導入特定之植物	播種、植栽
木本群落之維持	裸露地多（草木本植物均少發芽生長）	施工時期不佳，氣溫不足	觀察狀況至溫度條件變佳時期，檢討當時之狀態
		持續乾旱狀態	觀察狀況至降雨狀況變佳時期，檢討當時之狀態
		至幼芽期死亡，以未適合土質條件之工法施工	檢討工法，再施工
	缺乏木本類植物	施工後1年以內	等待至第2年春天為止，若未發芽，則作人工補播
		草本類之生長佳，木本植物被壓（原因是草種過多、肥料錯誤、施工季節不適、高溫多濕）草本之生長不佳，但未看見木本類（工法不適、施工季節不適）	刈草，作手播；撒佈除草劑觀察狀況。之後等待至僅木本播種之第2年春天為止若未發芽，則作手播

表10-5 （續）

植生管理目標	植生狀況	原因及注意事項	維護管理方法
木本群落之維持	木本類植物生長不均	因原地面水分條件不同；因施工不均	等待至第3年之春天，在未發芽生長之部分作人工補播
	木本類植物生長數太多	土質、氣象條件良好	5年左右等待自然淘汰。其後疏伐、伐除
	沒有地被草類	木本類之密生	疏伐、伐除、撒播草種
	非預期之植物入侵	被爬藤類植物等覆蓋	人工除去或撒佈除草劑
	木本類開始枯萎	有密生、病蟲害、植物相剋、倒木之虞	弄清原因，藉植生群落預測，檢討伐除、疏伐

(二)森林樹木健康度之調查評估

　　以樹木目視診斷法（visual tree assessment, VTA）進行樹木健康度評估，可快速瞭解與比較，樹木之健康狀況。VTA 法為德國的 C. Mattheck（1993）所提出之結合樹體構造、生長勢與枯損情形之診斷法，以目視方法檢測林木得知其健康度與損害度。VTA 法為從樹幹、枝條、細枝葉、樹皮等外觀上的異常進行評估判斷，觀測項目包括(1)枝的生長（萌蘖）、(2)枯損被害（樹冠梢枯萎程度）、(3)枝葉的茂密程度（樹冠密度）、(4)枝葉生長的均勻程度、(5)樹皮及主幹的健康程度，依各因子受損程度分級評估，再轉化為樹木健康度得分（樹木健康度得分 ＝ 20 － VTA得分），藉以瞭解林木健康情形。經由外觀評估檢測，計算每株樹木之各項得分加總，由各樹木之得分數加總取其平均值分數代表該樣區之樹木健康度指數，分數愈高代表樹木健康度愈差，樹木材質品質可能愈低。本評估法項目可以依據評估之不同目標進行篩選，例如老樹評估主要著重在樹勢及活力上；人工經濟林則以樹幹腐朽、幹形及樹幹通直有關；海岸地區防風林則考量地上部樹幹健康、枝條均勻度、枝條茂密等因子。表10-6為VTA

法評估原則，實際應用時須考量要點選取，並須注意季節因素，如植物因休眠有狀似枯萎等情形發生。

表10-6　VTA法樹林健康度外觀診斷表

位置	損傷程度			
	0點	1點	2點	3點
枝條生長	健康	有萌蘗產生	大量萌蘗	上方多枯枝
枝條枯萎情形	無枯萎	下方有枯萎	上下有枯萎	大部分枯萎
枝葉的茂密程度	枝條非常茂密、葉子均為普通到大葉	枝條尚可、稍有些小葉	枝葉很少、樹幹上端有許多小葉	無枝葉生長、全株均小葉

表10-6 （續）

位置	損傷程度			
	0點	1點	2點	3點
枝葉生長的均勻度				
	均勻生長	微偏向一側	大部分偏向	完全偏向
樹皮、主幹				
	無損傷、無腐朽	樹皮稍微粗糙、枝條或幹有膨脹突起	部分損傷樹皮有異常、明顯枝幹膨大突起有空洞	樹皮有裂痕並脫落、樹幹已有大空洞

（資料來源：仿Mattheck and Breloer, 1993）

主要參考文獻

1. 丁昭義、陳信雄。1979。森林緩衝帶對農藥之過濾作用。中華林學季刊14(2)：1-9。
2. 中華水土保持學會。2014。水土保持技術規範。行政院農業委員會。
3. 中華水土保持學會。2005。「水土保持手冊－坡地保育篇、工程篇、植生篇、生態工法篇」。行政院農業委員會水土保持局編印。
4. 行政院農業委員會水土保持局。2014。農地水土保持方法實例圖冊。
5. 行政院農業委員會林務局南投林區管理處。2015。崩塌地噴植工法與應用基材手冊。
6. 行政院環境保護署。2016。空氣品質淨化區及環境綠化育苗計畫。http://freshair.epa.gov.tw/tree.asp。
7. 行政院公共工程委員會。2005。生態工法材料使用調查、評估及替代材料開發之研究（第二期）。社團法人中華民國環境綠化協會。
8. 行政院農業委員會林務局。2010。育林實務手冊。國立嘉義大學。
9. 吳正雄、陳信雄。1989。森林植生根力應用在崩塌地處理上之研究。中華林學季刊22(4)：3-19。
10. 吳正雄。1990。樹根力與坡面穩定關係之研究。中華水土保持學報24(2)：23-37。
11. 林信輝（主編）。1988。水土保持草類對土壤含水量、光度及溫度之反應。中華民國農學團體七十七年聯合會特刊36：1-17。
12. 林信輝（主編）。2006。水土保持植物解說系列(一)－坡地植生草類與綠肥植物。行政院農業委員會水土保持局編印。（ISBN：978-986-00-7424-6）。
13. 林信輝（主編）。2007。石門水庫集水區崩塌地植生工程與應用植

物手冊。經濟部水利署北區水資源局編印。（ISBN：978-986-01-2355-5）。

14. 林信輝（主編）。2008。坡地植生工程暨植生調查應用手冊。行政院農業委員會水土保持局編印。（ISBN：978-986-01-5579-2）。

15. 林信輝（主編）。2008。集水區植生群落調查應用手冊。行政院農業委員會水土保持局編印。（ISBN：978-986-00-9041-3）。

16. 林信輝、余婉如。2009。生態工程應用植生木樁材料之適用性評估因子分析。水土保持學報41(1)：81-92。

17. 林信輝、黃保維、許榮峰。2004。土壤團粒化劑對紅壤抗蝕性及種子發芽影響之研究。坡地防災學報3(1)：15-27。

18. 林信輝、楊宏達、陳意昌。2005。九芎植生木樁之生長與根系力學之研究。中華水土保持學報36(2)：123-132。

19. 林信輝、蘇郁婷。2013。崩塌地既存樹木保留之群落拓展研究。造園景觀學報。19(3)：1-13。

20. 林信輝。2004。水土保持植生工程。高立圖書公司。

21. 林信輝。2004-2009。臺灣地區水土保持草皮草種解說系列(一)～(九)。環境綠化41期~51期。中華民國環境綠化協會。

22. 林信輝。2012。特殊地植生工程。五南圖書公司。

23. 林渭訪、劉業經。1947。覆土種類及播種深度對於馬尾松福建柏種子發芽之關係試驗。林業試驗所報告第012號。行政院農委會林業試驗所。

24. 陳振威。1956。土壤種類及覆土深度對於油杉及木麻黃種子發芽及幼苗生長關係之試驗。台灣省林業試驗所報告第五十二號。台北，台灣省林業試驗所印行。

25. 林德貴、黃柏舜、林信輝。2005。植生工程根系力學—調查與試驗。地工技術104：87-102。

26. 張俊斌、林信輝。1995。中橫崩塌地優勢植物根力特性之研究。中華水土保持學報26(4)：235-243。

27. 張集豪、林信輝。2013。台中市公園綠地關建順序評估指標建立之研究。水土保持學報。45(4)：847-858。

28. 陳志豪、鄭旭涵、彭心燕、林信輝。2010。坡地植生復育是用評估因子之分析研究。中華水土保持學報41(4)：297-307。

29. 陳佩湲。1990。水土保持應用草類生長及生理對鹽分反應性之研究。國立中興大學水土保持學系碩士論文。

30. 陳明義。1999。臺灣海岸濕地植物。行政院農業委員會、中華民國環境綠化協會編印。

31. 彭心燕、林信輝、吳振發、賴暎翔。2010。羅滋草與賽芻豆覆蓋地區植生入侵演替機制之研究。水土保持學報42(2)：213-226。

32. 彭心燕、林信輝。2008。水庫濱水帶植生構造與環境變化之研究—以明湖水庫為例。中華水土保持學報39(4)：433-444。

33. 游繁結。2007。水土保持名詞詞彙。行政院農業委員會水土保持局編印。

34. 經濟部水利署。2010。水庫集水區竹林棲地環境調查暨保育對策之研究報告（1/2）。國立中興大學。

35. 經濟部水利署水利規劃試驗所。2004。「臺灣地區水利生態工程適用植物與植栽技術手冊」。社團法人中華民國環境綠化協會。

36. 經濟部水利署北區水資源局。2008。石門水庫集水區崩塌地調查監測暨植生保育對策方案之研究計畫報告。社團法人中華民國環境綠化協會。

37. 臺灣省政府農林廳。1998。國際種子檢查規則。行政院農業委員會。

38. 楊雲貴、龍明秀、寇建村、王歡迎。2006。草坪快速建植技術研究。草業科學23(1)：93-96。

39. 劉業經、呂福原、歐辰雄。1994。臺灣樹木誌。國立中興大學農學院。

40. 廖天賜。1985。台灣光臘樹之育苗試驗。國立中興大學農學院森林

學研究所碩士學位論文。

41. 鍾弘遠。1992。植生工程施工與設計。地景出版社，PP.200-250。

42. 顏正平。2000。根系型在水土保持適用效能之研究。水土保持植生工程研討會，PP.127-137。

43. 邊銀霞、王輝、李永斌、韓芬（2009）。土壤水分和覆土厚度對油松種子萌發和幼苗出土的影響。甘肅農業大學學報44(2)：116-121。

44. 羅資政。2004。台灣常見草坪草種子發芽生態生理特性之研究。國立嘉義大學農學研究所碩士學位論文。

45. 小橋澄治、村井宏。1995。のり面綠化の最先端－生態、景觀與安定技術。株式會社ソフトサインス社。

46. 山寺喜成。1988。採石跡地にずけろ植生復元對策調查。日本社團法人道路綠化保全協會。

47. 中島宏、五十嵐誠、近藤三雄。1995。綠空間の計劃と設計。財團法人經濟調查會。

48. 中島宏。1992。植栽の設計‧施工‧管理。財團法人經濟調查會。

49. 日本全國治山治水協會。1999。治山技術基準解說總則，山地治山篇。日本林道協會。林野廳監修。

50. 日本全國治山治水協會。2004。治山技術基準解說－防災林造成篇。林野厅監修。

51. 日本全國治水防砂協會。1998。新‧斜面崩壞防止工事設計之實例－急傾斜地崩壞防止工事技術指針（本編）。建設省河川局砂防部監修。

52. 日本全國治水防砂協會。1998。新‧斜面崩壞防止工事設計之實例－急傾斜地崩壞防止工事技術指針（參考編）。建設省河川局砂防部監修。

53. 日本芝草學會。1988。芝生と綠化。株式會社ソフトサインス社。

54. 日本森林科學研究所（編集發行）。2001。林道災害復舊事業マニ

ュアル。藤原印刷社。

55. 日本綠化工學會。1990。綠化技術用語事典。財團法人山海堂。

56. 全國SF綠化工法協會。1991。連續纖維綠化基盤工施工工法標準仕樣‧積算基準。

57. 安保昭。1983。のり面綠化工法—のり面の安定と綠化。森北出版社。

58. 竹下敬司。1989。樹木根系の崩壞防止機能。林業技術586：12-16。

59. 村井宏‧湯淺保雄‧若林徹。1986。航空綠化工の施工事例に關する研究。綠化工技術11(3)：1-14。

60. 杉山惠一‧進士五十八。1992。自然環境復元の技術。朝倉書店。

61. 林野廳。1990。航空綠化工の計畫、設計、施工指針とその解說。

62. 社團法人道路綠化保全協會。1982。自然公園における法面綠化基準の解說。永光印刷株式會社。

63. 社團法人道路綠化保全協會。1986。荒廢裸地に對する植生復元の技術指針。

64. 倉田益二郎。1979。綠化工技術。森北出版株式會社。

65. 高橋理喜南、龜山章。1987。綠の景觀と植生管理。株式會社ソフトサインス社。

66. 進藤三雄。1991。最新綠化工法、資材便覽。株式會社ソフトサインス社。

67. 龜山章、三彰、近藤三雄、興水肇。1989。最先端の綠化技術。株式會社ソフトサインス社。

68. 難波宣士。1986。綠化工の實際。創文株式會社。

69. Balogh, J. C. and W. J. Walker. 1992. Golf Course Management and Construction. Lewis Publishers.

70. Chen, Yi-Chang., Chen-Fa Wu, Shin-Hwei Lin, 2014, Mechanisms of Forest Restoration in Landslide Treatment Areas. Sustainability,

2014, 6(10):6766-6780.

71. Coppin, N. J. and I. G. Richards (Edi.).1990. Use of Vegetation in Civil Engineering. London, Boston, Singapore, Sydney, Toronto, Wellington.

72. Gray, D. H. and A. J. Leiser. 1982. Biotechnical Slope Protection and Erosion Control. Van Nostrand Reinhold, New York.

73. Hamilton, A. and P. Hamilton. 2006. Plant conservation: an ecosystem approach. Earthscan (UNESCO).

74. IECA. 1999. Proceedings of the First Asia-Pacific Conference on Ground and Water Bioengineering Erosion Control and Slope Stabilization. April 19-21,1999. Manila, The Philippines.

75. Levitt, J. 1980. Physiological Ecology－Responses of Plants to Environmental Stresses. 九大圖書.

76. Lin, Shin-Hwei., Yen-Hsiu Lin, Chen-Fa Wu 2012 Landslide Mechanism of Makino Bamboo Forest at Watershed and Community Scales. Disaster Advances 5(4): 201-208.

77. Lin, Shin-Hwei., Yi-Chang Chen, Chih-Shang Lin,2014, Vegetation Effect and Succession Analysis of Mixed Medium after Hydroseeding on Roadside Slopeland. International Journal of Basic & Applied Sciences,14 (2):12-17.

78. Nyland, Ralph D. 1998 Patterns of lodgepole pine regeneration following the 1988 Yellowstone fires. Forest Ecology and Management 111: 23-33.

79. Schiechtl, H. M. 1980. Bioengineering for Land Reclamation and Conservation. University of Alberta.

80. Schiechtl, H. M. and R. Stern. 1996. Ground Bioengineering Techniques for Slope Protection and Erosion Control. Blackwell Science.

81. Willard, Debra A., Christopher E. Bernhardt, Charles W. Holmes, Bryan Landacre and Marci Marot 2006 Response of Everglades Tree Islands to Environmental Change. Ecological Monographs, 76(4): 565-583.

索 引

理工推薦熱賣：
必備精選書目

特殊地植生工程

作　　者　林信輝
國家教育研究院　主編
I S B N　978-957-11-6685-8
書　　號　5I26
定　　價　520元

　　本書彙集作者35年來從事特殊地環境調查與植生工程試驗研究之成果，以及編寫相關植生手冊、植生規範等之實務經驗所得，就需特別考量土砂災害控制地區、植生不易之特殊土質地區，及為坡地保育利用之地區，分別探討其植生工程規劃要點、植生工程應用實務及相關成果照片之解說。全文分為總論、崩塌地植生工程、保護帶（緩衝綠帶）植生保育、海岸地區植生工程、泥岩地區植生工程、礦區植生工程、農地保育利用與植生方法、生態水池植栽設計等章節，期待能夠經由本書的出版，俾供從事特殊地植生工程及植生復育規劃設計者之參考。

普通微積分

作　　者：黃學亮
I S B N　978-957-11-6310-9
書　　號　5Q08
定　　價　450元

　　本書主要針對研習專業課程需以微積分作為基礎工具之科系學生編寫。微積分對許多學生來說總有莫名的恐懼感，因此本書編寫時儘量避免使用艱澀論述，而以口語化敘述代之，期能消除傳統數學教材難以卒讀之感。

　　不斷練習是學習數學的必要手段，因此本書包含多元的題型演練及解說，以使讀者培養微積分基本應用能力，亦蒐集一些具啟發性的問題及例題供讀者砥礪微積分實力之用。

地震概論

作　　者　趙克常
吳善薇　校訂
ＩＳＢＮ　978-957-11-7055-8
書　　號　5I28
定　　價　350元

　　本書介紹和研究地震這種常見的自然現象，共分十章。第一章介紹地震學的研究範圍和發展簡史；第二章研究地震波的類型及其性質；第三章　述地震波傳播理論；第四章介紹地球內部的結構；第五章研究地震發震的機理；第六章講述地震儀的工作原理以及地震基本參數的測定方法；第七章論述地震預報的進展情況以及臨陣逃生技巧；第八章重點介紹宏觀地震調查、烈度以及工程地震學方面的內容；第九章　述勘探地震學方法；第十章介紹由地震引發的海嘯的機制以及如何減輕海嘯災害。

　　本書通俗易懂，把地震學的基礎知識和研究方法介紹得系統而全面，對提高讀者自身的自然科學修養大有裨益。同時也是一本相近學科甚至是專業地震工作人員全面瞭解地震學新進展的非常有價值的參考書。

都市發展─制定計畫的邏輯

作　　者　路易斯‧霍普金斯
（Lewis D. Hopkins）
譯　　者　賴世剛
ＩＳＢＮ　978-957-11-4054-4
書　　號　5T04
定　　價　520元

　　本書將帶給所有參與人居地規劃者──對於計畫為何及如何作之完整認識，使得他們在使用及制定計畫上做更佳的選擇。本書將對規劃理論、土地使用及規劃實務課程的學生及教授具極重要貢獻。

最佳課外閱讀：
閱讀科普系列

您不可不知道的幹細胞科技

作　者　沈家寧、郭紘志、黃效民、
　　　　謝清河、賴佳昀、吳孟容、
　　　　張苡珊、蘇鴻麟、潘宏川、
　　　　林欣榮、陳婉昕
ISBN　978-957-11-7043-5
書　號　5P19
定　價　320元

本書特色

　　為了幫助大家能夠清楚了解幹細胞科技的內涵及發展現況，更為了釐清大家對幹細胞科技的誤解，並避免受到不肖業者的誤導欺騙，本書邀請國內實際從事幹細胞研究的學者及臨床醫師來撰寫本書，本書首先透過描述細胞的發現經過，來幫助大家了解幹細胞的特性；接下來進一步介紹目前了解最透徹的胚幹細胞、造血幹細胞及間葉幹細胞；再來藉由介紹過心臟與神經性疾病之細胞療法，讓大家了解幹細胞將如何被運用在修復病人受損的器官；最後將告訴大家幹細胞如何被保存以及幹細胞生技產業的發展趨勢，希望本書可以提供讀者對先端幹細胞科技初步的概念。

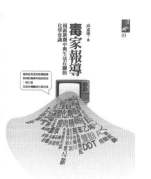

毒家報導—揭露新聞中與生活有關的化學常識

作　者　高憲明
ISBN　978-957-11-6733-6
書　號　5BF7
定　價　380元

本書特色

　　本書總共分成十個課題，藉由有機食品與有機化學之間的連結性，展開一趟結合近年來新聞報導相關的生活化學之旅，透過以輕鬆詼諧的口吻闡述生活及食品中重要的化學物質，尤其是對食品添加物潛藏的安全危機多所著墨，適用的讀者對象包含一般社會大眾及在學學生。

國家圖書館出版品預行編目資料

坡地植生工程／林信輝著. －－二版.－－
　臺北市：五南圖書出版股份有限公司,
　2016.10
　面；　公分
　ISBN 978-957-11-8752-5（平裝）

1.植被　2.生態工法　3.山坡地

436.2　　　　　　　　105014302

5l27

坡地植生工程
Vegetation Engineering of Slopeland

作　　　者 ― 林信輝(141.8)

發 行 人 ― 楊榮川

總 經 理 ― 楊士清

總 編 輯 ― 楊秀麗

副總編輯 ― 王正華

責任編輯 ― 金明芬

封面設計 ― 童安安、陳翰陞

出 版 者 ― 五南圖書出版股份有限公司

地　　　址：106台北市大安區和平東路二段339號4樓

電　　　話：(02)2705-5066　　傳　真：(02)2706-6100

網　　　址：https://www.wunan.com.tw

電子郵件：wunan@wunan.com.tw

劃撥帳號：01068953

戶　　　名：五南圖書出版股份有限公司

法律顧問　林勝安律師

出版日期　2013年 5 月初版一刷
　　　　　2016年10月二版一刷
　　　　　2023年10月二版三刷

定　　　價　新臺幣580元

經典永恆・名著常在

五十週年的獻禮——經典名著文庫

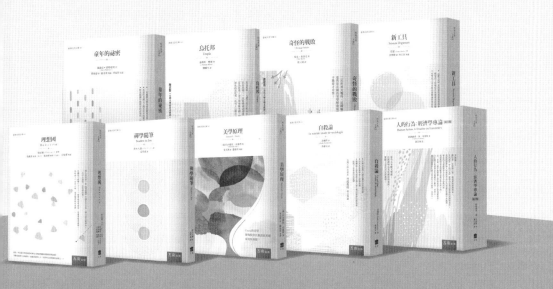

五南，五十年了，半個世紀，人生旅程的一大半，走過來了。

思索著，邁向百年的未來歷程，能為知識界、文化學術界作些什麼？

在速食文化的生態下，有什麼值得讓人雋永品味的？

歷代經典・當今名著，經過時間的洗禮，千錘百鍊，流傳至今，光芒耀人；

不僅使我們能領悟前人的智慧，同時也增深加廣我們思考的深度與視野。

我們決心投入巨資，有計畫的系統梳選，成立「經典名著文庫」，

希望收入古今中外思想性的、充滿睿智與獨見的經典、名著。

這是一項理想性的、永續性的巨大出版工程。

不在意讀者的眾寡，只考慮它的學術價值，力求完整展現先哲思想的軌跡；

為知識界開啟一片智慧之窗，營造一座百花綻放的世界文明公園，

任君遨遊、取菁吸蜜、嘉惠學子！